全国高职高专"十二五"规划教材

电子技术基础

主　编　杨云英　邹红艳

副主编　曹　宇　张锦华　王志宏

朱智碧　赵树权　王新青

中国水利水电出版社
www.waterpub.com.cn

内 容 提 要

本书在编写上力求突出特色，借助 Multisim 仿真软件，制作了每个工作任务的虚拟仿真项目；将理论与设计融为一体，采取"项目—任务驱动"的教学方法，遵循"传授知识、训练能力、培养素质"的人才培养规律，以必需和够用为尺度，用新器件、专用集成电路等知识更新传统课程的内容，使学生通过对项目理论的学习和对电子技术基本技能的训练，培养相应的职业岗位技能。

本书论述严谨、内容新颖、结构合理、图文并茂；既注重基本原理和基本概念的阐述，又注重理论联系实际，强调应用技术和实践。全书分为模拟电子技术和数字电子技术两个部分，包括十二个项目。第一部分是模拟电子技术，包括五个项目：限幅电路、音频放大电路、信号运算电路、波形发生器、直流稳压电源；第二部分是数字电子技术，包括七个项目：两地控制指示电路、表决器电路、抢答器电路、分频器电路、计数器电路、闪烁灯电路、D/A 与 A/D 转换电路。

本书参考学时为 68 学时，可作为高职高专电气类及相关专业电子技术课程的教材，也可供有关工程技术人员学习与参考。

本书配有免费电子教案，读者可以从中国水利水电出版社网站以及万水书苑下载，网址为：http://www.waterpub.com.cn/softdown/或 http://www.wsbookshow.com。

图书在版编目（ＣＩＰ）数据

电子技术基础 / 杨云英，邹红艳主编. -- 北京：
中国水利水电出版社，2015.1（2019.1 重印）
全国高职高专"十二五"规划教材
ISBN 978-7-5170-2904-5

Ⅰ. ①电… Ⅱ. ①杨… ②邹… Ⅲ. ①电子技术—高
等职业教育—教材 Ⅳ. ①TN

中国版本图书馆CIP数据核字(2015)第020868号

策划编辑：寇文杰　　责任编辑：张玉玲　　加工编辑：鲁林林　　封面设计：李　佳

书　　名	全国高职高专"十二五"规划教材 **电子技术基础**	
作　　者	主　编　杨云英　邹红艳 副主编　曹　宇　张锦华　王志宏　朱智碧　赵树权　王新青	
出版发行	中国水利水电出版社 （北京市海淀区玉渊潭南路 1 号 D 座　100038） 网址：www.waterpub.com.cn E-mail：mchannel@263.net（万水） 　　　　sales@waterpub.com.cn 电话：（010）68367658（营销中心）、82562819（万水）	
经　　售	北京科水图书销售中心（零售） 电话：（010）88383994、63202643、68545874 全国各地新华书店和相关出版物销售网点	
排　　版	北京万水电子信息有限公司	
印　　刷	三河市鑫金马印装有限公司	
规　　格	184mm×260mm　16 开本　16.75 印张　425 千字	
版　　次	2015 年 1 月第 1 版　2019 年 1 月第 3 次印刷	
印　　数	4001—6000 册	
定　　价	36.00 元	

前　　言

　　"电子技术基础"是电气类专业一门重要的技术基础课。根据国家教育部最新制定的高职高专电子技术课程教学的基本要求，结合高职高专的教学特点和学生的实际状况，教材编写小组的教师历时 5 年多的时间，经过反复修改和完善，编写了这本论述严谨、内容新颖、结构合理、图文并茂的教材。教材在编写上力求突出特色，引入 Multisim 仿真技术，将项目理论与项目设计融为一体，采取"项目—任务驱动"的教学方法，遵循"传授知识、训练能力、培养素质"的人才培养规律，以必需和够用为尺度，用新器件、专用集成电路等更新传统课程的内容，使学生通过项目理论知识的学习、电子基本实验技能的训练、仿真实验技术的学习得到锻炼和提高。通过仿真实验教学，从理论到实践，从元器件到单元电路直到系统设计，注重加强对学生实际动手能力、分析和解决工程问题等综合能力的培养，注重调动、发挥学生的主观能动性，能够很好地激发学生的学习兴趣与创新意识。

　　本教材对教学内容进行了调整和充实，对教学思想进行了全新设计，既注重基本原理和基本概念的阐述，又注重理论联系实际，强调应用技术和实践，构建了理论教学与实践教学紧密结合的项目教学模式。全书分为模拟电子技术和数字电子技术两个部分，包括十二个项目，每一个项目都有学习目标和技能要求。结合现代电子技术的发展趋势，精简了分立器件的内容，增加了集成电路的知识和应用。内容以应用为目的，引入 Multisim 仿真技术，让学生熟练掌握常用电子仪器的使用方法和电子电路的基本测试方法，培养学生学会选择不同类型的集成电路元件来设计、搭建电子电路，完成指定的逻辑功能，并能独立地检测和排除电路故障，深化从元器件到单元电路直到系统设计的知识，注重培养学生的学习能力、实践能力、应用能力和创新能力。

　　本书参考学时为 68 学时，可用作高职高专电类相关专业的教材，亦可作为其他非电类专业电子技术基础相关课程的教材使用，还可作为高职高专院校教师及有关工程技术人员的参考资料。本教材内容在编写时考虑到理论的系统和完整，建议使用者根据专业需要和课时情况对教材内容作适当删减。

　　本书由杨云英、邹红艳任主编，由曹宇、张锦华、王志宏、朱智碧、赵树权、王新青任副主编。本书在编写过程中，参考了大量兄弟院校的有关教材和书籍，也得到了张锦华教授及其他院校相关专业教师的很多指导、支持和帮助，特聘请昆钢企业高级工程师李小兵等电气专家参与审稿，在此一并表示衷心的感谢。

　　由于作者水平有限，书中难免存在错误和不妥之处，恳请广大读者批评指正。

编　者
2014 年 12 月

目 录

下篇　数字电子技术

上篇　模拟电子技术

项目一　限幅电路

 **教学目标**

知识目标
　　了解半导体的基本知识
　　掌握二极管的特性及主要参数
　　掌握限幅电路的工作原理

技能目标
　　掌握 Multisim 仿真软件的使用方法
　　掌握电路的仿真分析方法
　　学会使用常用电子仪器
　　会用万用表判断二极管的极性和好坏

知识链接
　　链接一　半导体的基本知识
　　链接二　半导体二极管
　　链接三　Multisim 仿真软件简介

项目实训
　　任务一　常用电子仪器的使用
　　任务二　常用电子元器件的识别（一）
　　任务三　二极管限幅电路仿真分析

 **项目导入**

　　通过限幅电路认识基本半导体器件。
　　日常生活中常许多指示或标识，都是用半导体器件来实现的，常用的半导体器件有二极管、三极管、场效应晶体管等。由于半导体器件具有体积小、重量轻、使用寿命长、输入功率小和功率转换效率高等优点而得到广泛的应用。二极管是电子技术领域最基本的半导体器件之一。半导体二极管具有十分重要的单向导电特性：承受正向电压时导通，承受反向电压时截止。利用二极管的单向导电性，可以构成整流、限幅、箝位、开关、稳压等应用电路。项目一将通过二极管典型应用电路的学习，掌握常用半导体器件的性能特点。
　　限幅电路：能按限定的范围削平信号电压波幅的电路，又称限幅器或削波器。

限幅电路的基本功能：整形、波形变换和过压保护等。

- 整形：削去输出波形顶部或底部的干扰。
- 波形变换：将输出信号中的正脉冲（或负脉冲）削去，只留下其中的负脉冲（或正脉冲）；
- 过压保护：过强的输出信号或干扰信号有可能损坏某个部件时，可在这个部件前接入限幅电路。

限幅电路分类：按功能分为上限限幅电路、下限限幅电路和双向限幅电路三种。

在上限限幅电路中，当输入信号电压低于某一事先设计好的上限电压时，输出电压将随输入电压而增减；但当输入电压达到或超过上限电压时，输出电压将保持为一个固定值，不再随输入电压而变，这样，信号幅度即在输出端受到限制。同样，下限限幅电路在输入电压低于某一下限电平时产生限幅作用。双向限幅电路则在输入电压过高或过低的两个方向上均产生限幅作用。

图 1-1-1（a）为一个简单下限限幅仿真电路，当 $u_1 < E$ 时，二极管 D_1 承受反向电压而截止，此时没有电流流过 R_1，则 R_1 两端的电位相等，即 $u_o = u_1$，输出电压 u_o 的波形与 u_2 相同。

当 $u_1 > E$ 时，二极管 D_1 承受正向电压而导通，设二极管为理想元件，则输出电压 $u_o = E$，所以输出电压的波形中，E 以上的波形被削去，输出电压被限制在 E 以内，如图 1-1-1（b）所示。图 1-1-1（b）中示波器的 A、B 通道同时可以显示输入正弦波电压波形和上限幅输出电压波形。

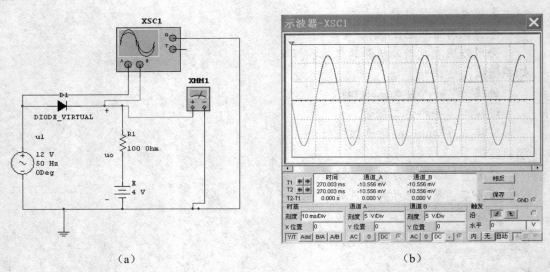

|（a）|（b）|

图 1-1-1　二极管限幅应用电路

知识链接

链接一　半导体的基本知识

半导体器件是用半导体材料制成的电子器件。半导体材料具有热敏性、光敏性和掺杂性，是构成各种电子电路最基本的元件，也是近代电子学的重要组成部分。

一、本征半导体

1. 半导体的结构特点

纯净的具有晶体结构的半导体称为本征半导体。有一些物体，如硅、硒、锗、锢、砷化镓以及很多矿石、化合物、硫化物等，它们的导电能力介于金属导体和绝缘体之间。常用的半导体材料是硅（Si）、锗（Ge）。

半导体的导电机理不同于其他物质，当半导体温度升高或受到光的照射，其导电性会得到明显的改善，温度越高，光照越强，导电性能就越好。在自动控制系统中常用的热敏电阻和其他热敏元件、光敏传感器、光电控制开关及部分火灾报警装置就是利用这些特性制成的。另外，在纯度很高的半导体中掺入微量的某种杂质元素（杂质原子均匀地分布在半导体原子之间），也会使其导电性显著地增加，掺杂的浓度越高，导电性也就越强。利用这一特性可以制造出各种晶体管和集成电路等半导体器件。

半导体构成共价键结构，原子最外层的 4 个价电子分别和周围 4 个硅原子的价电子形成共用电子对，原子之间通过共价键紧密结合在一起，如图 1-1-2 所示。

2. 半导体的导电特性

本征半导体中的共价键具有很强的结合力，常温时仅有极少数价电子由于热运动获得足够的能量，少数价电子挣脱共价键的束缚成为自由电子（-），同时在共价键中留下一个空位，这个空位称为空穴（+）。失去价电子的原子成为正离子，就好像空穴带正电荷一样，在电子技术中，将空穴看成带正电荷的载流子，如图 1-1-3 所示。

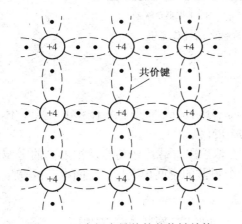

图 1-1-2　本征半导体的共价键结构

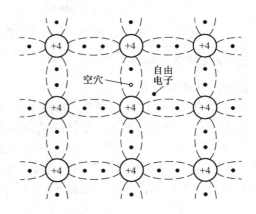

图 1-1-3　本征半导体的两种载流子

有了空穴，邻近共价键中的价电子很容易过来填补这个空穴，这样空穴便转移到邻近共价键中。新的空穴又会被邻近的价电子填补。带负电荷的价电子依次填补空穴的运动，从效果上看，相当于带正电荷的空穴作相反方向的运动。

由此可见，本征半导体中存在数量相等的电子和空穴两种载流子。热激发产生的自由电子和空穴是成对出现的，电子和空穴又可能重新结合而成对消失。在一定温度下自由电子和空穴维持一定的浓度。

二、杂质半导体

本征半导体中的载流子数量少，电阻率高，且对温度变化敏感，所以在纯净半导体材料中掺入微量的某种杂质元素，其导电能力将大大增强，这种半导体也称为杂质半导体。杂质半导体可分为 N 型半导体和 P 型半导体两大类。

1. N 型半导体

在纯净半导体硅或锗中掺入磷、砷等五价元素，使晶体中的某些原子被杂质原子代替，由于这类元素的原子最外层有五个价电子，故在构成的共价键结构中，由于存在多余的价电子而产生大量自由电子，这种半导体主要靠自由电子导电，称为电子半导体或 N 型半导体，如图 1-1-4（a）所示，其中自由电子的数量多称为多数载流子（简称多子），热激发形成的空穴数量少称为少数载流子（简称少子）。

2. P 型半导体

在纯净半导体硅或锗中掺入硼、铝等三价元素，由于这类元素的原子最外层只有三个价电子，故在构成的共价键结构中，由于缺少价电子而形成大量空穴，这类掺杂后的半导体其导电作用主要靠空穴运动，称为空穴半导体或 P 型半导体，如图 1-1-4（b）所示，其中空穴的数量多称为多数载流子（多子），热激发形成的自由电子数量少是少数载流子（少子）。掺入的杂质元素的浓度越高，多数载流子的数量越多。少数载流子是热激发而产生的，其数量的多少决定于温度。应注意，无论是 P 型半导体还是 N 型半导体都是中性的，对外不显电性。

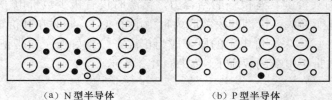

（a）N 型半导体　　　　（b）P 型半导体

图 1-1-4　N 型和 P 型半导体的两种载流子

三、PN 结及其特性

1. PN 结的形成

在一块本征半导体的两侧通过扩散不同的杂质，分别形成 N 型半导体和 P 型半导体。此时，将在 N 型半导体和 P 型半导体的结合面上形成 PN 结。

（1）扩散运动：交界面两侧的电子和空穴存在浓度差，载流子将会从浓度高的区域向浓度低的区域运动，这种运动称为扩散运动，形成一个很薄的空间电荷区，空间电荷区产生了一个由 N 区指向 P 区的内电场，如图 1-1-5 所示。

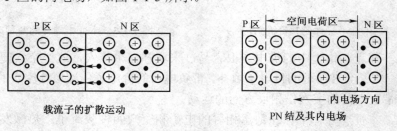

载流子的扩散运动　　　　　　PN 结及其内电场

图 1-1-5　半导体两种载流子的运动及 PN 结的形成

（2）漂移运动：少数载流子在电场作用下向对方漂移产生的定向运动。

（3）PN 结形成：随着内电场由弱到强地建立，少子漂移从无到有，逐渐加强，而扩散运动逐渐减弱，当两种运动达到动态平衡时，空间电荷区的厚度基本稳定，平衡时形成了 PN 结。

2. PN 结的单向导电性

（1）外加正向电压（正向偏置）。

当外加电压使 PN 结的 P 区电位高于 N 区电位，称 PN 结外加正向电压（正向偏置），如图 1-1-6 所示，外电场与内电场方向相反，内电场削弱，扩散运动大大超过漂移运动，N 区电子不断扩散到 P 区，P 区空穴不断扩散到 N 区，形成较大的正向电流，这时称 PN 结处于导通状态。

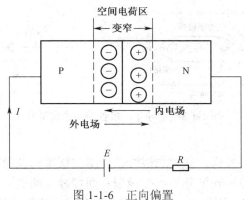

图 1-1-6　正向偏置

即：PN 结正偏后→内电势降低→有利多子扩散→载流子从电源获得补充→产生较大正向电流→PN 结导电，称 PN 结正偏导通，相当于开关闭合。

（2）外加反向电压（反向偏置）。

当外加电压使 PN 结的 P 区电位低于 N 区电位，称 PN 结外加反向电压（也叫反向偏置），如图 1-1-7 所示，外加电场与内电场方向相同，增强了内电场，多子扩散难以进行，少子在电场作用下形成反向电流，因为是少子漂移运动产生的，反向电流很小，这时称 PN 结处于截止状态，相当于开关断开。

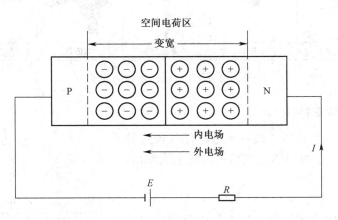

图 1-1-7　反向偏置

综上所述，PN 结正向偏置时，电阻很小几乎为零，正向电流较大，呈现导通状态；PN 结反向偏置时，反向电阻趋近于无穷大，反向电流很小，呈现截止状态。即：PN 结具有"正向导通、反向阻断"作用，这就是 PN 结的单向导电性。PN 结的单向导电性是构成半导体器件的基础。

链接二　半导体二极管

一、二极管的结构、符号和分类

1. 二极管的结构和符号

把 PN 结用管壳封装，然后在 P 区和 N 区分别向外引出一个电极，即可构成一个二极管，如图 1-1-8（a）所示。二极管是电子技术中最基本的半导体器件之一。

图 1-1-8　半导体二极管的结构和符号

2. 二极管的分类

根据其用途分有检波二极管、开关二极管、稳压二极管和整流二极管、发光二极管等。半导体二极管按其结构不同可分为点接触型和面接触型两类。

点接触型二极管 PN 结面积很小，结电容很小，多用于高频检波及脉冲数字电路中的开关元件。面接触型二极管 PN 结面积大，结电容也很小，多用在低频整流电路中。

按照功率划分：大功率二极管、中功率二极管和小功率二极管。

电子工程实际中，二极管应用非常广泛，图 1-1-9 所示为各类二极管的部分产品实物图。

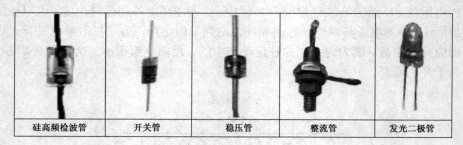

图 1-1-9　半导体二极管的分类

二、二极管的伏安特性

二极管的伏安特性是指二极管的端电压与流过管子的电流之间的关系，可以用伏安特性曲线来表示出，如图 1-1-10 所示。

1. 正向特性

外加正向电压较小时，外电场不足以克服内电场对多子扩散的阻力，PN 结仍处于截止状态，这时称为正向特性的死区。死区电压又称为阈值电压，通常死区电压硅管约为 0.5V，锗管约为 0.2V。正向电压大于死区电压后，正向电流随着正向电压增大迅速增大，二极

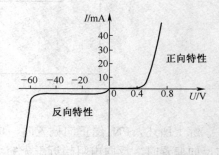

图 1-1-10　半导体二极管的伏安特性

管呈现导通状态，二极管正向导通时的管压降一般为硅管 0.6～0.7V，锗管 0.2～0.3V。

2．反向特性

反向截止区：外加反向电压时，PN 结处于截止状态，反向电流很小。

反向击穿区：反向电压大于某一个值（反向击穿电压）时，反向电流急剧增加。

通过上述分析可以看出：半导体二极管的伏安特性就是 PN 结的单向导电性的体现。正向时，PN 结呈现的电阻很小，几乎为零，因此多子构成的扩散电流极易通过 PN 结，正向导通；反向时，PN 结呈现的电阻趋近于无穷大，因此电流无法通过，反向阻断，但是当反向电压大于某一个值时，反向电流急剧增加，二极管反向击穿而导通。

理想二极管：正向电阻为零，正向导通时为短路特性，正向压降忽略不计；反向电阻为无穷大，反向截止时为开路特性，反向漏电流忽略不计。

3．二极管的主要参数

（1）最大整流电流 I_{OM}：指管子长期运行时，允许通过的最大正向平均电流。

（2）反向击穿电压 U_B：指管子反向击穿时的电压值。

（3）最大反向工作电压 U_{DRM}：二极管运行时允许承受的最大反向电压（约为 U_B 的一半）。

（4）最大反向电流 I_{RM}：指管子未击穿时的反向电流，其值越小，其单向导电性越好。

（5）最高工作频率 f_M：主要取决于 PN 结结电容的大小。

【例 1-1-1】试判断图 1-1-11 中二极管是导通还是截止？并求出 AO 两端电压 U_{AO}。设 VD_1、VD_2 都是理想二极管。

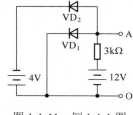

图 1-1-11　例 1-1-1 图

解：

分析方法：

（1）将 VD_1、VD_2 从电路中断开，分别求出 VD_1、VD_2 两端的电压。

（2）根据二极管的单向导电性，二极管承受正向电压则导通，反之则截止。若两管都承受正向电压，则正向电压大的管子优先导通，然后再按以上方法分析其他管子的工作情况。

本题中 VD_1 两端电压为 12V，VD_2 两端电压为：12+4=16V，所以 VD_2 优先导通，此时 VD_1 管子两端电压为 – 4V，所以 VD_1 管子截止。

故，AO 两端电压为：U_{AO}= – 4V。

三、稳压二极管

1．稳压二极管特点

如图 1-1-12（a）所示，稳压二极管的外形和一般小功率整流二极管相同，但它是用特殊工艺制造的面接触型二极管，其反向击穿可逆。稳压管正常工作于反向击穿区，其稳定电压就是反向击穿电压，稳压管的稳压作用在于：电流变化量很大，只引起很小的电压变化，其符号如图 1-1-12（b）所示。

阳极　　VD_Z　　阴极

　　（a）实物图　　　　　　　　　（b）符号

图 1-1-12　稳压管实物和符号

2．稳压管的伏安特性

稳压管的伏安特性曲线如图 1-1-13 所示。稳压管正向特性与普通二极管相似，显然稳压管的伏安特性曲线比普通二极管的更加陡峭，稳压二极管的反向电压几乎不随反向电流的变化而变化，这就是稳压二极管的显著特性。分析二极管的反向击穿特性可知：当外加反向电压超过击穿电压时，通过二极管的电流会急剧增加。击穿并不意味着管子一定要损坏，如果我们采取适当的措施限制通过管子的电流，就能保证管子不因过热而烧坏。如稳压管稳压电路中一般都要加限流电阻 R，使稳压管电流工作在 I_{Zmax} 和 I_{Zmin} 的范围内。在反向击穿状态下，让通过管子的电流在一定范围内变化，这时管子两端电压变化很小，稳压二极管就是利用这一点达到"稳压"效果的。稳压管正常工作是在反向击穿区。

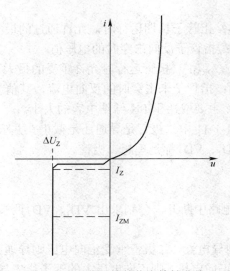

图 1-1-13　稳压管的伏安特性曲线

3．稳压管的主要参数

在使用中，稳压管的参数是合理选择和正确使用稳压管的依据。稳压管的主要参数有：

稳定电压 U_Z：反向击穿后稳定工作的电压。

稳定电流 I_Z：工作电压等于稳定电压时的电流。

动态电阻 r_Z：稳定工作范围内，管子两端电压的变化量与相应电流的变化量之比，即

$$r_Z = \Delta U_Z / \Delta I_Z \tag{1-1-1}$$

额定功率 P_Z 和最大稳定电流 I_{ZM}：额定功率 P_Z 是在稳压管允许结温下的最大功率损耗。最大稳定电流 I_{ZM} 是指稳压管允许通过的最大电流。它们之间的关系是：

$$P_Z = U_Z I_{ZM} \tag{1-1-2}$$

由稳压管构成的稳压电路将在本篇的项目五中学习。

链接三　Multisim 仿真软件简介

Multisim 是 Interactive Image Technologies（Electronics Workbench）公司推出的以 Windows 为基础的仿真工具。目前在各高校教学中普遍使用 Multisim 10.0。软件以图形界面为主，采用菜单、工具栏和热键相结合的方式，具有一般 Windows 应用软件的界面风格，用户可以根据自己的习惯和熟悉程度自如使用。它包含了电子电路原理图的图形输入、电路硬件描述语言输

入方式，具有丰富的仿真分析能力。可以使用 Multisim 交互式地搭建电子电路原理图，并对电路进行仿真分析。

一、Multisim 主界面

启动 Multisim 后，将出现主界面。主界面由多个区域构成：菜单栏、各种工具栏、电路输入窗口、状态条、列表框等。通过对各部分的操作可以实现电路图的输入、编辑，并根据需要对电路进行相应的观测和分析。还可以通过菜单或工具栏改变主窗口的视图内容，通过菜单可以对 Multisim 的所有功能进行操作。

二、Multisim 主要特点

● 仿真的手段切合实际，选用的元器件和测量仪器与实际情况非常接近；并且界面可视、直观。

● 绘制电路图所需的元器件、仪器、仪表以图标形式出现，选取方便，并可扩充元件库。

● 可以对电路中的元器件设置故障，如开路、短路和不同程度的漏电等，针对不同故障观察电路的各种状态，从而加深对电路原理的理解。

● 在进行仿真的同时，它还可以存储测试点的所有数据、测试仪器的工作状态、显示波形和具体数据，列出所有被仿真电路的元器件清单等。

● 有多种输入输出接口，与 SPICE 软件兼容，可相互转换。Multisim 产生的电路文件还可以直接输出至常见的 Protel、Tango、Orcad 等印制电路板排版软件。

三、Multisim 界面和菜单

Multisim 窗口主要由菜单栏、工具栏、缩放栏、设计栏、仿真栏、工程栏、元件栏、仪器栏、电路图编辑窗口等部分组成，如图 1-1-14 所示。

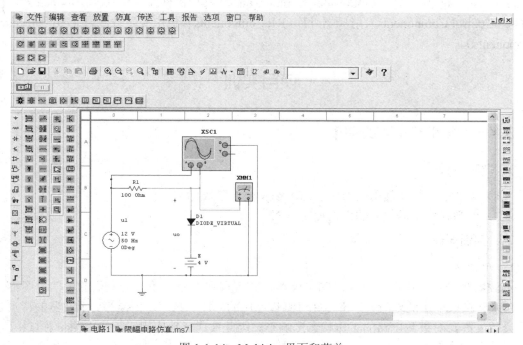

图 1-1-14　Multisim 界面和菜单

四、Multisim 设计工具栏

器件按钮：缺省显示，当选择该按钮时，器件选择器显示。

器件编辑器按钮：用以调整或增加器件，Tools 的快捷方式。

仪表按钮：用以给电路添加仪表或观察仿真结果。

仿真按钮：用以开始、暂停或结束仿真。

分析按钮：用以选择要进行的分析。

后分析器按钮：用以进行对仿真结果的进一步操作。

VHDL/Verilog 按钮：用以使用 VHDL 模型进行设计。

报告按钮：用以打印有关电路的报告。

传输按钮：用以与其他程序通讯，比如与 Ultiboard 通讯；也可以将仿真结果输出至 MathCAD 和 Excel 等应用程序。

五、Multisim 仪器仪表工具栏和元件工具栏

1. 仪器仪表工具栏

Multisim 仪器仪表库从左到右分别是：数字万用表、函数发生器、示波器、波特图仪、字信号发生器、逻辑分析仪、瓦特表、逻辑转换仪、失真分析仪、网络分析仪、频谱分析仪。

注：电压表和电流表在指示器件库，而不是仪器库中选择。

2. 元件工具栏

电源库（Sources）、基本元件库（Basic）、二极管库（Diodes Components）、晶体管库（Transistors Components）、模拟元件库（Analog Components）、TTL 元件库（TTL）、CMOS 元件库（CMOS）、其他数字元件库（Misc Digital Components）、混合芯片库（Mixed Components）、指示器件库（Indicators Components）、其他器件库（Misc Components）、控制器件库（Control Components）、射频器件库（RF Components）、机电类器件库（Elector-Mechanical Components）。

项目实训

任务一　常用电子仪器的使用

一、实训目的

（1）了解电子行业常用仪器仪表的用途及技术参数。

（2）熟悉各种仪器仪表的操作使用方法。

二、实训原理

1. 示波器

示波器是一种用途广泛的电子测量仪器，它可直观地显示随时间变化的电信号图形。如电压（或转换成电压的电流）波形，并可测量电压的幅度、频率、相位等。示波器的特点是直观，灵敏度高，对被测电路的工作状态影响小。因此被广泛地应用于无线电测量领域中。

示波器主要有两种工作方式：y-t 工作方式（又称连续工作方式）和 x-y 工作方式（又称水平工作方式）。

（1）y-t 工作方式下，示波器屏幕构成一个 y-t 坐标平面，能够显示时间函数 $y = f(t)$ 的波形，例如电压 $u(t)$ 和电流 $i(t)$ 的波形。

（2）x-y 工作方式下，示波器屏幕构成一个 x-y 坐标平面，屏幕上显示的图形具有函数关系 $y = f(x)$，该工作方式可测定元件特性曲线，同频率正弦量的相位差以及二维状态向量的状态轨迹等。

2．函数信号发生器

函数信号发生器是常用的电子仪器，用来产生各种波形（正弦波、方波、锯齿波、三角波等）。函数信号发生器的频率和输出幅度，一般可以通过开关和旋钮加以调节。

3．晶体管毫伏表

晶体管毫伏表是一种常用的电子测量仪器。主要用来测量正弦交流电压的有效值。正弦电压有效值和峰值的关系是

$$U_{峰值} = \sqrt{2}U_{有效值}$$

当测量非正弦交流电压时，晶体管毫伏表读数没有直接的意义。晶体管毫伏表不能用来测量直流电压。

三、检测实验电路各仪器间的关系

实验仪器与被测实验电路的连接如图 1-1-15 所示。

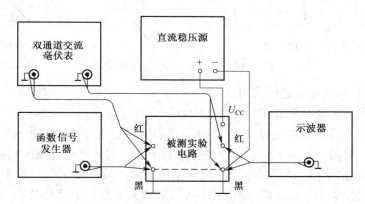

图 1-1-15　实验仪器与被测实验电路的连接图

重点：讲述示波器的使用方法及技巧。

最终目的：展示瞬时波形图。

四、实训内容

1．函数信号发生器和晶体管毫伏表的使用

（1）熟悉两种仪器面板各旋钮的用途。

（2）用晶体管毫伏表测量信号发生器输出的正弦电压。

在测量前，晶体管毫伏表量程应选择最大量程，以避免表头过载而打弯指针。测量时，根据所测信号大小选择合适的量程。为了减小误差，要求晶体管毫伏表指针位于满刻度的 1/3 以上。当晶体管毫伏表接入被测信号电压时，一般应先接地线，再接信号线。

信号发生器"波形输出选择"选择正弦信号，"频率范围选择"选择 1kHz，其他旋钮处于常规状态，调节"频率调整"旋钮，使"计频器"显示频率为 1kHz。调节"信号输出"旋钮，

使晶体管毫伏表测量的输出电压有效值为 1V。

（3）记下这时信号发生器输出电压的频率和有效值的大小。

2．示波器的使用

（1）用示波器观察正弦波电压。

灵敏度调节旋钮 VOLTS/DIV（电压/格）可用于电压的测量，如图 1-1-16（a）所示，正弦波电压峰—峰值在纵轴方向占 4 格，若这时灵敏度为 "0.2V/格"，则其峰—峰值 $U_{P-P}=0.2×4V=0.8V$、峰值 $U_m=U_{P-P}/2=0.4V$。

灵敏度调节旋钮也可用于调整图像的显示幅度，上例中如将灵敏度改调为 "0.1V/格"，则屏幕显示如图 1-1-16（b）所示，正弦波电压峰—峰值在纵轴方向占 8 格，则其峰—峰值 $U_{P-P}=0.1×8V=0.8V$、峰值 $U_m=U_{P-P}/2=0.4V$。可见调节灵敏度旋钮，可改变图像在屏上的显示幅度，但不能改变待观察信号电压的大小。为便于观察和读数，一般使信号在屏上显示的幅度为屏幕高度的 1/2 左右为好。

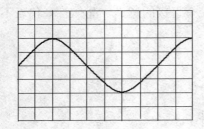 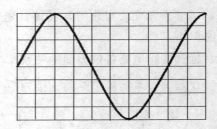

　　（a）灵敏度为 0.2V/格　　　　　　　　　　（b）灵敏度为 0.1V/格

图 1-1-16　用示波器观察正弦波电压

（2）熟悉示波器主要旋钮的作用。

示波器 "触发方式选择" 开关打在 "AUTO"，即自动扫描方式。接通电源预热后，分别调节 "INTENSITY" 辉线亮度旋钮、"FOCUS" 聚焦调整旋钮、"POSITION" 垂直位移和水平位移等旋钮，使示波器荧光屏上显示出一条亮度适中、均匀光滑而纤细的扫描线。

将信号发生器输出电压调至最小，并接至示波器输入端，调节信号发生器的电压输出旋钮，使示波器的荧光屏上显示出峰—峰值为 6V（高度为 6 格）的信号波形。分别调节示波器的垂直系统和水平扫描系统的各旋钮，体会这些旋钮的作用以及对输入信号波形的形状和稳定性的影响。分别改变信号的幅值和频率，重复调节并加以体会。

把输入探头衰减开关打在 "×10" 处，观察示波器荧光屏上信号的变化。

（3）测量信号电压。

将示波器 "可变衰减" 旋钮调到 "校准" 位置（即顺时针旋到底），此时垂直电压灵敏度选择开关 "V/DIV" 所在挡位的刻度值，表示屏幕上纵向每格的伏特数。这样就能根据屏幕上波形高度所占的格数，读出电压的大小。为了保证测量精度，在屏幕上应显示足够高度的波形，灵敏度选择开关也应置于合适的挡位。

调节信号发生器使其分别输出频率为 1kHz，电压峰值为 2V、0.1V 的正弦信号，分别用示波器和毫伏表测量其输出电压峰值和有效值，将测量结果记录于表 1-1-1 中。

（4）测量信号周期。

将示波器 "扫描速度" 可变旋钮旋至 "校准" 位置（顺时针旋到底），此时扫描速度选择开关 "T/DIV" 所置挡位的刻度表示屏幕上水平轴每格的时间值。根据屏幕上所显示波形在水平轴上所占格数可读出信号周期。为了保证测量精度，通常要求一个周期在水平方向上应占足够的格数，也就是应将"扫描速度选择"开关置于合适挡位。

表 1-1-1　测量结果

电压有效值 U（V）	电压峰值 U_M（V）	示波器 V/DIV 所在挡位	峰—峰波形高度（格）	峰—峰电压 U_{P-P}（V）

若将 T/DIV 旋钮旋至"10ms"位置，即图像的横轴方向每格代表 10ms，用于时间的测量，可直接测量信号的周期。如图 1-1-17（a）所示，1 个周期的正弦波在水平方向上占 8 格，若这时扫描速度为 50μs/格，则其周期 $T=8\times50\mu s=400\mu s$；频率 $f=1/(400\times10^{-6})=2500Hz$。

若将扫描速度调整为 0.1ms/格，则屏幕显示如图 1-1-17（b）所示，1 个周期的正弦波在水平方向上占 4 格，其周期 $T=40\times0.1ms=400\mu s$；频率 $f=1/(400\times10^{-6})=2500Hz$。

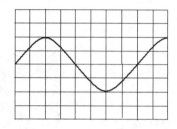　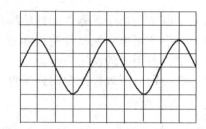

（a）扫描速度 50μs/格　　　　　　　　（b）扫描速度为 0.1ms/格

图 1-1-17　用示波器观察信号周期

调节信号发生器使其输出峰值为 5V 的正弦信号，改变信号频率，测量信号的周期，将测量结果记入表 1-1-2 中。

表 1-1-2　测量结果

信号频率（Hz）	50	100	1k	5k	25k	100k
T/DIV 所置刻度值						
一周期所占水平格数						
信号周期 T(ms)						

五、实训报告

回答思考题：

（1）当用示波器观察波形时，为达到下列要求，应该调节哪些旋钮？填表 1-1-3。

表 1-1-3　测量结果

波形要求	调节旋钮	波形要求	调节旋钮
波形清晰		改变波形周期	
亮度适中		改变波形幅度	
移动波形		稳定波形	

（2）用示波器观察波形时，如果屏幕上显示出图 1-1-18 所示的不正常波形，是由什么原因引起的？应调节哪些旋钮使波形正常？

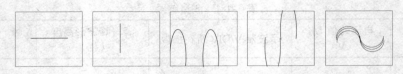

图 1-1-18　示波器屏幕显示的不正常波形

（3）开机后，示波器的屏幕上有一水平亮线，当接入信号后，屏幕无反应，应检查哪部分？或调节哪个旋钮？若要使信号发生器的输出电压有效值为 20mV，应如何调节？这时的电压峰值等于多少？

任务二　常用电子元器件的识别（一）

一、实训目的

（1）了解常用电子元器件的性能特点、命名方法。
（2）掌握常用电子元器件的识别方法。
（3）掌握万用表的使用方法。
（4）学会用万用表检测常用元器件：电阻元件和二极管元件。

二、设备和器件

半导体元件、阻容元件一套；万用表一块；电工工具一套。

三、实训内容及要求

用万用表检测常用元器件：电阻元件和二极管元件。

晶体二极管具有单向导电的特性，其反向电阻远大于正向电阻。利用万用表电阻量程 R×100 或 R×1k 挡，可判定其正负极，如图 1-1-19 所示，两表笔分别接二极管的两个电极，测出一个结果后，对调两表笔，再测出一个结果。两次测量的结果中，有一次测量出的阻值较大（为反向电阻），一次测量出的阻值较小（为正向电阻）。在阻值较小的一次测量中，黑表笔接的是二极管的正极，红表笔接的是二极管的负极。

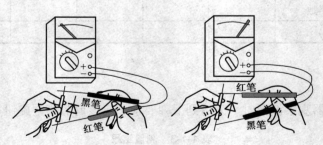

图 1-1-19　万用表检测二极管

若测出的正、反向电阻值都很小或为零，则说明管子已被击穿，两电极已短路；若测出的正、反向电阻都很大，则说明管子内部已断路。这两种情况二极管都不能再使用。

用万用表检测常用元器件后填于表 1-1-4 和表 1-1-5 中。

表 1-1-4 电阻阻值的识别与检测

序列号	电阻标注色环颜色 （按色环顺序）	标称阻值及误差 （由色环写出）	测量阻值 （万用表）
1			
2			
3			
4			

表 1-1-5 二极管极性与性能判断

序列号	型号标注	万用表挡位	正向电阻	反向电阻	质量判别（优/劣）
1					
2					
3					

任务三 二极管限幅电路仿真分析

下面以图 1-1-1（a）所示的二极管限幅应用电路为例，说明如何使用 Multisim 仿真软件来创建电路、连接仪表、运行仿真和保存电路文件等，为后续使用 Multisim 仿真软件创建和仿真运行更复杂的电子线路打下良好的基础。

一、创建电路文件

启动 Multisim，打开 Multisim 10 设计环境，弹出一个新的电路图编辑窗口。

选择"文件"→"新建原理图"命令，软件会自动创建一个默认标题为"Circuit1"新电路文件，如图 1-1-20 所示，单击"保存"按钮，可将该文件命名并保存到指定文件夹下，在保存时重新命名为"二极管限幅应用电路"。

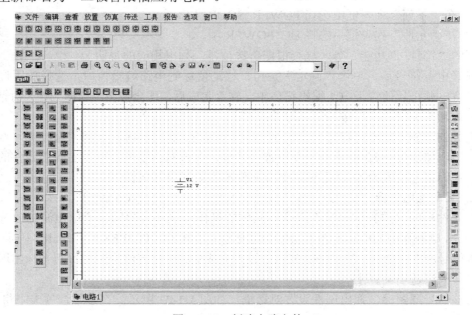

图 1-1-20 新建电路文件

二、搭建二极管限幅应用电路

在绘制电路图之前，需要先熟悉元件栏和仪器栏的内容，看看 Multisim 10 都提供了哪些电路元件和仪器。

1. 放置 4V 的直流电压源

单击元件栏的"放置信号源"选项，会出现如图 1-1-21 所示的界面。

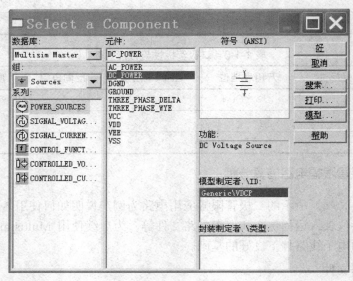

图 1-1-21　放置直流电源

具体操作方法和步骤如下：

（1）在"数据库"下拉列表框中选择"主数据库"项。

（2）在"组"下拉列表框中选择 Sources 项。

（3）在"系列"列表框中选择 POWER_SOURCES 项。

（4）在"元件"列表框中选择 DC_POWER 项。

右侧的"符号""功能"等区域会根据所选项目，列出相应的说明。

选择好电源符号后，单击"确定"按钮，移动鼠标到电路编辑窗口，选择放置位置后，单击即可将电源符号放置于电路编辑窗口中。放置完成后，还会弹出"选择元件"对话框，可以继续放置，单击"关闭"按钮可以取消放置。

我们看到，放置的电源符号显示的是 12V。我们的需要是 4V，如何来修改呢？双击该电源符号，出现如图 1-1-22 所示的属性设置对话框，在该对话框里，可以更改该元件的属性。在这里，我们将电压改为 4V。还可以更改元件的引脚序号等属性。

2. 放置交流电压源

单击元件栏的"放置信号源"选项，具体的操作方法和步骤同直流电压源的放置方法。单击 Sources 电源库中的图标，在"元件"列表框中选择 AC_POWER 项，单击"确定"按钮，设置交流信号源的参数为 12V/50Hz/0Deg。设置完成后，该交流信号源将跟随光标出现在电路窗口，将其放到适当位置上。

双击该信号源图标，弹出属性设置对话框，如图 1-1-23 所示。在参数选项卡中将 Voltage 的值修改为 12V，这是正弦波峰值。

图 1-1-22　直流电源的参数设置　　　　　图 1-1-23　交流电源的参数设置

3. 放置电阻

单击"放置基础元件"，弹出如图 1-1-24 所示的对话框，操作方法和步骤如下：

（1）在"数据库"下拉列表框中选择"主数据库"选项。

（2）在"组"下拉列表框中选择 Basic 项。

（3）在"系列"列表框中选择 RESISTOR 项。

（4）在"元件"列表框中选择"100"（元件栏中有 1.0Ω～22MΩ 全系列电阻可供调用）。

右侧的"符号""功能"等区域会根据所选项目，列出相应的说明。

图 1-1-24　放置电阻

4. 放置二极管

方法步骤同放置电阻。用鼠标单击二极管库按钮，即可打开该器件库，显现出包含的所有二极管，如图 1-1-25 所示。选择合适的型号，单击"确定"按钮。

5. 放置接地端

接地端是电路的公共参考点，其电位为 0V。一个电路可以有多个接地端，但它们的电位都是 0V，实际上属于同一点。

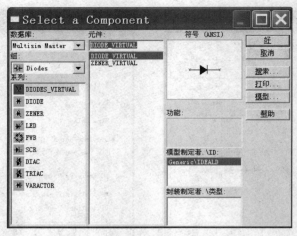

图 1-1-25　放置二极管

按照前面的方法，单击 Sources 器件库中的 POWER-SOURCES，选择 DGND 或 GROUND 接地，然后再将其拖到电路窗口的合适位置即可。

6. 放置电压表和示波器

单击"仪器库"按钮，弹出仪器件工具条，找到电压表和示波器图标并单击，仪器图标会跟随光标出现在电路窗口，移动光标在合适位置单击，然后将其与电路连接。

电压表并联接在二极管两端，可以读取其输出电压的平均值。示波器的 B 通道接在输入信号源端，示波器的 A 通道接在电路的输出端，示波器的接地端直接接地，通过观察波形，了解二极管的单向导电性。

7. 连线

Multisim 软件具有非常方便的连线功能，用鼠标单击连线的起点和终点，就会自动连接起来。当然也可以在起点处单击，到达连线的拐点处再单击一下，继续移动光标到下个拐点处再单击一下，接着移动光标到要连接的元器件管脚处再单击一下，一条连线就完成了。最后连接完成的仿真电路如图 1-1-26 所示。

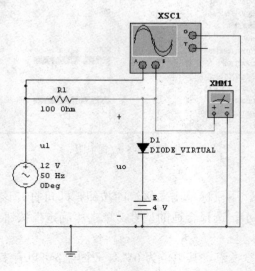

图 1-1-26　二极管限幅应用电路

三、仿真分析

1. 仿真运行

电路图绘制完毕，检查无误后，就可以进行仿真了。单击仿真栏中的绿色"开始"按钮 Simulate/Run，电路进入仿真状态，软件自动开始运行仿真。

万用表并联接在二极管两端，可以读取其输出电压的平均值，双击万用表符号，即可显示输出电压的大小，如图 1-1-27（a）所示。示波器的 A 通道接在输入信号源端，B 通道接在电路的输出端。双击示波器，即可通过示波器观察波形，了解二极管的单向导电性，如图 1-1-27（b）所示。

（a）

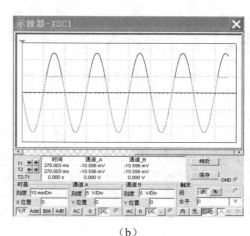

（b）

图 1-1-27　输出结果

2. 暂停和停止仿真

用鼠标再次单击▣️图标，可停止仿真。也可以单击▮▮图标或 Simulate/Pause 命令暂停仿真。再次单击 Simulate/Run 命令，或▪图标可停止仿真。

3. 说明

图 1-1-27 即为电路仿真运行时，示波器显示的输入输出电压波形和万用表的读数。

（1）调整参数。

进行电路仿真运行时，常常需要进行参数调整，观察波形、记录仪表读数。

（2）电路修改。

进行电路仿真运行时，有时还需要进行电路重新搭建，进一步观察波形、记录仪表读数。如限幅电路有上限限幅电路、下限限幅电路和双向限幅电路三种，可以通过重新搭建电路的仿真，了解不同限幅电路的特征和工作原理。

（3）在电路图的绘制中，公共地线是必须的。一个电路中没有接地端，不能进行仿真分析。

（4）如果元件摆放的位置不合适，可将鼠标放在元件上，按住鼠标左键，即可拖动元件到合适位置。

（5）删除元器件的方法：单击元器件将其选中，然后按下 Delete 键，或执行 Edit→Delete 命令。

（6）导线颜色的更改：右击该导线，弹出快捷菜单，执行 Color 命令即弹出"颜色"对话框，根据需要用鼠标单击所需色块，并按下"确定"按钮即可。

（7）导线的删除方法：将鼠标移动到该导线的任意位置，右击，弹出快捷菜单，选择"删除"即可将该导线删除。或者选中导线，直接按 Delete 键将其删除。

（8）元件的旋转方法：将鼠标放在电阻 R_1 上，右击，弹出快捷菜单，在其中可以选择让元件顺时针或者逆时针旋转 90°。

四、保存电路文件

执行 File→Save 命令可保存电路文件。选择 File→Save As 命令，将当前电路改名存盘，在弹出的对话框中输入电路图的新文件名，当然还可以选择新的路径，再单击"确定"按钮即可。一个电路图修改后，又不想冲掉原来的电路图时，可执行 File→Save As 命令保存。

关键知识点小结

本项目介绍了半导体的基础知识，阐述了半导体二极管的结构、工作原理、特性曲线和主要参数，项目一通过二极管整流、限幅等几个典型应用电路的仿真分析，学习 Multisim 仿真软件的使用方法。

本征半导体中掺入不同的杂质就形成 N 型半导体和 P 型半导体，控制掺入杂质的多少就可以有效地改变其导电性能，从而实现导电性能的可控性。半导体中有两种载流子：自由电子与空穴。正确理解 PN 结单向导电性、反向击穿特性、温度特性。

半导体二极管具有重要的单向导电特性：承受正向电压时导通，承受反向电压时截止。利用二极管的单向导电性，可以构成整流、限幅、箝位、开关、稳压等应用电路。

知识与技能训练

1-1-1   填空。

（1）PN 结具有_____特性。当 P 极接电源_____，N 极接电源_____时，PN 结正偏，呈_____电阻。

（2）稳压二极管要求工作在其特性曲线的_____区，在使用时必须_____连接。

（3）利用二极管的_____性及导通时_____很小的特点，可应用于_____、箝位、_____、开关及元件保护等各项工作。

1-1-2   判断下列说法是否正确，对的在括号内打"√"，否则打"×"。

（   ）（1）在 N 型半导体中如果掺入足量的三价元素，可将其改型为 P 型半导体。

（   ）（2）半导体就是由于其导电能力介于金属导体和绝缘体之间得到广泛应用的。

（   ）（3）P 型半导体中多数载流子（简称多子）是自由电子，空穴为少子。

1-1-3   如题 1-1-3 图所示，假设图中是理想二极管，判断图中二极管是导通还是截止？求电路的输出电压。

1-1-4   求出题 1-1-4 图所示各电路的输出电压值，设二极管导通电压 $U_D = 0.7V$。

1-1-5   题 1-1-5 图所示电路中，二极管为理想二极管。试画出输出电压 u_o 的波形。设 $u_i = 6\sin\omega t(V)$。

1-1-6   题 1-1-6 图所示电路中，$u_i = 15\sin\omega t$ V，所有稳压管均为特性相同的硅稳压管，且稳定电压 $U_z = 8V$。试画出 u_{o1} 和 u_{o2} 的波形。

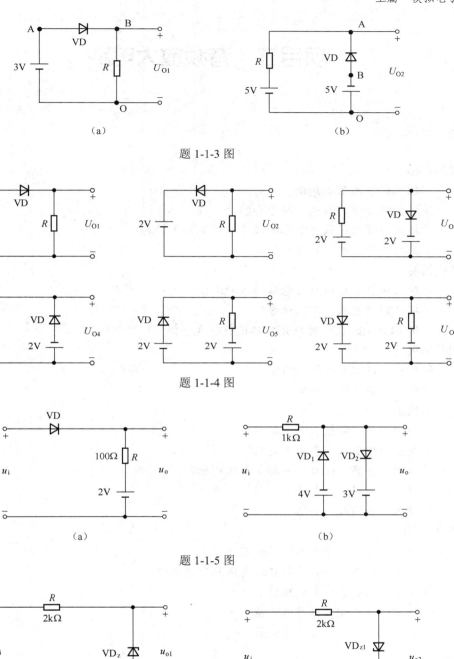

题 1-1-3 图

题 1-1-4 图

题 1-1-5 图

题 1-1-6 图

项目二　音频放大电路

教学目标

知识目标

掌握三极管的基本知识

了解场效应管的结构、符号和特性

掌握三极管电压放大电路的工作原理及相关计算

掌握功率放大电路的工作原理

技能目标

掌握三极管共射极放大电路的性能测试方法

掌握音频放大器性能测试方法

会用 Multisim 软件对放大电路进行仿真分析

知识链接

链接一　认识双极型三极管

链接二　场效应晶体管

链接三　放大电路

链接四　共发射极放大电路

链接五　分压式偏置放大电路

链接六　共集电极放大电路（射极输出器）

链接七　多级放大电路

链接八　音频放大电路

项目实训

任务一　常用电子元器件的识别（二）

任务二　晶体管单管共射极放大电路性能测试

任务三　三极管放大电路仿真分析

任务四　音频放大器性能测试

任务五　功率放大器仿真分析

设计一个音频功率放大电路。

在电子系统中，模拟信号被放大后，往往要去推动一个实际负载。如使扬声器发声、继电器动作、仪表指针偏转等，推动一个实际负载需要功率放大器。扩音机就是一个把微弱的声音变大的典型放大器，声音先经过话筒变成微弱的电信号，经过放大器，利用三极管的控制作用，把电源供给的能量转换为较强的电信号，然后经过扬声器（喇叭）还原成为放大了的声音。图 1-2-1 所示就是一个音频功率放大电路。

本项目通过音频功率放大电路的学习，掌握放大电路的工作原理和分析方法。

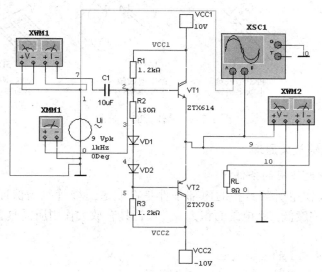

图 1-2-1 音频放大电路

知识链接

链接一 认识双极型三极管

一、半导体三极管的结构及分类

1. 三极管的结构及图形符号

半导体三极管是由两个背靠背的 PN 结构成的。在工作过程中，两种载流子（电子和空穴）都参与导电，故又称为双极型半导体三极管，简称三极管。

两个 PN 结，把半导体分成三个区域。这三个区域的排列，可以是 N-P-N，也可以是 P-N-P。因此，三极管有两种类型：NPN 型和 PNP 型，如图 1-2-2 所示。

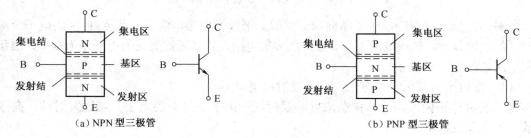

(a) NPN 型三极管   (b) PNP 型三极管

图 1-2-2 三极管的结构及图形符号

2. 三极管的分类及实物图形

三极管的分类方式很多，按结构分为 NPN 型和 PNP 型；按所用的半导体材料分为硅管和锗管；按工作频率分为低频管、中频管和高频管；按用途分为放大管和开关管；按功率大小分为小功率管、中功率管、大功率管等。三极管的几种常见外形如图 1-2-3 所示。

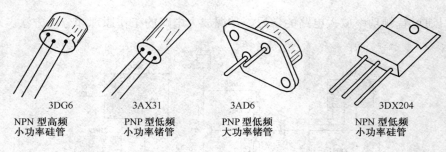

3DG6	3AX31	3AD6	3DX204
NPN 型高频 小功率硅管	PNP 型低频 小功率锗管	PNP 型低频 大功率锗管	NPN 型低频 小功率硅管

图 1-2-3　晶体管的实物图

二、半导体三极管放大原理

1. 三极管产生放大作用的条件

三极管具有放大作用所需具备的内部条件是在制造三极管时需保证其发射区掺杂浓度高；基区很薄且掺杂浓度低；集电结面积大。三极管具有放大作用所需具备的外部条件是发射结正偏，集电结反偏。

2. 三极管内部载流子的传输过程

三极管内部载流子的传输过程如图 1-2-4 所示。

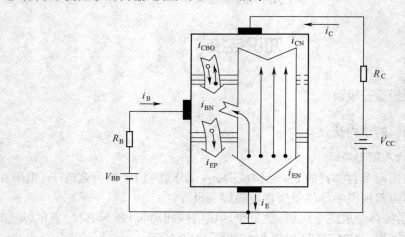

图 1-2-4　三极管内部载流子的传输过程

发射结正偏，发射区电子不断向基区扩散，形成发射极电流 i_E。进入 P 区的电子少部分与基区的空穴复合，形成电流 i_B，多数扩散到集电结，从基区扩散来的电子作为少子，漂移进入集电区被收集，形成 i_C。

（1）发射区向基区注入电子，形成发射极电流 i_E。

由于发射结正偏，因此高掺杂浓度的发射区中的多子（自由电子）越过发射结，向基区扩散，形成发射极电流 i_E。

（2）电子在基区中的扩散与复合，形成基极电流 i_B。

电子在基区的扩散与复合，形成基极电流 i_B。因为基区很薄，且掺杂浓度低，电子只有一小部分被基区的空穴复合，大部分电子很快到达集电结边缘。

（3）集电区收集扩散过来的电子，形成集电极电流 i_C。

由于集电结反偏，扩散到集电结边缘的电子，很快被吸引越过集电结，形成集电极电流 i_C。

3. 三极管的电流分配关系

发射区向基区注入电子形成的发射极电流 i_E 等于基极电流 i_B 与集电极电流 i_C 之和，即

$$i_E = i_C + i_B \qquad (1\text{-}2\text{-}1)$$

4. 三极管的电流放大作用

实验表明 i_C 比 i_B 大数十至数百倍，i_B 虽然很小，但对 i_C 有控制作用，i_C 随 i_B 的改变而改变，即基极电流较小的变化可以引起集电极电流较大的变化，表明基极电流对集电极具有小量控制大量的作用，这就是三极管的电流放大作用。

三、半导体三极管的特性曲线

半导体三极管各极电压和电流之间的关系曲线称为三极管的特性曲线。包括输入特性曲线和输出特性曲线。下面以 NPN 管为例进行分析，图 1-2-5 为三极管实验电路。

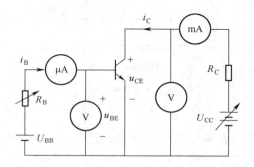

图 1-2-5　三极管实验电路

1. 输入特性曲线

三极管的输入特性曲线是指当三极管集—射之间电压一定的情况下，输入回路的基极电流与基—射电压之间的关系曲线，可以表示为

$$i_B = f(u_{BE})\big|_{U_{CE}=常数} \qquad (1\text{-}2\text{-}2)$$

由图 1-2-6 可看出：三极管的输入特性曲线与二极管正向特性类似。正向电压小于死区电压时管子处于截止状态，只有当正向电压大于死区电压后，正向电流随着正向电压增大迅速增大，三极管呈现导通状态。

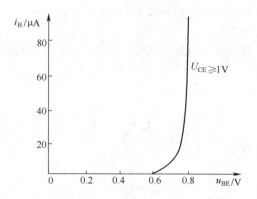

图 1-2-6　三极管输入特性曲线

2. 输出特性曲线

三极管的输出特性曲线是指当三极管基极电流一定的情况下，输出回路的集电极电流与集—射电压之间的关系曲线，可以表示为

$$i_C = f(u_{CE})\big|_{I_B = 常数} \qquad (1-2-3)$$

根据图 1-2-7 所示三极管的输出特性曲线，三极管有三个工作区：截止区、放大区和饱和区。

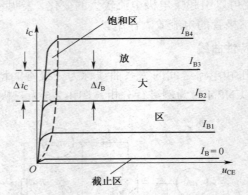

图 1-2-7 三极管输出特性曲线

（1）截止区。

i_C 接近零的区域，相当于 $I_B=0$ 的曲线的下方。此时，u_{BE} 小于死区电压，三极管的发射结处于反偏或者零偏，集电结处于反偏，对应于三极管工作在截止区，有

$$I_B \leqslant 0, \ i_C \approx 0$$

（2）放大区。

又叫线性区或恒流区，i_C 平行于 u_{CE} 轴的区域，曲线基本平行等距，此时，三极管的发射结处于正偏，集电结处于反偏。对应于三极管工作在放大区，有

$$i_C = \beta I_B \qquad (1-2-4)$$

（3）饱和区。

i_C 明显受 u_{CE} 控制的区域，该区域内，一般 $u_{CE} < 0.7V$（硅管）。此时，三极管的发射结处于正偏，集电结正偏或反偏电压很小。该三极管工作在饱和区，有

$$i_C \neq \beta I_B$$

此时 u_{CE} 电压基本不变，称此时的 u_{CE} 为饱和电压，用 U_{CES} 表示。U_{CES} 很小，通常计算中，小功率硅管的 U_{CES} 取值为 0.3V。

【例 1-2-1】测得三极管的直流电位如图 1-2-8（a）（b）（c）所示，试判断它们的工作状态。

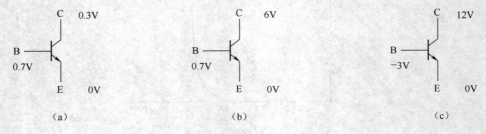

图 1-2-8 例 1-2-1 图

解：图（a）中发射结正偏，集电结也正偏，所以该管工作在饱和状态。

图（b）中发射结正偏，集电结反偏，所以该管工作在放大状态。

图（c）中三极管发射结反偏，集电结也反偏，所以该管工作在截止状态。

四、三极管的主要参数

1. 电流放大系数 β

共射直流电流放大系数：三极管为共发射极接法，在集电极－发射极电压 U_{CE} 一定的条件下，由基极直流电流 I_B 所引起的集电极直流电流与基极电流之比，称为共发射极静态（直流）电流放大系数

$$\overline{\beta} \approx \frac{I_C}{I_B} \tag{1-2-5}$$

共射交流电流放大系数：当集电极电压为定值时，集电极电流变化量 Δi_C 与基极电流变化量 Δi_B 之比，即

$$\beta = \left. \frac{\Delta i_C}{\Delta i_B} \right|_{U_{CE}=常数} \tag{1-2-6}$$

显然 $\overline{\beta}$ 与 β 的含义不同，但两者的数值较为接近，所以在电路分析估算时，常将二者近似相等。

2. 反向电流

发射极开路时，集电极－基极反向饱和电流 I_{CBO}：它受温度的影响大。小功率锗管的 I_{CBO} 为几微安至几十微安，小功率硅管的 I_{CBO} 小于 $1\mu A$。I_{CBO} 越小，管子工作稳定性越好。基极开路时，集电极－发射极反向电流 I_{CEO}：I_{CEO} 是当三极管基极开路而集电结反偏、发射结正偏时的集电极电流，也叫穿透电流。I_{CEO}、I_{CBO} 均随温度的上升而增大。

3. 极限参数

集电极最大允许电流 I_{CM}：三极管正常工作时集电极所允许的最大工作电流。当 I_C 超过一定数值时，β 下降。I_{CM} 就是当 β 下降到额定值的 2/3 时所允许的最大集电极电流。$I_C > I_{CM}$ 时，可导致三极管损坏。

反向击穿电压 $U_{(BR)CEO}$：基极开路时，集电极、发射极间的最大允许电压。

集电极最大允许功耗 P_{CM}：集电极最大允许功耗 P_{CM} 等于集电极电流 I_C 与 U_{CE} 的乘积。

$$P_{CM} = I_C U_{CE} \tag{1-2-7}$$

当三极管功耗超过最大允许功耗 P_{CM} 时，三极管有可能因 PN 结温度过高而造成永久性损坏。P_{CM} 值与环境温度有关，温度愈高，则 P_{CM} 值愈小。当超过此值时，管子将被烧毁或性能将变坏。

链接二　场效应晶体管

场效应管是利用输入回路的电场效应来控制输出回路电流的一种半导体器件，它仅靠多数载流子导电，又称单极型晶体管。场效应管不但具有双极型晶体管体积小、重量轻、寿命长等优点，而且具有输入阻抗高、噪声低、热稳定性好、抗辐射能力强、能耗低等优点。

一、场效应管的结构、类型和符号

场效应管有两种类型，一种是绝缘栅型场效应管，又称 MOS 场效应管，一种是结型栅型

效应管。因为结型场效应管的栅源极间的电阻不够高；在高温下，PN 结的反向电流增大，栅源极间的电阻会显著下降；栅源极间的 PN 结加正向电压时，将出现较大的栅极电流。而绝缘栅型场效应管（MOS）可以很好地解决结型场效应管的问题，绝缘栅型场效应管（IGFET）又称 MOS 管，输入电阻可达 $10^{10}\Omega$ 以上，温度稳定性好，集成度高，因此绝缘栅型场效应管广泛应用于大规模、超大规模集成电路中。下面就以绝缘栅型场效应管为例简单介绍其结构及工作原理。

场效应管是一种单极型晶体管，通过在两个高掺杂的 P 区（或 N 区）中间，夹着一层低掺杂的 N 区（或 P 区）（一般做得很薄），形成两个 PN 结。在 N 区（或 P 区）的两端各做一个欧姆接触电极，在两个 P 区（或 N 区）上也做上欧姆电极，并把这两个 P 区（或 N 区）连起来，就构成了一个场效应管。从 P 区（或 N 区）引出的两个电极分别为源极 S 和漏极 D，从 N 区（或 P 区）引出的电极叫栅极 G，很薄的 N 区（或 P 区）称为导电沟道，分别构成 N 沟道场效应管和 P 沟道场效应管。其结构和符号如图 1-2-9 所示。

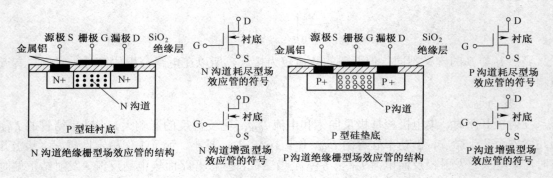

图 1-2-9   绝缘栅型场效应管的结构、符号

二、场效应管的工作原理

不论是 N 沟道还是 P 沟道，场效应管的工作原理是相同的，都是利用栅极与源极沟道间的 PN 结形成的反偏栅源电压 U_{GS} 来控制漏极－源极间流经沟道的漏极电流 I_D。即：沟道截面积（漏极电流 I_D 流经通路的宽度）是由 PN 结反偏的变化产生的耗尽层扩展变化控制的。所以说场效应管是电压控制器件，它通过栅源电压 U_{GS} 来控制漏极电流 I_D。下面以 N 沟道为例说明场效应管的工作原理。

1. N 沟道增强型 MOS 场效应管的工作原理

不存在原始导电沟道，当栅源电压 $U_{GS} = 0$ 时漏极电流 $I_D = 0$，$U_{GS}>0$ 时会产生垂直于衬底表面的电场，只有当 U_{GS} 增加到某一个值时才开始导通，有漏极电流产生，开始出现漏极电流时的栅源电压 U_{GS} 称为开启电压。增强型场效应管特性曲线如图 1-2-10 所示。

2. 耗尽型场效应管的特点

耗尽型场效应管存在原始导电沟道，$U_{GS}=0$ 时漏、源极之间就可以导电。它可以在正或负的栅源电压（正或负偏压）下工作，而且栅极上基本无栅流（非常高的输入电阻）。这时在外加电压 U_{GS} 作用下的漏极电流称为漏极饱和电流 I_{DSS}。

$U_{GS}>0$ 时沟道内感应出的负电荷增多，沟道加宽，沟道电阻减小，I_D 增大。

$U_{GS}<0$ 时会在沟道内产生出正电荷，与原始负电荷复合，沟道变窄，沟道电阻增大，I_D 减小。U_{GS} 达到一定负值时，沟道内载流子全部复合耗尽，沟道被夹断，$I_D=0$，这时的 U_{GS} 称

为夹断电压 $U_{GS(off)}$。

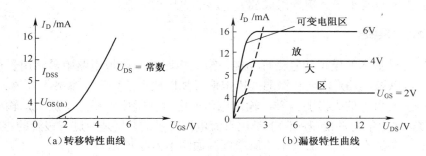

图 1-2-10　增强型绝缘栅型场效应管的特性曲线

三、绝缘栅型场效应管的特性曲线和主要参数

1. 转移特性曲线

转移特性曲线是在漏－源电压一定的情况下，漏极电流与栅－源电压之间关系的曲线，即

$$i_D = f(u_{GS})\big|_{U_{DS}=常数} \tag{1-2-8}$$

2. 输出特性曲线

输出特性曲线是在栅－源电压一定的情况下，漏极电流与漏－源电压之间关系的曲线，即

$$i_D = f(u_{DS})\big|_{U_{GS}=常数}$$

不论是增强型还是耗尽型，场效应管都有夹断区（即截止区）、恒流区（即线性区）和可变电阻区三个工作区域。

3. 场效应管的主要参数

场效应管的主要参数有以下重要参数：

（1）开启电压 $U_{GS(th)}$：U_{DS} 一定时，使 i_D 大于零所需的最小 $|U_{GS}|$ 值。

（2）夹断电压 $U_{GS(off)}$：U_{DS} 一定时，使 i_D 近似为零时的 U_{GS} 值。

（3）饱和漏极电流 I_{DSS}：对于耗尽型管，在 $U_{GS}=0$ 情况下产生预夹断时的漏极电流。

（4）低频跨导 g_m：

$$g_m = \frac{\Delta I_D}{\Delta U_{GS}}\bigg|_{U_{DS}=常数}$$

g_m 表示场效应管栅、源电压 U_{GS} 对漏极电流 I_D 控制作用的大小，单位是 μA/V 或 mA/V。

（5）通态电阻：在确定的栅、源电压 U_{GS} 下，场效应管进入饱和导通时，漏极和源极之间的电阻称为通态电阻。通态电阻的大小决定了管子的开通损耗。

（6）最大漏源击穿电压 $U_{DS(BR)}$：指漏极与源极之间的反向击穿电压。

（7）漏极最大耗散功率 P_{DM}：漏极耗散功率 $P_D = U_{DS}I_D$ 的最大允许值，是从发热角度对管子提出的限制条件。

场效应管还有输入电阻 R_{GS} 和漏极饱和电流 I_{DSS} 等参数。

综上所述，场效应管是电压控制器件，它的漏极电流 I_D 受栅、源电压 U_{GS} 的控制，即 I_D 随 U_{GS} 的变化而变化。场效应管的输入端电流极小，因此它的输入电阻很大。场效应管是利用多数载流子导电，因此其温度稳定性较好。场效应管的抗辐射能力强，噪声低。它组成的放大电路的电压放大系数要小于三极管组成放大电路的电压放大系数。

链接三　放大电路

"放大"是最基本的模拟信号处理功能，放大电路就是模拟电路中最常用、最基本的一种典型电路。可以说，凡是需要将微弱的模拟信号加以放大的场合，都离不开放大电路。

放大电路主要用于放大微弱信号，输出电压或电流在幅度上得到了放大，输出信号的能量得到了加强。输出信号的能量实际上是由直流电源提供的，只是经过三极管的控制，使之转换成信号能量，提供给负载。放大电路原理框图如图 1-2-11 所示。

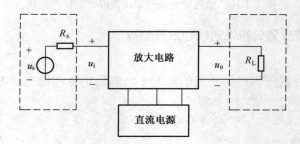

图 1-2-11　放大电路原理框图

"放大"作用的实质是电路对电流、电压或能量的控制作用。即用能量比较小的输入信号控制另一个能源，从而使输出端的负载上得到能量比较大的信号。负载上信号的变化规律是由输入信号决定的，而负载上得到的较大的能量是由另一个能源提供的。

一、放大电路的组成及工作原理

放大电路的作用是实现对微弱小信号的幅度放大，单凭晶体管的电流放大作用显然无法完成，必须在放大电路中设置直流电源，使其保证三极管工作在线性放大区。

1. 放大电路的组成

以固定偏置基本共射放大电路为例说明放大电路的基本组成。电路如图 1-2-12 所示。基本放大电路由三极管 VT、电源 U_{CC}、电阻 R_B 和 R_C 及耦合电容 C_1 和 C_2 等基本元件组成。

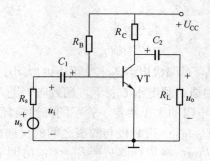

图 1-2-12　放大电路的组成

C_1 和 C_2：隔直耦合电容，利用其通交隔直作用，起到耦合的作用，使放大电路和信号源及放大电路和负载间直流相隔离，同时保证交流信号顺利传输，为了减小传递信号的电压损失，C_1、C_2 应选得足够大，一般为几微法至几十微法，通常采用电解电容器。

VT：三极管，是放大器的核心部件，在电路中起电流放大作用；并用基极电流 i_B 控制集电极电流 i_C。

U_{CC}：直流电源，为放大电路提供能量和保证晶体管工作在放大状态；使晶体管的发射结正偏，集电结反偏，晶体管处在放大状态，同时也是放大电路的能量来源，提供电流 i_B 和 i_C，U_{CC} 一般在几伏到十几伏之间。

R_B：偏置电阻，用来调节基极偏置电流 I_B，电源 U_{CC} 和电阻 R_B 使管子发射结处于正向偏置，并提供适当的基极电流 I_B，使晶体管有一个合适的工作点，一般为几十千欧到几百千欧。

R_C：集电极负载电阻将集电极的电流变化变换成集电极的电压变化，以实现电压放大作用，一般为几千欧。

2. 放大电路的工作原理

放大电路输入端加上输入信号 u_i 时，电路中的电流、电压随输入信号作相应变化。输入端的交流电压 u_i 通过电容 C_{b1} 加到 BJT 的发射结，从而引起基极电流 i_b 相应的变化。i_b 的变化使集电极电流 i_c 随之变化。i_c 的变化量在集电极电阻 R_c 上产生压降。集电极电压 $u_{CE}=V_{cc}-i_cR_c$，当 i_c 的瞬时值增加时，u_{CE} 就要减小，所以 u_{CE} 的变化恰与 i_c 相反。u_{CE} 中的变化量经过电容 C_{b2} 传送到输出端成为输出电压 u_o。如果电路参数选择适当，u_o 的幅度将比 u_i 大得多，从而达到放大的目的。

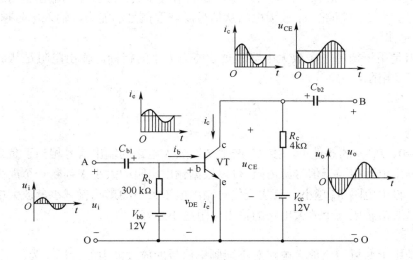

图 1-2-13　放大电路的工作原理

由于动态时放大电路是在直流电源 V_{bb} 和交流输入信号 u_i 共同作用下工作，电路中的电压 u_{CE}、电流 i_b 和 i_c 均包含两个分量，这时电路中既有直流成分，亦有交流成分，各极的电流和电压都是在静态值的基础上再叠加交流分量，即放大电路中交直流并存。

二、晶体管放大电路的主要性能指标

晶体管放大电路（图 1-2-14）的主要性能指标有：放大倍数、输入电阻、输出电阻、非线性失真系数和通频带。

1. 放大倍数

放大倍数是用于衡量放大电路放大能力的主要指标。通常将输出量与输入量的比值定义为放大倍数，又称为增益。

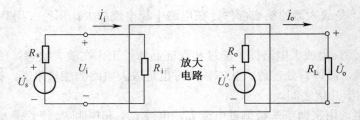

图 1-2-14 放大电路的性能指标分析

主要有电压放大倍数，它反映了输出电压和输入电压的幅值比，为

$$\dot{A}_{uu} = \dot{A}_{u} = \frac{\dot{U}_{o}}{\dot{U}_{i}} \qquad (1\text{-}2\text{-}9)$$

2. 输入电阻

输入电阻是用于衡量一个放大电路从信号源获取信号能力大小的指标。通常将输入电阻定义为输入电压与输入电流之比，即从放大电路输入端看进去的等效电阻，为

$$R_{i} = \frac{\dot{U}_{i}}{\dot{I}_{i}} \qquad (1\text{-}2\text{-}10)$$

从式（1-2-10）可知 R_i 越大，从信号源得到的信号越大，放大器的输出信号也越大。可以根据输入电阻的大小来判断一个放大电路从信号源获取信号的能力，输入电阻越大越好。

3. 输出电阻

输出电阻是用于衡量一个放大电路带负载能力大小的指标。输出电阻是从放大电路输出端看进去的等效电阻，为

$$R_{o} = \left. \frac{\dot{U}_{o}}{\dot{I}_{o}} \right|_{\substack{\dot{U}_{s}=0 \\ R_{L}=\infty}} \qquad (1\text{-}2\text{-}11)$$

即在 $U_s=0$、$R_L=\infty$ 的条件下，接 U_o 产生 I_o。放大电路的输出信号相当于负载的信号源，放大电路的输出电阻相当于信号源内阻。可以根据输出电阻的大小来判断一个放大电路带负载电阻的能力。输出电阻 R_o 越小，负载变化对输出电压大小的影响就越小，放大电路带负载能力越强。所以通常希望一个放大电路的输出电阻越小越好。

4. 通频带

通频带是用于衡量一个放大电路对不同频率信号的放大能力的指标，为

$$f_{bw}=f_{H}-f_{L} \qquad (1\text{-}2\text{-}12)$$

中频时放大倍数最大，低频或高频时放大倍数都会下降并产生相移。放大电路的放大倍数随频率变化的关系曲线如图 1-2-15 所示。

通频带用于衡量放大电路对不同频率信号的适应能力。通频带越宽，放大电路对不同频率信号的适应能力越强。

三、放大电路的三种组态

双极型三极管有三个电极，其中两个可以作为输入，两个可以作为输出，这样必然有一个电极是输入和输出的公共电极，所以三极管在对信号实现放大时在电路中有三种不同的连接方式，也称三种接法或者三种组态，如图 1-2-16 所示。

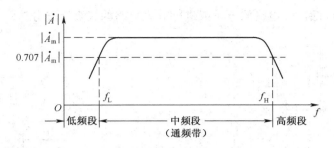

图 1-2-15　放大倍数随频率变化的曲线

1. 共基极接法

如图 1-2-16（a）所示，基极作为公共电极，用 CB 表示，共基极放大电路只能放大电压，不能放大电流。输入电阻小，频率特性最好，常用于宽频带放大电路。

2. 共发射极接法

如图 1-2-16（b）所示，发射极作为公共电极，用 CE 表示，共发射极放大电路既能放大电压，也能放大电流，输入电阻居中，输出电阻较大，频带较窄。常用于低频电压放大。

3. 共集电极接法

如图 1-2-16（c）所示，集电极作为公共电极，用 CC 表示，共集电极放大电路只能放大电流，不能放大电压。输入电阻最大、输出电阻最小，具有电压跟随的特点，常用于多级放大的输入级和输出级。

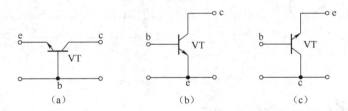

图 1-2-16　放大电路的三种组态

链接四　共发射极放大电路

电路中发射极是输入、输出回路的公共支路，而且放大的是电压信号，因此称之为共发射极电压放大器。实际应用中，共射放大电路通常采用单电源供电，如图 1-2-17 所示。

一、静态分析计算

放大电路中交直流并存，分析放大电路时要将交直流分开进行分析。直流分析又称为静态分析，主要是确定静态工作点 Q（指静态值 I_{BQ}、I_{CQ} 和 U_{CEQ}）。通常采用直流通路进行分析，分析方法主要有图解法和近似估算法。

1. 直流通路

直流通路的画法：电容视为开路；电感视为短路；信号源视为短路，但保留其内阻，如图 1-2-18 所示。

2. 图解法

所谓图解法，是利用晶体管的输入特性曲线、输出特性曲线及放大电路中其他元件的参数，通过作图对放大电路进行分析的方法。图解法的特点是比较直观，通常适用于输入信号幅度较大、工作频率较低情况电路的分析或进行放大电路的失真情况分析。

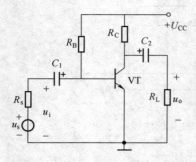

图 1-2-17　共射放大电路

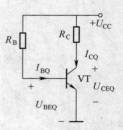

图 1-2-18　共射放大电路的直流通路

下面以例 1-2-2 介绍静态分析的图解方法和步骤。

【例 1-2-2】共射放大电路及其输出特性曲线如图 1-2-19 所示，其中 R_B=470kΩ，R_C=6kΩ，V_{CC}=20V，用图解法在三极管输出特性曲线上求静态工作点 Q（设 U_{BE}=0.7V 硅管）。

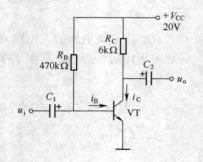
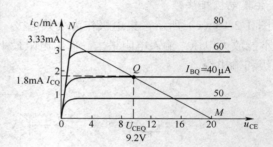

图 1-2-19　例 1-2-2 图

解：（1）用估算法求出基极电流 I_{BQ}：

$$I_{BQ} = \frac{V_{CC} - U_{BEQ}}{R_B} = \frac{20 - 0.7}{470} \approx 40\mu A$$

（2）在输出特性曲线中找到对应 I_{BQ} 的曲线。

（3）作直流负载线 MN。

根据关系式 $U_{CE}=V_{CC}-I_CR_C$ 可画出一条直线，该直线在纵轴上的截距 N 为 V_{CC}/R_C=3.33mA，在横轴上的截距 M 为 V_{CC}=20V，连接 M、N 点即得直流负载线。

（4）求静态工作点 Q，并确定 U_{CEQ}、I_{CQ} 的值。

晶体管的 I_{CQ} 和 U_{CEQ} 既要满足 I_{BQ}=40μA 的输出特性曲线，又要满足直流负载线，因而晶体管必然工作在它们的交点 Q，该点就是静态工作点。

可在坐标上查得静态工作点 Q 静态值 I_{CQ} 和 U_{CEQ}：I_{BQ}=40μA；I_{CQ}=1.8mA；U_{CEQ}=9.2V。

3. 静态工作点 Q 的估算

可以通过直流通路来进行静态工作点 Q 的估算。直流通路中有两个回路，根据 KVL 分别列出两个回路的电路方程 $U_{BE}=U_{CC}-U_{BE}-I_BR_B$ 和 $U_{CE}=U_{CC}-I_CR_C$，即可估算 Q。

$$I_{BQ} = \frac{U_{CC} - U_{BEQ}}{R_B} \tag{1-2-13}$$

$$I_{CQ} = \beta I_{BQ} \qquad\qquad (1\text{-}2\text{-}14)$$

$$U_{CEQ} = U_{CC} - I_{CQ}R_C \qquad\qquad (1\text{-}2\text{-}15)$$

二、动态分析计算

所谓动态就是有交流信号输入，即 $u_i \neq 0$。动态分析方法有图解分析法和微变等效电路分析法。

1. 交流通路

交流通路，就是交流电流流通的途径。即在输入信号 u_i 单独作用下的通路，用于动态分析。在分析电路时，一般用交流通路来研究交流量及放大电路的动态性能。在画法上可以将电容 C_1、C_2 和直流电源 U_{CC} 视为短路。电路如图 1-2-20 所示。

2. 微变等效电路法

（1）基本思路。

由于三极管是非线性器件，这样就使得放大电路的分析非常困难。把非线性元件晶体管所组成的放大电路等效成一个线性电路，就是放大电路的微变等效电路，然后用线性电路的分析方法来分析，这种方法称为微变等效电路分析法。

等效的条件是晶体管在小信号（微变量）情况下工作。这样就能在静态工作点附近的小范围内，用直线段近似地代替晶体管的特性曲线。将三极管非线性器件做线性化处理，从而可以把三极管这个非线性器件所组成的电路当作线性电路来处理，从而简化放大电路的分析和设计。

（2）晶体管微变等效电路。

三极管的输入特性：输入特性曲线在 Q 点附近的微小范围内可以认为是线性的，如图 1-2-21 所示。

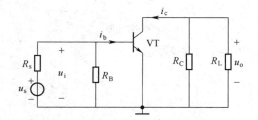
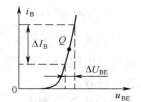

图 1-2-20　共射放大电路的交流通路　　　图 1-2-21　三极管的输入特性曲线

当 u_{BE} 有一微小变化 ΔU_{BE} 时，基极电流变化 ΔI_B，两者的比值称为三极管的动态输入电阻，用 r_{be} 表示，即

$$r_{be} = \frac{\Delta U_{BE}}{\Delta I_B} = \frac{u_{be}}{i_b} \qquad\qquad (1\text{-}2\text{-}16)$$

$$r_{be} = 300 + (1+\beta)\frac{26(\text{mV})}{I_{EQ}(\text{mA})} \qquad\qquad (1\text{-}2\text{-}17)$$

三极管的输出特性：输出特性曲线如图 1-2-22 所示，在放大区域内可认为呈水平线，集电极电流的微小变化 ΔI_C 仅与基极电流的微小变化 ΔI_B 有关，而与电压 u_{CE} 无关。故集电极和发射极之间可等效为一个受 i_b 控制的电流源。由此可得三极管微变等效电路，如图 1-2-23 所示。

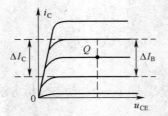

图 1-2-22 三极管的输出特性曲线

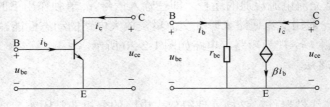

图 1-2-23 三极管微变等效电路

（3）放大电路的微变等效电路。

将放大电路交流通路中的三极管用其微变模型代替就得到了放大电路的微变等效电路。图 1-2-24 为共发射极放大电路的微变等效电路。

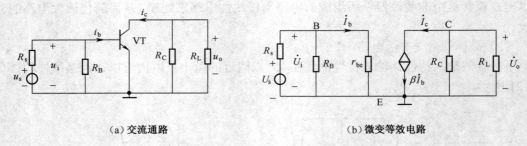

（a）交流通路　　　　　　　　　　　　　　（b）微变等效电路

图 1-2-24　基本共发射极放大电路的微变等效电路

（4）求解放大电路的主要性能指标。

1）电压放大倍数。

输入电压和输出电压分别为

$$\dot{U}_i = \dot{I}_b r_{be} \qquad \dot{U}_o = -\beta \dot{I}_b (R_C /\!/ R_L)$$

故电压放大倍数为

$$\dot{A}_u = \frac{\dot{U}_o}{\dot{U}_i} = \frac{-R_L' \dot{I}_c}{r_{be} \dot{I}_b} = \frac{-R_L' \beta \dot{I}_b}{r_{be} \dot{I}_b} = -\frac{\beta R_L'}{r_{be}} \quad （式中 R_L' = R_C /\!/ R_L） \tag{1-2-18}$$

当 $R_L = \infty$（开路）时

$$\dot{A}_u = -\frac{\beta R_C}{r_{be}} \tag{1-2-19}$$

2）输入电阻。

在 $u_s = 0$、$R_L = \infty$ 的条件下，根据输入电阻的定义和微变等效电路有

$$R_i = \frac{\dot{U}_i}{\dot{I}_i} = R_B /\!/ r_{be} \tag{1-2-20}$$

式中由于 $R_B \gg r_{be}$，$R_i \approx r_{be}$，一般在几百欧到几千欧。输入电阻 R_i 的大小决定了放大电路从信号源吸取电流（输入电流）的大小。为了减轻信号源的负担，总希望 R_i 越大越好。另外输入电阻 R_i 较大，也可以降低信号源内阻 R_s 的影响，使放大电路获得较高的输入电压。

3）输出电阻。

输出电阻的计算方法是：信号源 $\dot{U}_s$ 短路，断开负载 R_L，在输出端加电压 $\dot{U}$，求出由 $\dot{U}$ 产生的电流 $\dot{I}$，则输出电阻 R_o 为

$$R_o = \frac{\dot{U}}{\dot{I}} = R_C \qquad\qquad (1\text{-}2\text{-}21)$$

对于负载而言，放大器的输出电阻 R_o 越小，负载电阻 R_L 的变化对输出电压的影响就越小，表明放大器带负载能力越强，因此总希望 R_o 越小越好。上式中 R_o 在几千欧到几十千欧。

【例 1-2-3】基本放大电路中，已知 $U_{CC} = 12\text{V}$，$R_B = 300\text{ k}\Omega$，$R_C = 3\text{ k}\Omega$，$R_L = 3\text{ k}\Omega$，$R_s = 3\text{ k}\Omega$，$\beta = 50$。试求：（1）R_L 接入和断开两种情况下电路的电压放大倍数 $\dot{A}_u$；（2）输入电阻 R_i 和输出电阻 R_o；（3）输出端开路时的源电压放大倍数 $\dot{A}_{us}$。

解：（1）①先求静态工作点：

$$I_{BQ} = \frac{U_{CC} - U_{BEQ}}{R_B} \approx \frac{U_{CC}}{R_B} = \frac{12}{300}\text{mA} = 40\,\mu\text{A}$$

$$I_{CQ} = \beta I_{BQ} = 50 \times 0.04 = 2\text{mA}$$

$$U_{CEQ} = U_{CC} - I_{CQ}R_C = 12 - 2 \times 3 = 6\text{V}$$

②求三极管的动态输入电阻 r_{be}：

$$r_{be} = 300 + (1 + \beta)\frac{26(\text{mV})}{I_{EQ}(\text{mA})} = 300 + (1 + 50)\frac{26(\text{mV})}{2(\text{mA})} = 963\,\Omega \approx 0.963\text{ k}\Omega$$

③求电压放大倍数 $\dot{A}_u$：

R_L 接入时的电压放大倍数 $\dot{A}_u$ 为：

$$\dot{A}_u = -\frac{\beta R_L'}{r_{be}} = -\frac{50 \times \dfrac{3 \times 3}{3 + 3}}{0.963} = -78$$

R_L 断开时的电压放大倍数 $\dot{A}_u$ 为：

$$\dot{A}_u = -\frac{\beta R_C}{r_{be}} = -\frac{50 \times 3}{0.963} = -156$$

（2）求输入电阻 R_i：

$$R_i = R_B \,/\!/\, r_{be} = 300 \,/\!/\, 0.963 \approx 0.96\text{ k}\Omega$$

求输出电阻 R_o：

$$R_o = R_C = 3\text{ k}\Omega$$

（3）输出端开路时的源电压放大倍数：

$$\dot{A}_{us} = \frac{\dot{U}_o}{\dot{U}_s} = \frac{\dot{U}_i}{\dot{U}_s} \times \frac{\dot{U}_o}{\dot{U}_i} = \frac{R_i}{R_s + R_i}\dot{A}_u = \frac{1}{3 + 1} \times (-156) = -39$$

3. 非线性失真分析

图解法的特点是比较直观，通常适用于输入信号幅度较大、工作频率较低情况电路的分析或进行放大电路的失真情况分析。静态工作点 Q 设置得不合适，会对放大电路的性能造成影响。

（1）饱和失真。

如图 1-2-25 中，Q 点偏高，当 i_B 按正弦规律变化时，Q' 进入饱和区，造成 i_C 和 u_{CE} 的波形与 i_b（或 u_i）的波形不一致，输出电压 u_o（即 u_{CE}）的负半周出现平顶畸变，称为饱和失真。消除饱和失真的办法：降低静态工作点，可以采取增大 R_B 等办法来降低静态工作点，消除饱和失真。

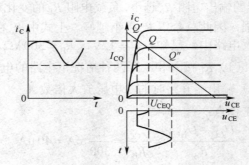

图 1-2-25　Q 点偏高引起饱和失真

（2）截止失真。

如图 1-2-26 中，Q 点偏低，则 Q'' 进入截止区，输出电压 u_o 的正半周出现平顶畸变，称为截止失真。消除截止失真的办法：降低静态工作点，可以采取增大 R_B 等办法来降低静态工作点，消除饱和失真。

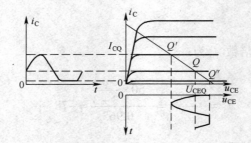

图 1-2-26　Q 点偏低引起截止失真

饱和失真和截止失真称为放大电路的非线性失真。

通过上述分析，可以看出设置静态工作点是非常必要的。放大电路放大的是动态信号，如果没有设置静态工作点，设 $U_{BB}=0$，则 $I_{BQ}=0$，$I_{CQ}=0$，$U_{CEQ}=U_{CC}$，则当放大电路输入端加上输入信号 u_i 时，u_i 中小于死区电压的信号将无法进入放大器进行放大，输出波形严重失真，因此，必须设置合适的静态工作点。

链接五　分压式偏置放大电路

一、温度对静态工作点的影响

由于半导体是敏感元件，其导电能力受温度的影响会发生很大的变化，半导体导电能力变化很大。对于固定偏置式共发射极放大电路而言，静态工作时，三极管的 U_{BE}、β 和 I_{CEQ}、I_{CBQ} 等静态参数均随温度的变化而发生变化。

即温度上升时，参数的变化都会使放大电路中的集电极静态电流 I_{CQ} 随温度升高而增加，从而使静态工作点 Q 随温度变化。要想使 I_{CQ} 基本稳定不变，就要求在温度升高时，电路能自动地适当减小基极电流 I_{BQ}。

二、分压式偏置电路

1. 电路特点

电路如图 1-2-27 所示，分压式偏置电路是典型的静态工作点稳定的放大电路。由于添加了负反馈环节，温度变化时，使 I_C 维持恒定。

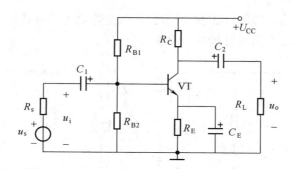

图 1-2-27　分压式偏置电路

2. 静态工作点的稳定原理分析

在图 1-2-28 所示的直流通路中，由于设置了分压电阻和射极反馈电阻，当 $I_2 \gg I_B$，则电位 U_B 与温度基本无关，当温度升高而造成 I_C 增大时，可自动减小 I_B，从而抑制了静态工作点因温度变化而发生的变化，保持 Q 点稳定。

调节过程：设放大电路环境温度升高，此时

$$T \uparrow \rightarrow I_C \uparrow \rightarrow I_E \uparrow \rightarrow U_E(=I_E R_E) \uparrow \rightarrow U_{BE}(=U_B - I_E R_E) \downarrow \rightarrow I_B \downarrow$$
$$I_C \downarrow \longleftarrow$$

可以看出，温度变化时 I_C 基本不受影响。由于电路具有对温度变化的自调节能力，因此集电极电流通常恒定，故分压式偏置放大电路又叫恒流源电路。只要基极电位和射极反馈电阻 R_E 不变，集电极电流始终维持不变。

三、分析计算

1. 静态分析

分压式偏置放大电路的直流通路如图 1-2-28 所示。静态分析时，此电路需满足 $I_1 \approx I_2 \gg I_B$ 的小信号条件，即偏置电阻 R_{B1} 和 R_{B2} 应选择适当数值，使之符合 $I_1 \approx I_2 \gg I_B$ 的条件。在小信号条件下，I_B 可近似视为 0。

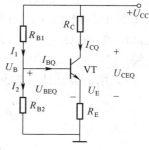

图 1-2-28　直流通路

忽略 I_B 时，R_{B1} 和 R_{B2} 可以对 U_{CC} 进行分压，即

$$U_B = \frac{R_{B2}}{R_{B1} + R_{B2}} U_{CC} \tag{1-2-22}$$

$$I_{CQ} \approx I_{EQ} = \frac{U_B - U_{BEQ}}{R_E} \qquad （1-2-23）$$

$$I_{BQ} = \frac{I_{CQ}}{\beta} \qquad （1-2-24）$$

$$U_{CEQ} \approx U_{CC} - I_{CQ}(R_C + R_E) \qquad （1-2-25）$$

　　上述分析步骤，就是分压式偏置的共发射极电压放大电路的估算法。显然，基极电位 U_B 的高低对静态工作点的影响非常大。

　　2. 动态指标

　　一般情况下，由高、低频小功率管构成的放大电路都符合小信号条件。因此其输入、输出特性在小范围内均可视为线性。

　　先画出微变等效电路，如图 1-2-29 所示。从微变等效电路可看出发射极为输入、输出回路的公共支路，因而称之为共发射极组态的放大电路。

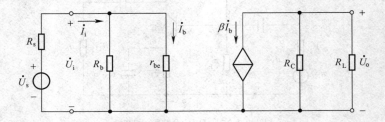

图 1-2-29　分压式偏置放大电路微变等效电路

　　利用微变等效电路，求得分压式放大电路的动态指标分别为

$$\dot{A}_u = -\frac{\beta R_L'}{r_{be}} \qquad （1-2-26）$$

$$R_i = R_{B1} // R_{B2} // r_{be} \qquad （1-2-27）$$

$$R_o = R_C \qquad （1-2-28）$$

　　共发射极放大电路的主要任务是对输入的小信号进行电压放大，因此电压放大倍数 A_u 是衡量放大电压性能的主要指标之一。共射放大电路的电压放大倍数随负载增大而下降很多，说明这种放大电路的带负载能力不强。

　　【例 1-2-4】图 1-2-30 所示电路中，已知 U_{CC}=12V，R_{B1}=20kΩ，R_{B2}=10kΩ，R_C=3kΩ，R_E=2kΩ，R_L=3kΩ，β=50。试估算静态工作点，并求电压放大倍数、输入电阻和输出电阻。

　　解：

　　（1）用估算法计算静态工作点：

$$U_B = \frac{R_{B2}}{R_{B1} + R_{B2}}U_{CC} = \frac{10}{20+10} \times 12 = 4V$$

$$I_{CQ} \approx I_{EQ} = \frac{U_B - U_{BEQ}}{R_E} = \frac{4-0.7}{2} = 1.65mA$$

$$I_{BQ} = \frac{I_{CQ}}{\beta} = \frac{1.65}{50}mA = 33\mu A$$

$$U_{CEQ} = U_{CC} - I_{CQ}(R_C + R_E) = 12 - 1.65 \times (3+2) = 3.75V$$

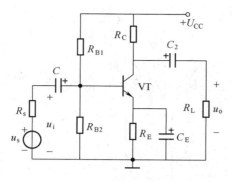

图 1-2-30　例 1-2-4 图

（2）求电压放大倍数：

$$r_{be} = 300 + (1+\beta)\frac{26}{I_{EQ}} = 300 + (1+50)\frac{26}{1.65} = 1100\Omega = 1.1k\Omega$$

$$\dot{A}_u = -\frac{\beta R_L'}{r_{be}} = -\frac{50 \times \dfrac{3\times3}{3+3}}{1.1} = -68$$

（3）求输入电阻和输出电阻：

$$R_i = R_{B1} // R_{B2} // r_{be} = 20//10//1.1 = 0.994k\Omega$$

$$R_o = R_C = 3k\Omega$$

链接六　共集电极放大电路（射极输出器）

根据电路的结构特点，放大电路除了共发射极放大器外，还有共集电极和共基极放大电路，电路中输入、输出回路的公共支路分别是集电极和基极。分析方法与共发射极放大器基本相同，过程可参阅相关资料。

一、共集电极放大电路的组成

共集电极放大电路如图 1-2-31 所示。

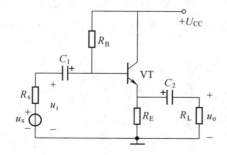

图 1-2-31　共集电极放大电路

二、静态分析

共集电极放大电路的直流通路如图 1-2-32 所示，静态工作点为

$$U_{CC} = I_{BQ}R_B + U_{BEQ} + I_{EQ}R_E = I_{BQ}R_B + U_{BEQ} + (1+\beta)I_{BQ}R_E \quad (1\text{-}2\text{-}29)$$

$$I_{BQ} = \frac{U_{CC} - U_{BEQ}}{R_B + (1+\beta)R_E} \tag{1-2-30}$$

$$I_{CQ} = \beta I_{BQ} \tag{1-2-31}$$

$$U_{CEQ} = U_{CC} - I_{EQ}R_E \approx U_{CC} - I_{CQ}R_E \tag{1-2-32}$$

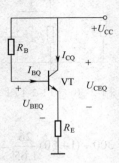

图 1-2-32　直流通路

三、动态分析

共集电极电路交流通路如图 1-2-33 所示。

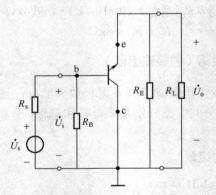

图 1-2-33　共集电极交流通路

共集电极电路的主要性能指标可以通过图 1-2-34 所示的微变等效电路求解。

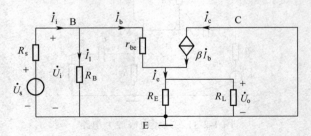

图 1-2-34　射极输出器的微变等效电路

1. 电压放大倍数

$$\dot{U}_o = \dot{I}_e R'_L = (1+\beta)\dot{I}_b R'_L$$

$$\dot{U}_i = \dot{I}_b r_{be} + \dot{U}_o = \dot{I}_b r_{be} + (1+\beta)\dot{I}_b R'_L$$

$$\dot{A}_u = \frac{\dot{U}_o}{\dot{U}_i} = \frac{(1+\beta)R'_L}{r_{be} + (1+\beta)R'_L} \qquad (1\text{-}2\text{-}33)$$

这个电压放大倍数是小于 1 且约等于 1 的，并且输出电压和输入电压同相。这说明输出电压和输入电压相位相同、大小近似相等，所以共集电极放大电路又被称为电压跟随器或射极跟随器。

2. 输入电阻

$$\dot{I}_i = \dot{I}_1 + \dot{I}_b = \frac{\dot{U}_i}{R_B} + \frac{\dot{U}_i}{r_{be} + (1+\beta)R'_L}$$

$$R_i = \frac{\dot{U}_i}{\dot{I}_i} = R_B \mathbin{/\!/} [r_{be} + (1+\beta)R'_L]$$

由于射极电阻的存在，射极跟随器的输入电阻要比共射极基本放大电路的输入电阻大得多，相当于把 R'_L 扩大 $(1+\beta)$ 倍后再与 r_{be} 串联，所以 r_{be} 与 R_L 有关，因此射极跟随器从信号源处获得输入电压信号的能力比较强。

3. 输出电阻

$$\dot{I} = \dot{I}_b + \beta \dot{I}_b + \dot{I}_e = \frac{\dot{U}}{r_{be} + R'_s} + \beta \frac{\dot{U}}{r_{be} + R'_s} + \frac{\dot{U}}{R_E} \qquad (1\text{-}2\text{-}34)$$

$$R_o = \frac{\dot{U}}{\dot{I}} = R_E \mathbin{/\!/} \frac{r_{be} + R'_s}{1+\beta}$$

R_o 很小，只有几十欧姆，因此共集电极放大电路的带负载能力较强。

射极跟随器的电压放大倍数小于 1，但约等于 1，即射极跟随器具有电压跟随作用，射极跟随器还具有较高的输入电阻和较低的输出电阻，这是射极跟随器最突出的优点，因此，射极跟随器常用作多级放大器的第一级或最末级，也可用于中间隔离级。用作输入级时，其高的输入电阻可以减轻信号源的负担，提高放大器的输入电压。用作输出级时，其低的输出电阻可以减小负载变化对输出电压的影响，并易于与低阻负载相匹配，向负载传送尽可能大的功率。

【例 1-2-5】射极跟随器电路中，已知 $U_{CC}=12\text{V}$，$R_B=200\text{k}\Omega$，$R_E=2\text{k}\Omega$，$R_L=3\text{k}\Omega$，$R_s=100\Omega$，$\beta=50$。试估算静态工作点，并求电压放大倍数、输入电阻和输出电阻。

解：（1）用估算法计算静态工作点：

$$I_{BQ} = \frac{U_{CC} - U_{BEQ}}{R_B + (1+\beta)R_E} = \frac{12 - 0.7}{200 + (1+50) \times 2} = 0.0374\text{mA} = 37.4\mu\text{A}$$

$$I_{CQ} = \beta I_{BQ} = 50 \times 0.0374 = 1.87\text{mA}$$

$$U_{CEQ} \approx U_{CC} - I_{CQ}R_E = 12 - 1.87 \times 2 = 8.26\text{V}$$

（2）求电压放大倍数 $\dot{A}_u$、输入电阻 R_i 和输出电阻 R_o：

$$r_{be} = 300 + (1+\beta)\frac{26}{I_{EQ}} = 300 + (1+50)\frac{26}{1.87} = 1009\,\Omega \approx 1\text{k}\Omega$$

$$\dot{A}_u = \frac{\dot{U}_o}{\dot{U}_i} = \frac{(1+\beta)R'_L}{r_{be} + (1+\beta)R'_L} = \frac{(1+50) \times 1.2}{1 + (1+50) \times 1.2} = 0.98$$

式中 $R'_L = R_E \mathbin{/\!/} R_L = 2 \mathbin{/\!/} 3 = 1.2\,\text{k}\Omega$

$$R_i = R_B \mathbin{/\!/} [r_{be} + (1+\beta)R'_L] = 200 \mathbin{/\!/} [1 + (1+50) \times 1.2] = 47.4\,\text{k}\Omega$$

$$R_o \approx \frac{r_{be} + R_s'}{\beta} = \frac{1000 + 100}{50} = 22\ \Omega$$

式中 $R_s' = R_B // R_s = 200 \times 10^3 // 100 \approx 100\ \Omega$

四、三种基本放大电路的比较

三种基本放大电路的结构特点和性能比较如表 1-2-1 所示。

表 1-2-1   三种基本放大电路的性能特点

特点	共射极电路 （无射极电阻）	共集电极电路	共基极电路
电压放大倍数	$\dot{A}_u = -\beta \dfrac{R_L'}{r_{be}}$ 几十至一、二百	$\dot{A}_u = \dfrac{(1+\beta)R_L'}{r_{be} + (1+\beta)R_L'}$ 小于 1 且约等于 1	$\dot{A}_u = \beta \dfrac{R_L'}{r_{be}}$ 几十至一、二百
电流放大倍数	β 倍 几十至一、二百	$(1+\beta)$ 倍 几十至一、二百	小于 1 且约等于 1
功率放大倍数	大	中	中
输入电阻	约为 r_{be} 一千欧左右 中	$R_B // [r_{be} + (1+\beta)R_L']$ 几十至几百千欧 大	$r_i = R_E // \dfrac{r_{be}}{1+\beta}$ 几十欧 较小
输出电阻	约为 R_C 几至几十千欧 大	$r_o = R_E // \dfrac{R_s' + r_{be}}{1+\beta}$ 几十欧 小	约为 R_C 几至几十千欧 大
输出和输入电压相位	反相	同相	同相
应用	中间级	输入级、输出级或缓冲级	高频、宽频带电路及恒流源电路

通过表可看出：

（1）从电压放大倍数看：共射电路、共基电路 A_u 很大，共射电路 $\dot{U}_i$ 与 $\dot{U}_o$ 反相，共基电路 $\dot{U}_i$ 与 $\dot{U}_o$ 同相，共集电路 A_u 最小，$A_u \leqslant 1$。

（2）从电流放大倍数看：共射电路与共集电路有较高的 A_i，共基电路 $A_i \leqslant 1$。

（3）从输入电阻看：三种电路从大到小的顺序为：共集、共射、共基电路。

（4）从输出电阻看：共集电路较小，带负载能力最强。

根据以上特点得到结论：共集电路由于输入电阻大，对电压信号源衰减小，输出电阻小，带负载能力强等特点，常用作输入级、输出级、中间隔离级；共射电路多用在多级放大电路的中间级，起电压放大作用；共基电路高频特性好，适合用于高频或宽频带场合。

链接七　多级放大电路

一般来说，单级放大电路并不能同时满足多个性能指标的要求，因此，实际的放大器都是由若干单级放大电路连接而成的多级放大电路。

一、多级放大电路的耦合

多级放大电路是由两级或两级以上的单级放大电路连接而成的。在多级放大电路中，级与级之间的连接方式称为耦合方式。级与级之间耦合时，必须满足：

（1）耦合后，各级电路仍具有合适的静态工作点。

（2）保证信号在级与级之间能够顺利地传输。

（3）耦合后，多级放大电路的性能必须满足实际的要求。

为了满足上述要求，一般常用的耦合方式有阻容耦合、直接耦合、变压器耦合三种。

1. 阻容耦合

阻容耦合放大电路的各极之间是通过耦合电容及下级输入电阻连接，如图 1-2-35 所示。

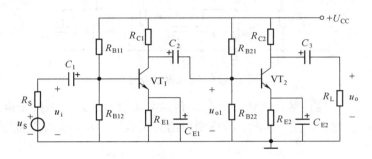

图 1-2-35 多级放大电路的阻容耦合方式

优点：电容具有"隔直"作用，各级静态工作点相互独立，互不影响，可以单独调整到合适位置；且不存在零点漂移问题。这给放大电路的分析、设计和调试带来了很大的方便。此外，还具有体积小、重量轻等优点。

缺点：因电容对交流信号具有一定的容抗，在信号传输过程中，会受到一定的衰减。尤其对于变化缓慢的信号容抗很大，不便于传输。此外，在集成电路中，制造大容量的电容很困难，所以这种耦合方式下的多级放大电路不便于集成。

2. 直接耦合

直接耦合放大电路的前级输出与后级输入之间是直接用导线连接起来，无需另外的耦合元件，如图 1-2-36 所示。

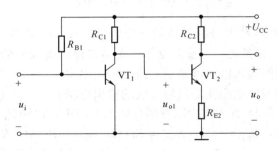

图 1-2-36 直接耦合方式

优点：能放大变化很缓慢的信号和直流分量变化的信号；具有良好的低频特性，且由于没有耦合电容，故非常适宜于大规模集成。

缺点：各级静态工作点互相影响；且存在零点漂移问题。

零点漂移：放大电路在无输入信号的情况下，输出电压 u_o 却出现缓慢、不规则波动的现象。产生零点漂移的原因很多，其中最主要的是温度影响。

3. 变压器耦合

变压器耦合的放大器级与级之间是通过变压器连接的，如图 1-2-37 所示。

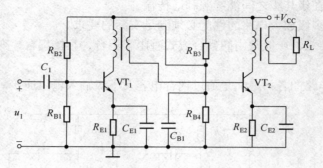

图 1-2-37　变压器耦合方式

优点：因变压器不能传输直流信号，只能传输交流信号和进行阻抗变换，所以，各级电路的静态工作点相互独立，互不影响。改变变压器的匝数比，容易实现阻抗变换，因而容易获得较大的输出功率。

缺点：变压器体积大而重，不便于集成。同时频率特性差，也不能传送直流和变化非常缓慢的信号。

二、多级放大电路的分析计算

多级放大电路的主要性能参数：电压放大倍数、输入电阻和输出电阻。下面以阻容耦合多级放大电路为例来说明放大电路的电压放大倍数、输入电阻和输出电阻的计算方法。

1. 静态分析

各级单独计算。

2. 动态分析

（1）电压放大倍数等于各级电压放大倍数的乘积。

$$\dot{A}_{u} = \frac{\dot{U}_o}{\dot{U}_i} = \frac{\dot{U}_{o1}}{\dot{U}_i} \cdot \frac{\dot{U}_o}{\dot{U}_{o1}} = \dot{A}_{u1} \cdot \dot{A}_{u2} \tag{1-2-35}$$

注意：计算前级的电压放大倍数时必须把后级的输入电阻考虑到前级的负载电阻之中。如计算第一级的电压放大倍数时，其负载电阻就是第二级的输入电阻。

（2）多级放大电路的输入电阻就是第一级的输入电阻。

（3）多级放大电路输出电阻就是最后一级的输出电阻。

【例 1-2-6】在图 1-2-38 所示两级阻容耦合放大电路中，已知 $U_{CC}=12\text{ V}$，$R_{B11}=30\text{ k}\Omega$，$R_{B21}=15\text{ k}\Omega$，$R_{C1}=3\text{ k}\Omega$，$R_{E1}=3\text{ k}\Omega$，$R_{B12}=20\text{ k}\Omega$，$R_{B22}=10\text{ k}\Omega$，$R_{C2}=2.5\text{ k}\Omega$，$R_{E2}=2\text{ k}\Omega$，$R_L=5\text{ k}\Omega$，$\beta_1=\beta_2=50$，$U_{BE1}=U_{BE2}=0.7\text{ V}$。求：（1）各级电路的静态值；（2）各级电路的电压放大倍数 $\dot{A}_{u1}$、$\dot{A}_{u2}$ 和总电压放大倍数 $\dot{A}_u$；（3）各级电路的输入电阻和输出电阻。

解：（1）静态值的估算。

第一级：$U_{B1} = \frac{R_{B12}}{R_{B11}+R_{B12}}U_{CC} = \frac{15}{30+15}\times 12 = 4\text{V}$

$I_{C1} \approx I_{E1} = \frac{U_{B1}-U_{BE1}}{R_{E1}} = \frac{4-0.7}{3} = 1.1\text{mA}$

$$I_{B1} = \frac{I_{C1}}{\beta_1} = \frac{1.1}{50}\text{mA} = 22\mu\text{A}$$

$$U_{CE1} = U_{CC} - I_{C1}(R_{C1} + R_{E1}) = 12 - 1.1 \times (3+3) = 5.4\text{V}$$

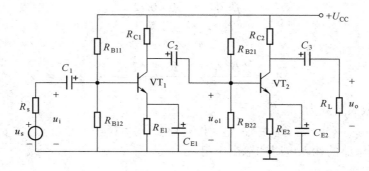

图 1-2-38　例 1-2-6 图

第二级：$U_{B2} = \dfrac{R_{B22}}{R_{B21} + R_{B22}} U_{CC} = \dfrac{10}{20+10} \times 12 = 4\text{V}$

$$I_{C2} \approx I_{E2} = \frac{U_{B2} - U_{BE2}}{R_{E2}} = \frac{4-0.7}{2} = 1.65\text{mA}$$

$$I_{B2} = \frac{I_{C2}}{\beta_2} = \frac{1.65}{50}\text{mA} = 33\mu\text{A}$$

$$U_{CE2} = U_{CC} - I_{C2}(R_{C2} + R_{E2}) = 12 - 1.65 \times (2.5 + 2) = 4.62\text{V}$$

（2）求各级电路的电压放大倍数 $\dot{A}_{u1}$、$\dot{A}_{u2}$ 和总电压放大倍数 $\dot{A}_{u}$。

首先画出电路的微变等效电路，如图 1-2-39 所示。

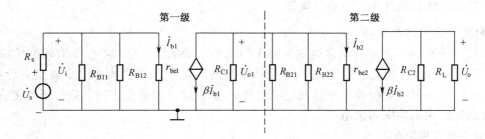

图 1-2-39　例 1-2-6 的微变等效电路

三极管 VT$_1$ 的动态输入电阻为：

$$r_{be1} = 300 + (1+\beta_1)\frac{26}{I_{E1}} = 300 + (1+50) \times \frac{26}{1.1} = 1500\,\Omega = 1.5\,\text{k}\Omega$$

三极管 VT$_2$ 的动态输入电阻为：

$$r_{be2} = 300 + (1+\beta_2)\frac{26}{I_{E2}} = 300 + (1+50) \times \frac{26}{1.65} = 1100\,\Omega = 1.1\,\text{k}\Omega$$

第二级输入电阻为：

$$r_{i2} = R_{B21} /\!/ R_{B22} /\!/ r_{be2} = 20 /\!/ 10 /\!/ 1.1 = 0.94\,\text{k}\Omega$$

第一级等效负载电阻为：

$$R'_{L1} = R_{C1} /\!/ r_{i2} = 3 /\!/ 0.94 = 0.72\,\text{k}\Omega$$

第二级等效负载电阻为：

$$R'_{L2} = R_{C2} // R_L = 2.5 // 5 = 1.67 \text{ k}\Omega$$

第一级电压放大倍数为：

$$\dot{A}_{u1} = -\frac{\beta_1 R'_{L1}}{r_{be1}} = -\frac{50 \times 0.72}{1.5} = -24$$

第二级电压放大倍数为：

$$\dot{A}_{u2} = -\frac{\beta_2 R_{L2}}{r_{be2}} = -\frac{50 \times 1.67}{1.1} = -76$$

两级总电压放大倍数为：

$$\dot{A}_u = \dot{A}_{u1} \dot{A}_{u2} = (-24) \times (-76) = 1824$$

（3）求各级电路的输入电阻和输出电阻。

第一级输入电阻为：

$$r_{i1} = R_{B11} // R_{B12} // r_{be1} = 30 // 15 // 1.5 = 1.3 \text{ k}\Omega$$

第二级输入电阻在上面已求出，为 0.94kΩ。

第一级输出电阻为：

$$r_{o1} = R_{C1} = 3 \text{ k}\Omega$$

第二级输出电阻为：

$$r_{o2} = R_{C2} = 2.5 \text{ k}\Omega$$

第二级的输出电阻就是两级放大电路的输出电阻。

链接八　音频放大电路

一、功率放大电路任务、特点及类型

1. 功率放大电路的任务

功率放大电路的任务是向负载提供足够大的功率，功率放大电路不仅要有较高的输出电压，还要有较大的输出电流，对三极管的各项指标必须认真选择，且尽可能使其得到充分利用。功率放大电路必须尽可能提高功率放大电路的效率，放大电路的效率是指负载得到的交流信号功率与直流电源供出功率的比值。

2. 功率放大电路的特点

功率放大电路中的三极管通常工作在高电压大电流状态，三极管工作在极限状态，功耗也比较大；因为功率放大电路中的三极管处在大信号极限运用状态；非线性失真也要比小信号的电压放大电路严重得多，功率放大电路从电源取用的功率较大。

3. 功率放大电路的分析方法

由于功率放大电路中工作在高电压大电流状态，不能采用电压放大电路中的微变等效电路分析方法，因此功率放大电路的分析主要采用图解分析法。

4. 功率放大电路的主要技术指标

衡量功率放大电路性能的主要技术指标为最大输出功率和转换效率。

（1）最大输出功率 P_{om}。

$$P_{om} = I_{om} U_{om} \tag{1-2-36}$$

（2）转换效率 η。

功率放大电路的交流输出功率与电源所提供的平均功率之比称为转换效率。

$$\eta = \frac{P_o}{P_V} \times 100\% \tag{1-2-37}$$

5. 功率放大电路的类型

图 1-2-40 所示为功率放大电路的三种类型。甲类功率放大电路的静态工作点设置在交流负载线的中点。在工作过程中，晶体管始终处在导通状态。这种电路功率损耗较大，效率较低，最高只能达到 50%。

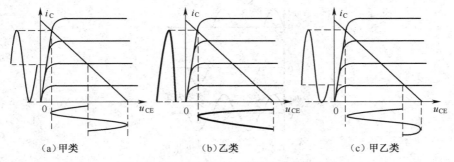

（a）甲类 （b）乙类 （c）甲乙类

图 1-2-40 功率放大电路类型的图解分析

乙类功率放大电路的静态工作点设置在交流负载线的截止点，晶体管仅在输入信号的半个周期导通。这种电路功率损耗减到最少，使效率大大提高。

甲乙类功率放大电路的静态工作点介于甲类和乙类之间，晶体管有不大的静态偏流。其失真情况和效率介于甲类和乙类之间。

二、双电源乙类互补对称功率放大器

双电源乙类互补对称功率放大器，又称无输出电容的功率放大电路，简称 OCL 功率放大电路。原理电路如图 1-2-41 所示。

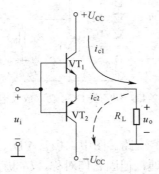

图 1-2-41 乙类 OCL 功率放大原理电路

静态（$u_i=0$）时，$U_B=0$、$U_E=0$，偏置电压为零，VT_1、VT_2 均处于截止状态，负载中没有电流，电路工作在乙类状态。

动态（$u_i \neq 0$）时，在 u_i 的正半周 VT_1 导通而 VT_2 截止，VT_1 以射极输出器的形式将正半周信号输出给负载；在 u_i 的负半周 VT_2 导通而 VT_1 截止，VT_2 以射极输出器的形式将负半周信号输出给负载。可见在输入信号 u_i 的整个周期内，VT_1、VT_2 两管轮流交替地工作，互相补充，使负载获得完整的信号波形，故称互补对称电路。

由于 VT_1、VT_2 都工作在共集电极接法，输出电阻极小，可与低阻负载 R_L 直接匹配。

从工作波形可以看到，在波形过零的一个小区域内输出波形产生了失真，这种失真称为交越失真，如图 1-2-42 所示。产生交越失真的原因是由于 VT_1、VT_2 发射结静态偏压为零，放大电路工作在乙类状态。当输入信号 u_i 小于晶体管的发射结死区电压时，两个晶体管都截止，在这一区域内输出电压为零，使波形失真。

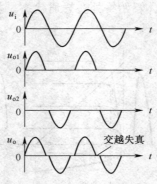

图 1-2-42　交越失真波形图

三、甲乙类互补对称功率放大器电路

为减小和克服交越失真，可给 VT_1、VT_2 发射结加适当的正向偏压，以便产生一个不大的静态偏流，使 VT_1、VT_2 导通时间稍微超过半个周期，即工作在甲乙类状态。

1. 甲乙类双电源互补对称功率放大电路（OCL 电路）

甲乙类互补对称功率放大器电路简称 OCL 功率放大电路，如图 1-2-43 所示。

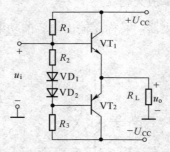

图 1-2-43　甲乙类 OCL 功率放大电路

（1）基本结构。

电路中增加 R_1、R_2、VD_1、VD_2 支路。图中二极管 VD_1、VD_2 用来提供偏置电压。静态时三极管 VT_1、VT_2 虽然都已基本导通，但因它们对称，U_E 仍为零，负载中仍无电流流过。

（2）基本原理。

静态时：因电路对称，两个三极管发射结电压分别为二极管 VD_1、VD_2 的正向导通压降，致使两管均处于微弱导通状态——甲乙类工作状态。

动态时：设 u_i 加入正弦信号。在 u_i 的正半周 VT_1 导通而 VT_2 截止，VT_1 基极电位进一步提高，进入良好的导通状态，VT_1 以射极输出器的形式将正半周信号输出给负载；负半周 VT_2 导通而 VT_1 截止，基极电位进一步降低，进入良好的导通状态。VT_2 以射极输出器的形式将负半周信号输出给负载，使输出波形为标准正弦波。

2. **甲乙类单电源互补对称功率放大电路（OTL 电路）**

OTL 功率放大电路如图 1-2-44 所示，输出加有大电容，电容起到了负电源的作用。因电路对称，静态时两个晶体管发射极连接点电位为电源电压的一半，负载中没有电流。动态时，在 u_i 的正半周 VT_1 导通而 VT_2 截止，VT_1 以射极输出器的形式将正半周信号输出给负载，同时对电容 C 充电；在 u_i 的负半周 VT_2 导通而 VT_1 截止，电容 C 通过 VT_2、R_L 放电，VT_2 以射极输出器的形式将负半周信号输出给负载，电容 C 在这时起到负电源的作用。为了使输出波形对称，必须保持电容 C 上的电压基本维持在 $U_{CC}/2$ 不变，因此 C 的容量必须足够大。

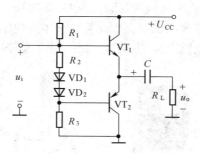

图 1-2-44　甲乙类 OTL 功率放大电路

3. **相关计算**

根据以上分析，不难求出 OCL 电路的输出功率、直流电源提供的平均功率和效率

$$P_o = I_o U_o = \frac{U_{om}}{\sqrt{2}} \frac{I_{om}}{\sqrt{2}} = \frac{U_{om}}{\sqrt{2}} \frac{U_{om}}{\sqrt{2}R_L} = \frac{U_{om}^2}{2R_L} \tag{1-2-38}$$

在理想情况下，若忽略功率管的饱和压降 U_{CES}，则最大输出电压幅值 $U_{om}=U_{CC}$，则最大不失真输出功率为

$$P_{om} = \frac{U_{om}^2}{2R_L} = \frac{U_{CC}^2}{2R_L} \tag{1-2-39}$$

转换效率为

$$\eta = \frac{\pi}{4} \approx 78.5\% \tag{1-2-40}$$

根据以上分析也可求出 OTL 电路的输出功率、直流电源提供的平均功率和效率。

项目实训

任务一　常用电子元器件的识别（二）

一、实训目的

（1）了解常用三极管性能特点、命名方法。

（2）掌握常用三极管器件的识别方法。

（3）学会用万用表检测常用三极管元件。

（4）电容的性能测量。

二、设备和器件

半导体元件、阻容元件一套；万用表一块；电工工具一套。

三、实训内容及要求

（一）晶体三极管的识别

1. 晶体三极管的管型和基极的判别方法

可以把晶体三极管看成是两个二极管来分析，如图 1-2-45 所示。用万用表电阻量程 R×100 或 R×1k 挡，将黑表笔接某一管脚，将红表笔分别接另外两个管脚，测量两个电阻值，若两个均小时（几百欧至几千欧），黑表笔所接的管脚为 NPN 管的基极，管型是 NPN。若两个电阻中有一个较大，可将黑表笔另接管脚再试，直到两管脚测出的电阻均较小时为止。若两个电阻值均较大时（几十千欧至几百千欧以上），黑表笔所接的管脚为 PNP 管的基极，管型是 PNP。

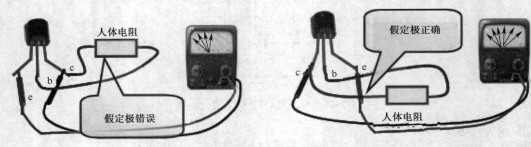

图 1-2-45　晶体三极管的管型和基极的判别图

2. 判别集电极和发射极的方法

可以利用晶体三极管正向电流放大系数比反向电流放大系数大的原理确定集电极。用万用表电阻量程 R×100 或 R×1k 挡，用手握住基极和一个管脚（假设为集电极），把万用表的两支表笔分别接到这只管脚和剩下的管脚上，测读万用表的电阻值或指针偏转的幅度，然后对调两表笔，同样测读万用表的电阻值或指针偏转的幅度（将手握住基极和另一只管脚做上述测量，所测得的读数都比较大）。比较两次读数的大小，对于 NPN 管，电阻小（或指针偏转幅度大）的一次黑表笔所接的管脚为集电极。对于 PNP 管，电阻小（或指针偏转幅度大）的一次红表笔所接的管脚为集电极。基极和集电极判定后剩下的一只管脚就是发射极了。

将测量结果填入表 1-2-2 中。

表 1-2-2　三极管类型与性能检测

序列号	标注型号与类型（NPN 或 PNP）	b-e 间电阻	e-b 间电阻	b-c 间电阻	c-b 间电阻	质量判别（优/劣）
1						
2						

（二）电容的性能测量

1. 电容的作用与分类

电容器是两金属板之间存在绝缘介质的一种电路元件。电容器利用两个导体之间的电场来储存能量，两导体所带的电荷大小相等，但符号相反。

常用电容按介质区分有纸介电容、油浸纸介电容、金属化纸介电容、云母电容、薄膜电容、陶瓷电容、电解电容等。

纸介电容的特点是体积较小，容量可以做得较大。但是固有电感和损耗都比较大，用于低频比较合适。

云母电容的特点是介质损耗小，绝缘电阻大、温度系数小，适宜用于高频电路。

陶瓷电容的特点是体积小，耐热性好、损耗小、绝缘电阻高，但容量小，适宜用于高频电路。如图 1-2-46 为部分电容实物图。

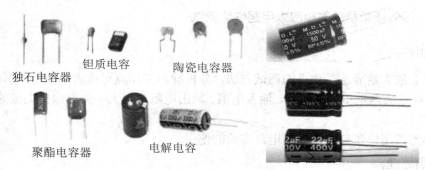

图 1-2-46　部分电容实物图

2. 电容的性能测量

（1）电容器的容量。

一般来说，电解电容的实质容量与标称容量差别较大，特别是放置时间较久或使用时间较长的电容。可以用万用表定性判断电容器的质量。电容器的容量大小，通常选用万用表的 R×10、R×100、R×1k 挡进行测试判断。红、黑表笔分别接电容器的负极（每次测试前，需将电容器放电），实际上利用万用表准确测量出其电容量是很难的，只能比较出电容量的相对大小。由表针的偏摆来判断电容器质量。若表针迅速向右摆起，然后慢慢向左退回原位，一般来说电容器是好的。如果表针摆起后不再回转，说明电容器已经击穿。如果表针摆起后逐渐退回到某一位置停位，则说明电容器已经漏电。如果表针摆不起来，说明电容器电解质已经干涸失去容量。

（2）估测电容的漏电电流。

估测电容的漏电电流可用万用表欧姆挡的方法来估测。黑表笔接电容的"+"极，红表笔接电容的"−"极。当电容与表笔相接的瞬间，若指针迅速向右偏转很大的角度，然后慢慢摆回，待指针不动时，指示的电阻值越大，表明漏电电流越小；若指针向右偏转后不再摆回，说明电容击穿；若指针根本不向右偏转，说明电容内部断路或电解质已干涸失去容量。指针的偏转范围可参考表 1-2-3。

表 1-2-3

容量（μF）、指针偏转范围、测量挡	<10	20～50	30～50	>100
R×100	略有摆动	1/10 以下	2/10 以下	3/10 以下
R×1k	2/10 以下	9/10 以下	6/10 以下	7/10 以下

（3）判断电容的极性。

上述测量电容漏电流的方法，还可以用来鉴别电容的正、负极。对失掉正负极标志的电解电容，可先假定某极为"＋"极，让其与万用表的黑表笔相接，另一个电极与万用表的红表笔相接，同时观察并记录指针向右偏转的幅度。将电容放电后，两只表笔对调，重新进行测量，哪一次测量中，指针最后停留的偏转幅度小，说明此次测量中假设的电容正、负极是对的。

（4）估测电容量。

指针的偏转范围和容量可参考表1-2-3。

任务二　晶体管单管共射极放大电路性能测试

一、实训目的

（1）学会放大器静态工作点的调试方法，分析静态工作点对放大器性能的影响。

（2）掌握放大器电压放大倍数、输入电阻、输出电阻及最大不失真输出电压的测试方法，分析其动态性能。

（3）熟悉常用电子仪器及模拟电路实训的使用。

二、实训原理

1. 实训电路

本次实训所用电路：阻容耦合分压式电流负反馈 Q 点稳定电路，如图1-2-47所示，通过电路中的发射极电阻引入直流负反馈。

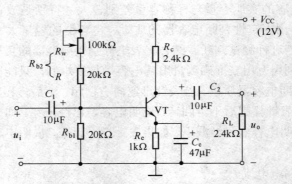

图1-2-47　阻容耦合分压式电流负反馈 Q 点稳定电路

2. 输入电阻 R_i 的测量

为测量输入电阻 R_i 可按如图1-2-48所示电路，在被测放大电路的输入端与信号源之间串接入一个已知阻值的电阻 R，在放大电路正常工作的前提下，分别测出 U_s 和 U_i，而根据输入电阻的定义式可推导：

$$R_i = \frac{U_i}{I_i} = \frac{U_i}{\dfrac{U_R}{R}} = \frac{U_i}{U_s - U_i} R$$

电阻 R 的阻值不宜取得过大或过小，以免产生较大的测量误差，通常取 R 的阻值与 R_i 阻值为同一数量级最佳，本实验可令 $R = 1 \sim 2\text{k}\Omega$。

3. 输出电阻 R_o 的测量

为测量输出电阻 R_o 可按如图1-2-49所示电路，在放大电路正常工作前提下，测出输出端不接负载时的输出电压 U_o 和和接上负载后的输出电压 U_L，然后根据公式：

$$U_L = \frac{R_L}{R_o + R_L} U_o \qquad R_o = \left(\frac{U_o}{U_L} - 1 \right) R_L$$

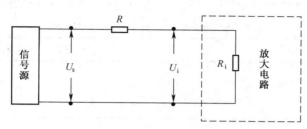

图 1-2-48　输入电阻测量电路

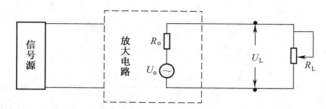

图 1-2-49　输出电阻测量电路

在此测试过程中应注意，必须保持 R_L 接入前后输入信号的大小不变。

三、实训仪器与器件

（1）+12V 直流电源。

（2）函数信号发生器。

（3）双踪示波器。

（4）交流毫伏表。

（5）万用表。

（6）直流毫安表。

（7）频率计。

（8）直流电压表。

（9）晶体三极管 3DG6×1（β=50～100）或 9011×1。

（10）电解电容×3（10μF×2、47μF×1）；电阻器若干。

四、实训内容

1. 调试静态工作点

接通直流电源前，先将 R_W 调至最大，函数信号发生器输出旋钮旋至零。接通+12V 电源、调节 R_W，使 U_E=2.0V，用直流电压表测量 U_B、U_C，用万用电表测量 R_{B2} 值，记入表 1-2-4。

表 1-2-4　测量结果

测量值				计算值		
U_B（V）	U_E（V）	U_C（V）	R_{B2}（kΩ）	U_{BE}（V）	U_{CE}（V）	I_C（mA）
	2.0					

2. 测量电压放大倍数

在放大器输入端加入频率为 1kHz 的正弦信号 u_s，调节函数信号发生器的输出旋钮使放大器输入电压 U_i 为 10mV，同时用示波器观察放大器输出电压 u_o 波形，在波形不失真的条件下用交流毫伏表测量下述三种情况下的 U_o 值，并用双踪示波器观察 u_o 和 u_i 的相位关系，记入表 1-2-5。

表 1-2-5 测量结果（f=1kHz，u_i=10mV）

R_C（kΩ）	R_L（Ω）	U_o（V）	A_V	观察记录一组 u_o 和 u_i 波形
2.4	∞			
1.2	∞			
2.4	2.4			

3. 观察静态工作点对电压放大倍数的影响

置 R_C=2.4kΩ，R_L=∞，U_i 适量（可取 U_i=100mV），调节 R_W，用示波器监视输出电压波形，在 U_o 不失真的条件下，测量数组 U_E 和 U_o 值，记入表 1-2-6。

注意：测量 U_E 时，要先将信号源输出旋钮旋至零（即使 U_i=0）。

表 1-2-6 测试结果

参数	测量值				
R_W（kΩ）					
U_{EQ}（V）					
U_o（V）					
A_u					

4. 最大不失真输出电压 U_{om} 的调试

令 R_C = R_L = 2.4kΩ，即将放大电路静态工作点设置于交流负载线的中点位置，然后逐渐增大输入信号幅值，同时调节 R_W，直至输出电压波形的峰顶与谷底同时出现"被削平"现象，然后只反复调节输入信号幅值，使输出电压波形幅值最大且无明显失真，此时对应的输出电压即为最大不失真输出电压 U_{om}，用直流电压表和交流毫伏表测量有关参数，完成表 1-2-7。

表 1-2-7 测试结果

U_{EQ}（mV）	U_i（mV）	U_{om}（mV）

5. 输入电阻与输出电阻的测量

置 R_C=2.4kΩ，R_L=2.4kΩ，I_C=2.0mA。输入 f=1kHz 的正弦信号，在输出电压 u_o 不失真的情况下，用交流毫伏表测出 U_s、U_i 和 U_L，记入表 1-2-8。保持 U_s 不变，断开 R_L，测量输出电压 U_o，记入表 1-2-8。

五、实训要求

（1）整理测量结果，并把实测的静态工作点、电压放大倍数、输入电阻、输出电阻之值与理论计算值比较（取一组数据进行比较），分析产生误差原因。

（2）总结 R_C、R_L 及静态工作点对放大器电压放大倍数、输入电阻、输出电阻的影响。

（3）分析讨论在调试过程中出现的问题。

表 1-2-8　测量结果

I				II			
U_s（mV）	U_i（mV）	R_i（kΩ）		U_o（V）	U_L（V）	R_o（kΩ）	
		测量值	计算值			测量值	计算值

任务三　三极管放大电路仿真分析

一、放大电路的静态分析

静态分析主要是分析静态值 I_{BQ}、I_{CQ} 和 U_{CEQ}。通过 Multisim 软件，搭建基本放大电路的直流通路，测量 I_{BQ}、I_{CQ} 和 U_{CEQ}，并分析计算。

二、放大电路综合性能分析

1. 放大原理分析

当放大电路输入端加上输入信号 u_i 时，电路中的电流、电压将随之变化。

交流电压 u_i 送入三极管后，首先引起基极电流 i_B 变化，i_B 的变化使集电极电流 i_C 随之变化，i_C 的变化量在集电极电阻 R_c 上产生压降，从而使 u_{CE} 变化。u_{CE} 的变化量经过电容 C_{b2} 传送到输出端成为输出电压 u_o，只要电路参数选择适当，u_o 的幅度将比 u_i 大得多，从而达到放大的目的。

2. 失真分析

静态工作点 Q 设置得不合适，会出现饱和或截止非线性失真，对放大电路的性能造成影响。可通过调节基极电阻进行放大电路的非线性失真分析。

如果 Q 点偏高，会出现饱和失真；可通过增大基极电阻 R_b，降低静态工作点，消除饱和失真；如果 Q 点偏低，会出现截止失真，可通过减小基极电阻 R_b，提高静态工作点，消除截止失真。

三、实训步骤

（1）打开 Multisim 软件。

（2）从元器件库中调用所需的元器件，并进行参数设置。

（3）接入万用表和示波器，搭建电路（图 1-2-50 和图 1-2-51）。

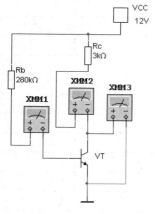

图 1-2-50　静态分析电路

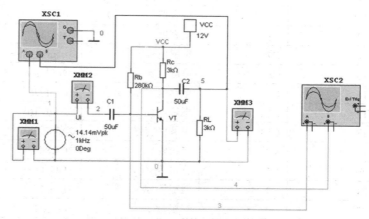

图 1-2-51　综合性能分析电路

（4）电路连接及导线调整。

（5）参数调整、电路仿真运行。

（6）观察波形、记录读数。

通过示波器观察波形、电压表和电流表读数，进行综合性能分析和计算。

任务四　音频放大器性能测试

一、实训目的和要求

（1）通过安装和调试，掌握 OTL 功率放大器的组成及工作特点。

（2）训练查阅元器件资料、读电路图、检测元器件、安装和调试电路的能力。

（3）手工制作印制板及安装分立元件电路的要领和技巧。

（4）熟悉常用仪器的使用方法。

二、实训设备与元器件

稳压电源；低频信号发生器；双踪示波器；晶体管毫伏表；失真度测试仪；常用工具一套。元器件选择如表 1-2-9 所示。

表 1-2-9　OTL 功放电路元器件选择

序号	代号	名称	型号规格	备注
1	R8、R9	电阻	RT-0.5W-1Ω±5%	
2	R5	电阻	RT-0.25W-15Ω±5%	
3	R10	电阻	RT-1W-22Ω±5%	
4	R14	电阻	RT-0.25W-62Ω±5%	
5	R18	电阻	RT-0.25W-100Ω±5%	
6	R2	电阻	RT-0.25W-390Ω±5%	
7	R6	电阻	RT-0.25W-470Ω±5%	
8	R13	电阻	RT-0.25W-2kΩ±5%	
9	R4	电阻	RT-0.25W-5.1Ω±5%	
10	R12	热敏电阻	330Ω	
11	R3	微调电位器	50kΩ	
12	C9	电容器	100pF	
13	C17	电容器	0.047μF	
14	C7	电解电容器	4.7μF/16V	
15	C8	电解电容器	47μF/25V	
16	C18	电解电容器	100μF/25V	
17	C14	电解电容器	220μF/16V	
18	C13	电解电容器	220μF/25V	
19	V2	二极管	2CK84A	1N4148
20	V1	三极管	3DG1008	
21	V3	三极管	3DD325	配对
22	V4	三极管	3CD511	配对
23		印制电路板		

三、电路原理

1. 电路图（图 1-2-52）

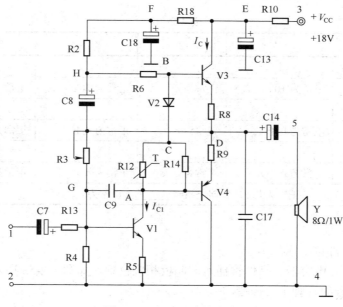

图 1-2-52　OTL 功放电路图

2. 工作原理

OTL 功放是一种没有输出变压器的功率放大器。V1 是推动管，工作在甲类状态。V3、V4 是互补对管，V3 是 NPN 型，V4 是 PNP 型，它们实际上是两个共集电极组态的射极跟随器，都工作在甲乙类状态，其电压增益小于 1，功率增益主要靠它的电流增益来保证。互补对管的 β 值可在 50～250 内任意选择使用，配对要求并不严格。β 值选大一些，配对性好一些，功率增益可以提高一些，失真也可减少一些。

OTL 功放电源是整流滤波后的 18V 直流电压。R10、C13、R18、C18 再一次组成滤波电路，使电路工作更稳定。V2、R12、R14 为 V3、V4 提供直流偏置，V_{BA} 在 1V 左右，保证 V3、V4 工作在甲乙类状态。R12、R14 越大，V_{BA} 越大，I_C 也就越大。调节 R12、R14 可消除交越失真。R2、C8 组成自举电路，可以提高功率增益，减少失真。R3、R4 是 V1 的上下偏置电阻，保证 V1 工作在甲类放大状态。调节 R3 可改变中点电压 V_D，使 V_D 为电源电压的一半，即 9V。C9、C17 是防止高频自激的电容，C4 是输出耦合电容，一般容量较大。

理论推导：OTL 功放最大不失真功率为 $P_{om}=V^2_{CC}/(8R_L)=18^2/(8\times8)=5.0W$，实际不失真输出功率不小于 1.5W 就可以了。

综上所述：V1 工作在甲类，基射极 V_{BE} 电压为 0.6V 左右，集射极 V_{CE} 电压应为几伏。V2、V3 工作在甲乙类状态，基射极 V_{BE} 电压在 0.2V 左右，集射极 V_{CE} 电压在 8V 左右。调节 R3 可改变 V_D 电位，使它为 9V，调节 R14 可改变 I_C，使它在 5～20mA 之间。

四、实训内容和步骤

1. 元器件的检测

（1）使用万用表测量电阻，检查电容器和电位器。

（2）使用万用表 R×1Ω 挡测量扬声器的音圈电阻值，$R_扬$=_____Ω，判断扬声器的好坏。观察扬声器的纸盆，外壳有无破损。

（3）使用万用表欧姆挡测量三极管 V1、V3、V4 和二极管 V2，记录在表 1-2-10 中。

表 1-2-10

	1	1′	2	2′	3	3′
V1	正常为∞	正常为10k 左右	正常为∞	正常为10k 左右	正常为∞	正常为∞
V3	正常为∞	正常为几 k	正常为∞	正常为几 k	正常为∞	正常为∞
V4	正常为几 k	正常为∞	正常为几 k	正常为∞	正常为∞	正常为∞
V2	正向电阻=_____，正常为几 k；反向电阻=_____，正常为∞					

2. 元器件的安装

（1）元件焊接部位上锡。

（2）将电阻器、电容器、晶体管插入印制板相应位置，如图 1-2-53 所示。注意，电解电容器的极性和晶体管的管脚不要插错。

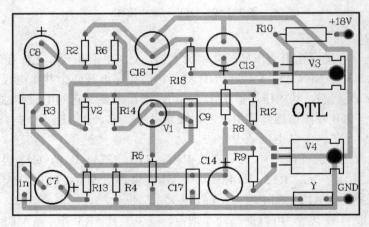

图 1-2-53　OTL 功放装配图（元件面）

（3）焊接元器件时，注意保留元器件引线的适当长度，焊点要光滑，防止虚焊和搭锡。

3. 通电前的检查

（1）对照电路图和印制板，仔细核对元器件的位置是否正确，极性是否正确，有无漏焊、错焊和搭锡。

（2）特别检查 V2 和 R12、R14 是否焊好，极性是否正确，因为它们开路会使互补对管 V3、V4 损坏。

（3）用万用表 R×1kΩ 挡测 3、4 端之间的电阻，R34=_____Ω，正常值应大于 1kΩ。若阻值很小，说明有短路现象，应先排除故障，再通电调整（注：黑表笔接 3 端，红表笔接 4 端）。

4. 静态电压、电流的调整（把输入端 1、2 短接）

（1）接上假负载电阻（8Ω/2W）代替扬声器。

（2）接通电源（+18V），用万用表 10V 挡测量推挽互补管 V3、V4 中点 D 对地电压 V_D，调节 R3，使该点电压为 $1/2V_{CC}$（即 9V）。为了调试中点电压方便，可将 V3、V4 的基极用导线短接，调完后再去掉短接线。

（3）在 V3 的集电极电路串入万用表（直流 50mA 挡）调整电阻 R14，使该功放静态电流 I_C 为 5～20mA。静态电流太大，功放管发热损坏，静态电流太小，输出功率不足且有交越失真。R14 越大，I_C 越大。

（4）用万用表测量功放各晶体管的静态工作电压并记录于表 1-2-11 和表 1-2-12 中。正常后，拆去负载电阻，接上扬声器。

（5）拆除输入端 1、2 短接线。用手握螺丝刀金属部分去碰触 V1 基极，扬声器中应听到"嘟嘟"声。

（6）将 +18V 电源断开，串入万用表 50mA 挡，测量整个功放的静态电流 $I_总$，并记录于表 1-2-11 中。正常时，$I_总$ 在 5～25mA。

表 1-2-11　测量结果

电源电压 V_{CC} =_____V，中点电压 V_D =_____V，静态电流 I_C =_____mA，总机电流 $I_总$ =_____mA

	V1	V3	V4
V_C			
V_B			
V_E			

表 1-2-12　测量结果

	V_A	V_B	V_C	V_D	V_E	V_F	V_G	V_H	I_{C1}
测量值									
正常值	8.2V	9.6V	8.8V	9V	17V	16V	0.18V	13.2V	4mA

5. 测定主要技术指标

测试线路和仪器连接如图 1-2-54 所示。可以测量放大器不失真最大输出功率。

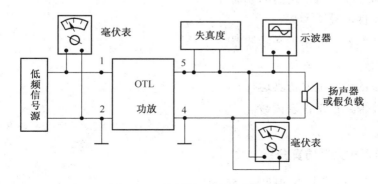

图 1-2-54　功放测试仪器连接图

（1）用 8Ω/2W 电阻代替扬声器。

（2）调节低频信号发生器的输出电压缓慢增大，直至放大器输出信号在示波器上的波形刚要产生切峰失真而又未产生失真时为止。用失真度仪测出输出电压的失真度；用毫伏表测出输入电压和输出电压的大小，并记录下来。

输入电压 V_i = _____ mV，信号频率 f = _____ Hz，输出电压 V_o = _____ V，失真度 = _____ %。

由下式计算放大器的电压放大倍数 A_V 和最大输出功率 P_o：

$$A_V = V_o/V_i, \quad P_o = V_o^2/R_L$$

式中 R_L 为负载电阻阻值，A_V = _____ ，P_o = _____ W。

6. 注意事项

（1）最大不失真输出功率应在 1.5W 以上。

（2）输入信号在 200mV 时，输出电压在 1.5～4V 之间。

五、撰写报告

按要求格式撰写实训报告，主要内容：

（1）OTL 功放电路的工作原理分析。

（2）电路板的制作及功放电路主要性能指标的测试方法。

（3）调试过程中出现的问题及解决方法。

（4）实训的心得体会。

六、思考题

（1）OTL 功放电路的特点是什么？

（2）若扬声器没有声音，应如何检修电路？

任务五　功率放大器仿真分析

一、OCL 复合管互补功率放大器仿真分析

（1）打开 Multisim 软件。

（2）从元器件库中调出所需的元器件。

（3）接入元件，设置参数。

（4）接入功率表、万用表和示波器。

（5）搭建电路（图 1-2-55）。

（6）调整参数进行电路仿真运行。

（7）观察波形、记录仪表读数。

（8）分析、小结。

二、OTL 功率放大器仿真分析

方法步骤同上，搭建电路如图 1-2-56 所示。

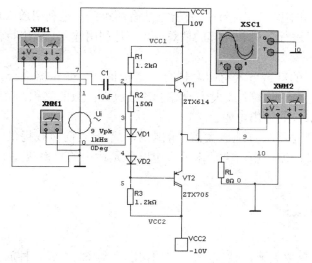

图 1-2-55　OCL 功率放大器

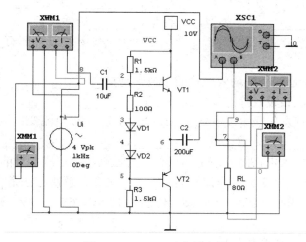

图 1-2-56　OTL 功率放大器

关键知识点小结

本项目介绍了半导三极管和场效应管的结构、工作原理、特性曲线和主要参数，分析了三极管组成的不同放大电路，基于 Multisim 仿真软件分别对不同放大电路进行了综合分析。从共发射极电路入手，推及其他两种电路，并将图解法和小信号模型法作为分析放大电路的基本方法。分析的步骤，首先是电路的静态工作点（Q 点），然后分析其动态技术指标。对于电压放大电路来说，主要的技术指标有电压增益、输入阻抗、输出阻抗等。对于功率放大电路，主要的技术指标是最大输出功率 P_{om} 和转换效率 η。

三极管是一种电流控制元件，具有电流放大作用。电流放大作用的实质是一种能量控制作用。当满足发射极正偏和集电极反偏的条件，合理设置静态工作点时，能实现放大作用。

放大电路分析的目的主要有两个：一是确定静态工作点，二是计算放大电路的电压放大倍数、输入电阻、输出电阻等动态指标。分析方法有两种：一是利用放大电路的直流通路、交流通路和微变等效电路进行分析和计算的估算法，二是利用输入、输出特性曲线用作图的方法进行分析的图解法。

　　多级放大电路常用的耦合方式有阻容耦合、直接耦合、变压器耦合。阻容耦合多级放大电路各级的静态工作点单独计算；放大倍数等于各级放大倍数的乘积，输入电阻是第一级的输入电阻，输出电阻是末级的输出电阻。

　　功率放大电路主要是不失真地放大信号的功率，不但要向负载提供大的信号电压，而且要向负载提供大的信号电流。甲乙类功率放大电路就是适用的功率放大电路。

知识与技能训练

　　1-2-1　填空。

　　（1）三极管工作在放大区，具有_____作用，常用来构成各种放大电路；三极管工作在截止区和饱和区相当于开关的_____，常用于开关控制和数字电路。

　　（2）当晶体三极管工作在放大区时，发射结_____，集电结_____。

　　（3）场效应管有_____种类型，一种是_____场效应管，一种是_____场效应管。每一种场效应管又分为耗尽型和_____。每一种场效应管都有_____和_____导电沟道。

　　（4）夹断电压 U_P 是耗尽型场效应管的参数，是指_____。

　　（5）三极管放大电路设置静态工作点是为了_____。

　　（6）已知一晶体管发射极电流变化量 Δi_E=9mA，集电极电流变化量 Δi_C=8.8mA，则基极电流变化量 Δi_B=_____mA，管子的 β=_____。

　　（7）晶体三极管放大电路的静态工作点若设置过高，会造成信号的_____失真，解决方法是_____，若设置过低会造成信号的_____失真，解决方法是_____。

　　（8）当放大电路中的三极管三个管脚电位别为 10.5V、6V、6.7V，则三极管是_____。

　　（9）放大电路有_____、_____和_____三种组态。其中_____放大电路的高频特性好，适合用于高频或宽频带场合。

　　（10）为了克服_____失真，改善输出波形，互补对称功率放大电路一般工作在_____状态。

　　1-2-2　判断下列说法是否正确，对的在括号内打"√"，否则打"×"。

　　（　）（1）三极管是电流控制单极型半导体器件。场效应管是电压控制双极型半导体器件。

　　（　）（2）静态工作点不稳定的主要原因是三极管参数的变化。

　　（　）（3）g_m 是场效应管的低频跨导，它反映了漏源电压对漏极电流的控制能力。

　　（　）（4）耗尽型 MOS 管进行放大工作时，其栅源电压大于零。

　　（　）（5）耗尽型 MOS 管当栅源电压 U_{GS}=0 时，不存在漏极电流 I_D。

　　（　）（6）场效应管的源极和漏极能够互换使用，三极管的发射极和集电极也可以互换。

　　（　）（7）现测得两个共射放大电路空载时的电压放大倍数均为–100，将它们连成两级放大电路，其电压放大倍数应为 200。

　　（　）（8）放大电路工作在动态时，电路中只有交流电成分。

（　　）（9）多级放大器总的通频带比单级更窄，即上限频率和下限频都变得更小。

1-2-3　测得 6 只三极管的直流电位如题 1-2-3 图所示，试判断它们的工作状态。

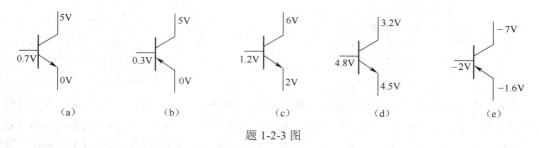

题 1-2-3 图

1-2-4　在题 1-2-4 图所示电路中，已知 $U_{CC}=8V$，$R_B=200k\Omega$，$R_C=3k\Omega$，$R_L=3k\Omega$，$\beta=50$。试估算静态工作点，并求电压放大倍数、输入电阻和输出电阻。

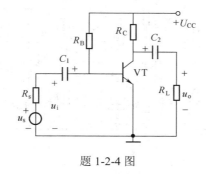

题 1-2-4 图

1-2-5　题 1-2-5（a）图所示放大电路中，输出端出现了（b）图所示的失真波形，分析波形的失真类型及失真原因，如何改善？

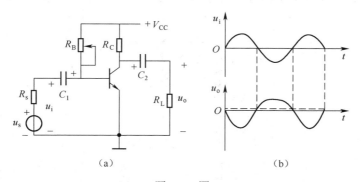

题 1-2-5 图

1-2-6　题 1-2-6 图所示电路中，已知 $V_{CC}=12V$，$R_B=300k\Omega$，$R_C=4k\Omega$，$R_L=4k\Omega$，$R_s=3k\Omega$，$\beta=40$。试求：（1）画微变等效电路；（2）R_L 接入和断开两种情况下电路的电压放大倍数 $\dot{A}_u$；（3）输入电阻 R_i 和输出电阻 R_o；（4）输出端开路时的源电压放大倍数 $\dot{A}_{us}$。

1-2-7　在题 1-2-7 图所示电路中，已知 $V_{CC}=12V$，$R_B=280k\Omega$，$R_E=2k\Omega$，$R_L=3k\Omega$，$\beta=100$。试求：（1）估算静态工作点；（2）画微变等效电路；（3）R_L 接入和断开两种情况下估算电路的电压放大倍数 $\dot{A}_u$；（4）求输入电阻 R_i 和输出电阻 R_o。

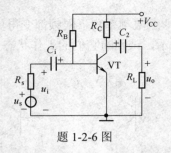

题 1-2-6 图

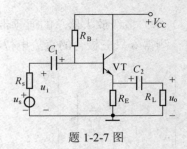

题 1-2-7 图

1-2-8　在题 1-2-8 图所示两级阻容耦合放大电路中，已知 $U_{CC}=12\ V$，$R_{B11}=20\ k\Omega$，$R_{B21}=20\ k\Omega$，$R_{B12}=10\ k\Omega$，$R_{B22}=10\ k\Omega$，$R_{C1}=3\ k\Omega$，$R_{C2}=3\ k\Omega$，$R_{E1}=2\ k\Omega$，$R_{E2}=2\ k\Omega$，$R_L=2\ k\Omega$，$\beta_1=\beta_2=50$，$U_{BE1}=U_{BE2}=0.7\ V$。求：（1）各级电路的静态值；（2）画微变等效电路；（3）各级电路的电压放大倍数 $\dot{A}_{u1}$、$\dot{A}_{u2}$ 和总电压放大倍数 $\dot{A}_u$。

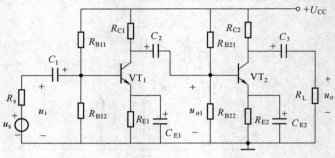

题 1-2-8 图

1-2-9　在题 1-2-9 图所示电路中，已知 $V_{CC}=16V$，$R_L=4\Omega$，三极管 VT_1 和 VT_2 的饱和管压降 $|U_{CES}|=2V$，输入电压足够大。试问：（1）最大输出功率 P_{om} 和效率 η 各为多少？（2）为了使输出功率达到 P_{om}，输入电压的有效值约为多少？（3）说明二极管 VD_1 和 VD_2 在电路中的作用。

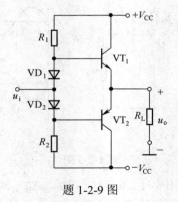

题 1-2-9 图

项目三　信号运算电路

教学目标

知识目标

了解运算放大器的组成及性能特点

了解差动放大电路的电路结构和工作原理

掌握反馈的类型及其判别方法

了解负反馈对放大电路性能的改善作用

掌握集成运算放大器线性应用时的特点和分析方法

技能目标

会用 Multisim 软件分析负反馈电路的性能特点

会用 Multisim 软件分析信号运算电路的性能特点

掌握运算电路的测试方法

知识链接

链接一　集成运算放大器

链接二　差动放大电路

链接三　负反馈放大电路

链接四　信号运算电路

项目实训

任务一　负反馈放大电路仿真分析

任务二　信号运算电路仿真分析

任务三　运算电路的性能测试

项目导入

设计一个信号运算电路。

利用集成运算放大电路外加反馈网络可以构成各种运算电路。常见的有比例运算、加法、减法、微分和积分电路等。图 1-3-1 和图 1-3-2 就是利用集成运算放大电路组成的运算电路。

图 1-3-1 是反相比例运算电路，其输出信号与输入信号的关系为

$$u_o = -\frac{R_F}{R_1} u_i$$

输出信号与输入信号成比例关系，式中的负号表示输出电压与输入电压的相位相反。输出信号与输入信号成比例关系的电路称为比例运算电路。

图 1-3-2 为微分运算电路，其输出信号与输入信号关系为

$$u_o = -RC\frac{du_i}{dt}$$

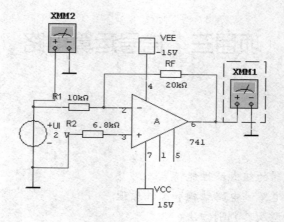

图 1-3-1   反相比例运算电路

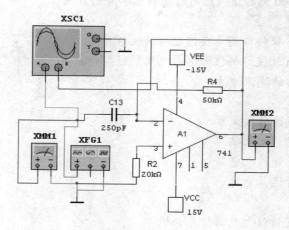

图 1-3-2   微分运算电路

　　输出电压与输入电压对时间的微分成正比。输出电压与输入电压对时间的微分成正比的电路称为微分运算电路。

　　输出信号与输入信号还可以有加法、减法、乘法、除法和积分等关系，利用集成运算放大电路可以构成加法等各种不同运算电路。

　　在自动控制系统中，比例—积分—微分运算经常用来组成 PID 调节器。在常规调节中，比例运算、积分运算常用来提高调节精度，而微分运算则用来加速过渡过程。集成运算放大电路在信号测量、信号处理、信号产生和变换等各种领域中越来越广泛地得到应用。利用集成运算放大器可以组成比例、加法、减法运算及微分、积分等运算电路。比例、微分、积分等运算电路在控制系统中应用十分广泛，除了可进行信号运算外，在脉冲数字电路中，还常常用来作波形变换，例如将矩形波变换为尖顶脉冲波形，在微分运算电路中输入矩形波，输出波形就是一个尖顶波。在积分电路和微分电路中，通过改变输入信号（矩形波、三角波、正弦波）和参数 R 和 C 的取值，可以得到不同的输出波形。在本项目的实施过程中，可通过仿真示波器观察输出波形的变化。

知识链接

链接一　集成运算放大器

集成运算放大电路，简称集成运放或运放。其实质是一个高增益的多级直接耦合放大电路。利用半导体集成工艺把整个电路的元器件及连线等都制作在一块硅片上，引出电路的输入端、输出端和正负电源端等，再加以封装，当作一个器件来使用。由于它能够组成各种数学运算电路，故名集成运算放大电路。

一、集成运算放大器的组成及电路符号

1. 电路组成

集成运算放大电路主要由输入级、输出级和偏置电路等组成，如图 1-3-3 所示。

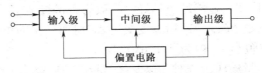

图 1-3-3　集成运算放大器的组成框图

输入级：输入级又称前置级，它的好坏直接影响集成运放的大多数性能参数，如增大输入电阻，减小零漂，提高共模抑制比等。所以，输入级一般是一个双端输入的高性能差动放大电路，它的两个输入端构成整个电路的反相输入端和同相输入端，目的是为了减小放大电路的零点漂移，提高输入阻抗。

中间级：中间级的主要作用是提高电压增益，它可由一级或多级放大电路组成。而且为了提高电压放大倍数，增大输出电压，经常采用复合管做放大管，以恒流源做有源负载的共射放大电路。

偏置电路：一般由各种恒流源电路构成，作用是为上述各级电路提供稳定、合适的偏置电流，决定各级的静态工作点。

输出级：输出级一般要求输出电压幅度要大，输出功率大，效率高，输出电阻较小，提高带负载能力。通常由互补对称电路构成。

2. 电路符号

集成运放电路符号如图 1-3-4 所示，有两个输入端，标"＋"的输入端称为同相输入端，输入信号由此端输入且标"－"的输入端接地时，输出信号与输入信号相位相同；标"－"的输入端称为反相输入端，输入信号由此端输入，标"＋"的输入端接地时，输出信号与输入信号相位相反。

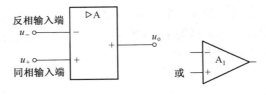

图 1-3-4　集成运算放大器的电路符号

二、集成运算放大器主要参数及种类

1. 主要参数

（1）差模开环电压放大倍数 A_{do}：集成运放（无外加反馈回路）的差模电压放大倍数，即 $A_{do} = \dfrac{u_o}{u_+ - u_-}$。它体现了集成运放的电压放大能力，一般在 $10^4 \sim 10^7$ 之间。A_{do} 越大，电路越稳定，运算精度也越高。

（2）共模开环电压放大倍数 A_{co}：集成运放的共模电压放大倍数，反映集成运放抗温漂、抗共模干扰的能力，优质的集成运放 A_{co} 应接近于零。

（3）共模抑制比 K_{CMR}：用来综合衡量集成运放的放大能力和抗温漂、抗共模干扰的能力，一般应大于 80dB。

（4）差模输入电阻 r_{id}：差模信号作用下集成运放的输入电阻。

（5）输入失调电压 U_{io}：指为使输出电压为零，在输入级所加的补偿电压值。它反映差动放大部分参数的不对称程度，显然越小越好，一般为毫伏级。

（6）失调电压温度系数 $\Delta U_{io}/\Delta T$：指温度变化 ΔT 时所产生的失调电压变化 ΔU_{io} 的大小，它直接影响集成运放的精确度，一般为几十 $\mu V/℃$。

（7）转换速率 S_R：衡量集成运放对高速变化信号的适应能力，一般为几 $V/\mu s$，若输入信号变化速率大于此值，输出波形会严重失真。

2. 集成运放的种类

（1）通用型：性能指标适合一般性使用，其特点是电源电压适应范围广，允许有较大的输入电压等，如 CF741 等。

（2）低功耗型：静态功耗 $\leq$ 2mW，如 XF253 等。

（3）高精度型：失调电压温度系数在 $1\mu V/℃$ 左右，能保证组成的电路对微弱信号检测的准确性，如 CF75、CF7650 等。

（4）高阻型：输入电阻可达 $10^{12}\Omega$，如 F55 系列等。还有宽带型、高压型等等。使用时需查阅集成运放手册，详细了解它们的各种参数，作为使用和选择的依据。

三、集成运算放大器的理想模型及特点

1. 集成运放的理想化参数

- 理想集成运放开环差模电压放大倍数 $A_{ud}=\infty$。
- 理想集成运放的共模电压放大倍数 $A_{uc}=0$。
- 理想集成运放的差模输入电阻 $r_{id}=\infty$。
- 理想集成运放的输出电阻 $r_o=0$。
- 理想集成运放共模抑制比 $K_{CMR}=\infty$。

2. 集成运算放大器的传输特性

集成运算放大器的传输特性是指输出电压 u_o 与输入电压 u_i 的关系，一般用曲线表示，如图 1-3-5 所示。

3. 理想集成运算放大器的特点

（1）非线性区特点。

当 $u_i > 0$，即 $u_+ > u_-$ 时：

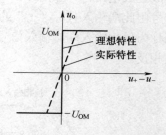

图 1-3-5　集成运算放大器的传输特性曲线

$$u_o = +U_{OM} \qquad\qquad (1\text{-}3\text{-}1)$$

当 $u_i<0$，即 $u_+<u_-$ 时：

$$u_o=-U_{OM} \tag{1-3-2}$$

（2）线性区特点。

1）虚断：

$$i_+=i_-=0 \tag{1-3-3}$$

2）虚短：

$$u_+=u_- \tag{1-3-4}$$

链接二 差动放大电路

集成运算放大电路是一个高增益的多级直接耦合放大电路。由于直接耦合放大电路中存在零点漂移的问题，而产生零点漂移的主要原因是温度的变化对晶体管参数的影响以及电源电压的波动等，在多数放大器中，前级的零点漂移影响最大，级数越多和放大倍数越大，则零点漂移越严重。为了解决这个问题，在实践中，可用两只特性相同的三极管组成完全对称的电路，即差动放大电路作为集成运算放大电路的第一级，可以很好地解决零点漂移的问题。

一、差动放大电路的基本组成及工作原理

1. 电路组成

差动放大电路两边完全对称。电路由晶体管型号、特性一致，各对应电阻阻值相同，管子的温度特性参数也完全对称的两个共发射极电路组成，R_E 为公共发射极电阻，可使静态工作点稳定。图 1-3-6 为基本差动放大电路。两个输入信号 u_{i1} 和 u_{i2}，分别加到两个管子的基极；输出信号 u_o 从两个管子的集电极之间取出，这种输出方式称为双端输入双端输出。

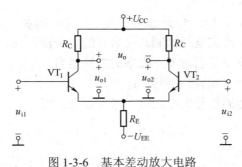

图 1-3-6 基本差动放大电路

输入信号、输出信号分别为：

$$\begin{cases} u_i = u_{i1} - u_{i2} \\ u_o = u_{o1} - u_{o2} \end{cases} \tag{1-3-5}$$

2. 抑制零点漂移的原理

所谓零点漂移，是指当放大器的输入端短路时，在输入端有不规律的、变化缓慢的电压产生的现象，下面分析差动放大电路是如何抑制漂移的。

静态时，$u_{i1}=u_{i2}=0$，此时由负电源 U_{EE} 通过电阻 R_E 和两管发射极提供两管的基极电流。由于电路的对称性，两管的集电极电流相等，集电极电位也相等，即：

$$I_{C1}=I_{C2}$$
$$U_{C1}=U_{C2}$$

输出电压:

$$u_o = U_{C1} - U_{C2} = 0$$

温度变化时,两管的集电极电流都会增大,集电极电位都会下降。由于电路是对称的,变化量相等。即:

$$\Delta I_{C1} = \Delta I_{C2}$$

$$\Delta U_{C1} = \Delta U_{C2}$$

输出电压:

$$u_o = (U_{C1} + \Delta U_{C1}) - (U_{C2} + \Delta U_{C2}) = 0 \qquad (1\text{-}3\text{-}6)$$

综上所述,当输入信号 $u_i = 0$ 时,则两管的电流相等,两管的集点极电位也相等,所以输出电压 $u_o = U_{C1} - U_{C2} = 0$。温度上升时,两管电流均增加,则集电极电位均下降,由于它们处于同一温度环境,因此两管的电流和电压变化量均相等,其输出电压仍然为零。即消除了零点漂移。

3. 信号放大作用分析

(1)共模输入及共模电压的放大倍数 A_c。

共模信号:两输入端加的信号大小相等、极性相同,即

$$u_{i1} = u_{i2} = u_i$$

单管电压放大倍数为 A_u,则输出电压为:

$$u_{o1} = u_{o2} = A_u u_i$$

$$u_o = u_{o1} - u_{o2} = 0$$

共模电压放大倍数:

$$A_c = \frac{u_o}{u_i} = 0 \qquad (1\text{-}3\text{-}7)$$

式(1-3-7)说明电路对共模信号无放大作用,且完全抑制了共模信号。实际上,差动放大电路对零点漂移的抑制就是该电路抑制共模信号的一个特例。所以差动放大电路对共模信号抑制能力的大小,也就是反映了它对零点漂移的抑制能力。

(2)差模输入及差模电压的放大倍数 A_d。

差模信号:两输入端加的信号大小相等、极性相反,即:

$$u_{i1} = -u_{i2} = \frac{1}{2} u_i$$

因两侧电路对称,放大倍数相等,单管电压放大倍数用 A_u 表示,则:

$$u_{o1} = A_u u_{i1} \qquad\qquad u_{o2} = A_u u_{i2}$$

$$u_o = u_{o1} - u_{o2} = A_u(u_{i1} - u_{i2}) = A_u u_i$$

差模电压放大倍数:

$$A_d = \frac{u_o}{u_i} = A_u \qquad (1\text{-}3\text{-}8)$$

可见差模电压放大倍数等于单管放大电路的电压放大倍数。差动放大电路用多一倍的元件为代价,换来了对零漂的抑制能力。

对于差动电路来说,差模信号是有用信号,要求对差模信号有较大的放大倍数;而共模信号是干扰信号,因此对共模信号的放大倍数越小越好。对共模信号的放大倍数越小,就意味着零点漂移越小,抗共模干扰的能力越强,当用作差动放大时,就越能准确、灵敏地反映出信号的偏差值。

在一般情况下,电路不可能绝对对称,$A_c \neq 0$。为了全面衡量差动放大电路放大差模信号和

抑制共模信号的能力，引入共模抑制比，以 K_{CMR} 表示。共模抑制比定义为 A_d 与 A_c 之比的绝对值，即

$$K_{CMR} = \left| \frac{A_d}{A_c} \right| \tag{1-3-9}$$

或用对数形式表示

$$K_{CMR}(dB) = 20 \lg \left| \frac{A_d}{A_c} \right| \tag{1-3-10}$$

若 $A_c = 0$，则 $K_{CMR} \to \infty$，这是理想情况。这个值越大，表示电路对共模信号的抑制能力越好。一般差动放大电路的 K_{CMR} 约为 60dB，较好的可达 120dB。

4. 恒流源差动放大电路

基本差动电路存在如下问题：电路难于绝对对称，因此输出仍然存在零漂；管子没有采取消除零漂的措施，有时会使电路失去放大能力；它要对地输出，此时的零漂与单管放大电路一样。为此我们对基本差动电路做了改进，把 R_E 换成恒流源，即为恒流源差动放大电路，如图 1-3-7 所示。

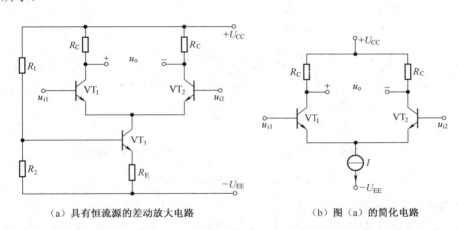

（a）具有恒流源的差动放大电路　　　　（b）图（a）的简化电路

图 1-3-7　具有恒流源的差动放大电路

恒流源比发射极电阻 R_E 对共模信号具有更强的抑制作用。

二、差动放大电路的输入输出方式

1. 双端输入双端输出

双端输入双端输出如图 1-3-8（a）所示。前面介绍的电路就是双端输入双端输出式电路。

2. 双端输入单端输出

双端输入单端输出如图 1-3-8（b）所示。双端输入单端输出式电路的输出 u_o 与输入 u_{i1} 极性（或相位）相反，而与 u_{i2} 极性（或相位）相同。所以 u_{i1} 输入端称为反相输入端，而 u_{i2} 输入端称为同相输入端。双端输入单端输出方式是集成运算放大器的基本输入输出方式。

3. 单端输入双端输出

单端输入双端输出如图 1-3-8（c）所示。输入信号只加到放大器的一个输入端，另一个输入端接地。由于两个晶体管发射极电流之和恒定，所以当输入信号使一个晶体管发射极电流改变时，另一个晶体管发射极电流必然随之作相反的变化，情况和双端输入时相同。此时由于恒

流源等效电阻或发射极电阻 R_E 的耦合作用，两个单管放大电路都得到了输入信号的一半，但极性相反，即为差模信号。所以，单端输入属于差模输入。

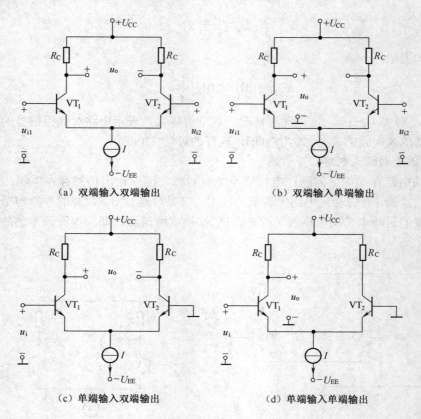

图 1-3-8   差动放大电路的输入输出方式

4. 单端输入单端输出

单端输入单端输出如图 1-3-8（d）所示。输出减小了一半，所以差模放大倍数亦减小为双端输出时的一半。此外，由于两个单管放大电路的输出漂移不能互相抵消，所以零漂比双端输出时大一些。由于恒流源或射极电阻 R_E 对零点漂移有极强烈的抑制作用，零漂仍然比单管放大电路小得多。所以单端输出时仍常采用差动放大电路，而不采用单管放大电路。

链接三   负反馈放大电路

一、反馈的基本概念

1. 反馈的定义

在放大电路中信号的传输是从输入端到输出端，这个方向称为正向传输。反馈就是将输出信号取出一部分或全部送回到放大电路的输入回路，与原输入信号相加或相减后再作用到放大电路的输入端。

即反馈的定义如下：将系统的输出量（电压或电流）的一部分或全部，通过一定的电路形式，反送回输入回路，以影响其输入量（电压或电流）的过程叫做反馈，如图 1-3-9 所示。

无反馈的放大电路称为开环放大电路，引入反馈的放大电路则称为闭环放大电路。反馈

到输入回路的信号 x_f 称为反馈信号，与 x_i 叠加以后的信号 x_d 称为净输入。

图 1-3-9　反馈放大电路的原理框图

2. 基本物理量

放大电路的开环放大倍数为：

$$\dot{A} = \frac{\dot{X}_o}{\dot{X}_{id}} \tag{1-3-11}$$

放大电路的闭环放大倍数为：

$$\dot{A}_f = \frac{\dot{X}_o}{\dot{X}_i} \tag{1-3-12}$$

反馈系数为：

$$\dot{F} = \frac{\dot{X}_o}{\dot{X}_i} = \frac{\dot{X}_f}{\dot{X}_o} \tag{1-3-13}$$

故：

$$\dot{A}_f = \frac{\dot{X}_o}{\dot{X}_{id} + \dot{X}_f} = \frac{\dfrac{\dot{X}_o}{\dot{X}_{id}}}{1 + \dfrac{\dot{X}_f}{\dot{X}_{id}}} = \frac{\dot{A}}{1 + \dfrac{\dot{X}_f}{\dot{X}_o}\dfrac{\dot{X}_o}{\dot{X}_{id}}} = \frac{\dot{A}}{1 + \dot{A}\dot{F}} \tag{1-3-14}$$

二、反馈的基本类型

1. 正反馈与负反馈

反馈信号使净输入信号增强的叫做正反馈；反馈信号使输入信号削弱的叫做负反馈。

采用瞬时极性法可以判断反馈的不同。首先规定电路输入信号在某一时刻对地的极性（用 ⊕ 或 ⊖ 表示），再以此为依据，按先放大后反馈的顺序逐级判断电路中各相关点电流的流向和电位的极性，从而得到输出信号的极性，然后根据输出信号的极性判断反馈信号的极性；分析电路，看反馈信号是加强了还是削弱了输入信号：若反馈信号使基本放大电路的净输入信号增大，则说明引入正反馈；若反馈信号使基本放大电路的净输入信号减小，则说明引入负反馈。

2. 交流反馈与直流反馈

反馈信号只含直流成分的叫直流反馈；反馈信号含交流成分的叫交流反馈。反馈信号既含直流成分又含交流成分的叫交直流反馈。

3. 串联反馈和并联反馈

根据反馈网络与基本放大电路在输入端的连接方式，可分为串联反馈和并联反馈。

串联反馈的反馈信号和输入信号以电压串联方式叠加，$u_d = u_i - u_f$，以得到基本放大电路的输入电压 u_d。

并联反馈的反馈信号和输入信号以电流并联方式叠加，$i_d = i_i - i_f$，以得到基本放大电路的输入电流 i_d。

判别方法：将输出端对地交流短路，如果反馈信号还能够加到基本放大电路的输入端则为串联反馈，如果反馈信号不能够加到基本放大电路的输入端则为并联反馈。

4. 电压反馈与电流反馈

电压反馈与电流反馈由反馈网络在放大电路输出端的取样对象决定，反馈是对输出电压采样称为电压反馈；对输出电流采样称为电流反馈。

判别方法及技巧：将输出端交流短路使 $u_o = 0$（R_L 短路），若反馈消失则为电压反馈，若反馈仍然存在则为电流反馈。

当反馈信号和输出信号取自放大电路的同一点（另一点往往是接地点）时，一般可判定为电压反馈；而取自放大电路的不同点时，一般可判定为电流反馈。图 1-3-10 至图 1-3-13 为放大电路的四种典型负反馈类型。

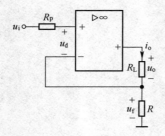

图 1-3-10   电流串联负反馈

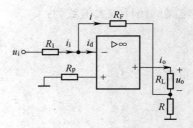

图 1-3-11   电流并联负反馈

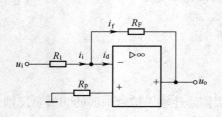

图 1-3-12   电压并联负反馈

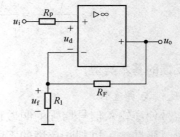

图 1-3-13   电压串联负反馈

【例 1-3-1】判断图 1-3-14 所示电路的反馈极性。

解：设基极输入信号 u_i 的瞬时极性为正，则发射极反馈信号 u_f 的瞬时极性亦为正，发射结上实际得到的信号 u_{be}（净输入信号），$u_{be} = u_i - u_f$ 与没有反馈时相比减小了，即反馈信号削弱了输入信号的作用，故可确定为负反馈。

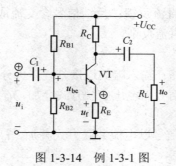

图 1-3-14   例 1-3-1 图

【例1-3-2】 判断图1-3-15所示电路的反馈极性。

解： 设输入信号 u_i 瞬时极性为正，则输出信号 u_o 的瞬时极性为正，经 R_F 返送回反相输入端，反馈信号 u_f 的瞬时极性为正，净输入信号 u_d 与没有反馈时相比减小了，即反馈信号削弱了输入信号的作用，故可确定为负反馈。

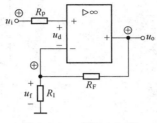

图1-3-15　例1-3-2图

三、负反馈对放大电路性能的影响

1. 稳定放大倍数

放大电路没有引入负反馈时的放大倍数为 A，引入负反馈后放大倍数为 A_f，有：

$$A_f = \frac{A}{1 + AF}$$

即放大倍数减小至原来的 $\frac{1}{1 + AF}$。

放大倍数的相对变化率为：

$$\frac{\mathrm{d}A_f}{\mathrm{d}A} = \frac{1 + AF - AF}{(1 + AF)^2} = \frac{1}{(1 + AF)^2} = \frac{1}{1 + AF}\frac{A_f}{A}$$

$$\frac{\mathrm{d}A_f}{A_f} = \frac{1}{1 + AF}\frac{\mathrm{d}A}{A} \tag{1-3-15}$$

由此可见，引入负反馈后，闭环放大倍数的相对变化率为开环放大倍数相对变化率的1+AF分之一，因 1+AF>1，所以闭环放大倍数的稳定性优于开环放大倍数。

负反馈越深，放大倍数越稳定。在深度负反馈条件下，即 1+AF>>1 时，有：

$$A_f = \frac{A}{1 + AF} \approx \frac{1}{F} \tag{1-3-16}$$

上式表明深度负反馈时的闭环放大倍数仅取决于反馈系数 F，而与开环放大倍数 A 无关。通常反馈网络仅由电阻构成，反馈系数 F 十分稳定。所以，闭环放大倍数必然是相当稳定的，诸如温度变化、参数改变、电源电压波动等明显影响开环放大倍数的因素，都不会对闭环放大倍数产生多大影响。

2. 减小非线性失真

无负反馈时产生正半周大负半周小的失真。引入负反馈后，失真了的信号经反馈网络又送回到输入端，与输入信号反相叠加，得到的净输入信号为正半周小而负半周大。这样正好弥补了放大器的缺陷，使输出信号比较接近于正弦波，如图1-3-16所示。

3. 展宽通频带

因为放大电路在中频段的开环放大倍数 A 较高，反馈信号也较大，因而净输入信号降低得较多，闭环放大倍数 A_f 也随之降低较多；而在低频段和高频段，A 较低，反馈信号较小，因而净输入信号降低得较小，闭环放大倍数 A_f 也降低较小。这样使放大倍数在比较宽的频段上趋于稳定，即展宽了通频带，如图 1-3-17 所示。

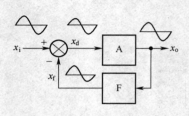

图 1-3-16　减小非线性失真

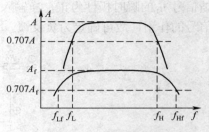

图 1-3-17　展宽通频带

4. 改变输入电阻

对于串联负反馈，由于反馈网络和输入回路串联，总输入电阻为基本放大电路本身的输入电阻与反馈网络的等效电阻两部分串联相加，故可使放大电路的输入电阻增大。

对于并联负反馈，由于反馈网络和输入回路并联，总输入电阻为基本放大电路本身的输入电阻与反馈网络的等效电阻两部分并联，故可使放大电路的输入电阻减小。

5. 改变输出电阻

对于电压负反馈，由于反馈信号正比于输出电压，反馈的作用是使输出电压趋于稳定，使其受负载变动的影响减小，即使放大电路的输出特性接近理想电压源特性，故而使输出电阻减小。

对于电流负反馈，由于反馈信号正比于输出电流，反馈的作用是使输出电流趋于稳定，使其受负载变动的影响减小，即使放大电路的输出特性接近理想电流源特性，故而使输出电阻增大。

链接四　信号运算电路

一、集成运算放大器线性工作区的特点

1. 运算放大器工作在线性区的判断方法

由于运算放大器处于线性与非线性状态的运放的分析方法不同，所以分析电路前，首先确定运放工作在线性区还是非线性区。

确定运放工作在线性区的方法：判断电路是否引入了负反馈。因理想运放放大倍数趋于无穷大，所以在输入端只要加一个非无穷小的电压，其输出就会超出其线性工作区，因此，只有电路引入负反馈，才能使其工作于线性区。

2. 理想集成运放在线性区的特点

实际集成运放的特性很接近理想集成运放，我们仅仅在进行误差分析时，才考虑理想化后造成的影响，一般工程计算其影响可以忽略。

理想集成运放在线性区的特点如下：

（1）虚短：运放的同相输入端和反相输入端的电位"无穷"接近，好像短路一样，但却不是真正的短路。

$$u_o = A_{od}(u_+ - u_-)$$
$$\because A_{od} \to \infty$$

$$\therefore (u_+ - u_-) \to 0$$

$$u_+ \approx u_- \tag{1-3-17}$$

（2）虚断：运放的同相输入端和反相输入端的电流趋于 0，好像断路一样，但却不是真正的断路。

$$\because R_{id} \to \infty, \quad u_i = u_+ - u_-$$

$$\therefore i_+ = i_- \approx 0 \tag{1-3-18}$$

利用集成运算放大电路线性区的特点作为分析依据，用集成运算放大电路外加反馈网络可构成各种运算电路，常见的有比例运算、加法、减法、微分和积分电路等。

电路结构特点：集成运算放大电路引入了负反馈环节。

二、比例运算放大器

输出信号与输入信号成比例关系的电路称比例运算电路。

1. 反相输入比例运算电路（图 1-3-18）

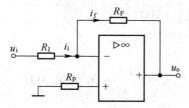

图 1-3-18　反相输入比例运算电路

根据运放工作在线性区的两条分析依据可知：

$$i_1 = i_f, \quad u_- = u_+ = 0$$

而

$$i_1 = \frac{u_i - u_-}{R_1} = \frac{u_i}{R_1}$$

$$i_f = \frac{u_- - u_o}{R_F} = -\frac{u_o}{R_F}$$

由此可得：

$$u_o = -\frac{R_F}{R_1} u_i \tag{1-3-19}$$

式中的负号表示输出电压与输入电压的相位相反。

闭环电压放大倍数为：

$$A_{uf} = \frac{u_o}{u_i} = -\frac{R_F}{R_1} \tag{1-3-20}$$

当 $R_F = R_1$ 时，$u_o = -u_i$，即 $A_{uf} = -1$，该电路就成了反相器。图 1-3-18 中电阻 R_p 称为平衡电阻，通常取 $R_p = R_1 /\!/ R_F$，以保证其输入端的直流电阻平衡，提高差动电路的对称性。

图 1-3-19 所示电路既能提高输入电阻，也能满足一定放大倍数的要求。根据运放工作在线性区的虚短和虚断两条分析依据，可以推出该电路的闭环电压放大倍数为：

$$A_{uf} = \frac{u_o}{u_i} = -\frac{1}{R_1}\left(R_{f1} + R_{f2} + \frac{R_{f1}R_{f2}}{R_{f3}}\right) \tag{1-3-21}$$

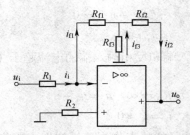

图 1-3-19　高输入电阻反相比例运算电路

【例 1-3-3】 在图 1-3-19 所示电路中，已知 $R_1=100\text{k}\Omega$，$R_{f1}=200\text{k}\Omega$，$R_{f2}=200\text{k}\Omega$，$R_{f3}=1\text{k}\Omega$。求：闭环电压放大倍数 A_{uf}、输入电阻 R_i 及平衡电阻 R_2。

解：（1）闭环电压放大倍数为：

$$A_{uf} = -\frac{1}{R_1}\left(R_{f1} + R_{f2} + \frac{R_{f1}R_{f2}}{R_{f3}}\right)$$

$$= -\frac{1}{100}\left(200 + 50 + \frac{200 \times 50}{1}\right)$$

$$= -102.5$$

（2）输入电阻为：

$$R_i = \frac{u_i}{i_1} = \frac{R_1 i_1}{i_1} = R_1 = 100\ \text{k}\Omega$$

（3）平衡电阻为：

$$R_2 = R_1 /\!/ (R_{f1} + R_{f2} /\!/ R_{f3}) = 100 /\!/ (200 + 50 /\!/ 1) = 66.8\ \text{k}\Omega$$

2. 同相输入比例运算电路（图 1-3-20）

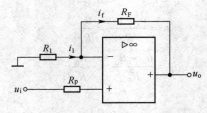

图 1-3-20　同相输入比例运算电路

根据运放工作在线性区的两条分析依据可知：

$$i_1 = i_f，\quad u_- = u_+ = u_i$$

而

$$i_1 = \frac{0 - u_-}{R_1} = -\frac{u_i}{R_1}，\quad i_f = \frac{u_- - u_o}{R_F} = \frac{u_i - u_o}{R_F}$$

由此可得：

$$u_o = \left(1 + \frac{R_F}{R_1}\right)u_i \tag{1-3-22}$$

输出电压与输入电压的相位相同。

同反相输入比例运算电路一样，为了提高差动电路的对称性，平衡电阻 $R_p = R_1 /\!/ R_F$。

闭环电压放大倍数为：

$$A_{\mathrm{uf}} = \frac{u_{\mathrm{o}}}{u_{\mathrm{i}}} = 1 + \frac{R_{\mathrm{F}}}{R_1}$$
（1-3-23）

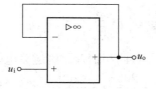

图 1-3-21　电压跟随器

可见，同相比例运算电路的闭环电压放大倍数必定大于或等于 1。当 $R_{\mathrm{f}} = 0$ 或 $R_1 = \infty$ 时，$u_{\mathrm{o}} = u_{\mathrm{i}}$，即 $A_{\mathrm{uf}} = 1$，这时输出电压跟随输入电压作相同的变化，称为电压跟随器。

【例 1-3-4】在图 1-3-22 所示电路中，已知 R_1=100kΩ，R_{f}=200kΩ，u_{i}=1V，求输出电压 u_{o}，并说明输入级的作用。

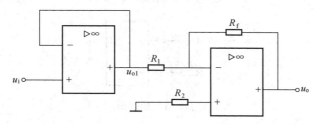

图 1-3-22　例 1-3-4 图

解：输入级为电压跟随器，由于是电压串联负反馈，因而具有极高的输入电阻，起到减轻信号源负担的作用。且 $u_{\mathrm{o}1} = u_{\mathrm{i}} = 1\,\mathrm{V}$，作为第二级的输入。

第二级为反相输入比例运算电路，因而其输出电压为：

$$u_{\mathrm{o}} = -\frac{R_{\mathrm{f}}}{R_1} u_{\mathrm{o}1} = -\frac{200}{100} \times 1 = -2\mathrm{V}$$

【例 1-3-5】在图 1-3-23 所示电路中，已知 R_1=100kΩ，R_{f}=200kΩ，R_2=100kΩ，R_3=200kΩ，u_{i}=1V，求输出电压 u_{o}。

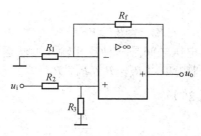

图 1-3-23　例 1-3-5 图

解：根据虚断，由图可得：

$$u_- = \frac{R_1}{R_1 + R_{\mathrm{f}}} u_{\mathrm{o}}$$

$$u_+ = \frac{R_3}{R_2 + R_3} u_{\mathrm{i}}$$

又根据虚短：
$$u_- = u_+$$

所以：
$$\frac{R_1}{R_1 + R_f} u_o = \frac{R_3}{R_2 + R_3} u_i$$

$$u_o = \left(1 + \frac{R_f}{R_1}\right) \frac{R_3}{R_2 + R_3} u_i$$

可见图 1-3-23 所示电路也是一种同相输入比例运算电路。代入数据得：

$$u_o = \left(1 + \frac{200}{100}\right) \times \frac{200}{100 + 200} \times 1 = 2\text{V}$$

三、运算电路

1. 加法运算电路（图 1-3-24）

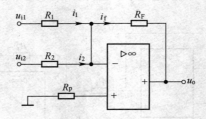

图 1-3-24　加法电路

根据运放工作在线性区的两条分析依据可知：

$$i_f = i_1 + i_2$$

$$i_1 = \frac{u_{i1}}{R_1}, \quad i_2 = \frac{u_{i2}}{R_2}, \quad i_f = -\frac{u_o}{R_F}$$

由此可得：

$$u_o = -\left(\frac{R_F}{R_1} u_{i1} + \frac{R_F}{R_2} u_{i2}\right)$$

若 $R_1 = R_2 = R_F$，则：

$$u_o = -(u_{i1} + u_{i2}) \tag{1-3-24}$$

可见输出电压与两个输入电压之间是一种反相输入加法运算关系。这一运算关系可推广到有更多个信号输入的情况。平衡电阻 $R_p = R_1 /\!/ R_2 /\!/ R_F$。

2. 减法运算电路（图 1-3-25）

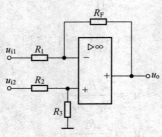

图 1-3-25　减法电路

由叠加定理：

u_{i1} 单独作用时为反相输入比例运算电路，其输出电压为：

$$u_o' = -\frac{R_F}{R_1}u_{i1}$$

u_{i2} 单独作用时为同相输入比例运算，其输出电压为：

$$u_o'' = \left(1 + \frac{R_F}{R_1}\right)\frac{R_3}{R_2 + R_3}u_{i2}$$

u_{i1} 和 u_{i2} 共同作用时，输出电压为：

$$u_o = u_o' + u_o'' = -\frac{R_F}{R_1}u_{i1} + \left(1 + \frac{R_F}{R_1}\right)\frac{R_3}{R_2 + R_3}u_{i2} \tag{1-3-25}$$

若 $R_3 = \infty$ （断开），则：

$$u_o = -\frac{R_F}{R_1}u_{i1} + \left(1 + \frac{R_F}{R_1}\right)u_{i2} \tag{1-3-26}$$

若 $R_1 = R_2$，且 $R_3 = R_F$，则：

$$u_o = \frac{R_F}{R_1}(u_{i2} - u_{i1}) \tag{1-3-27}$$

若 $R_1 = R_2 = R_3 = R_F$，则：

$$u_o = u_{i2} - u_{i1} \tag{1-3-28}$$

由此可见，输出电压与两个输入电压之差成正比，实现了减法运算。该电路又称为差动输入运算电路或差动放大电路。

【例 1-3-6】 求图 1-3-26 所示电路中 u_o 与 u_{i1}、u_{i2} 的关系。

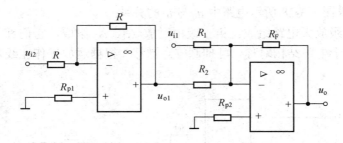

图 1-3-26　例 1-3-6 图

解： 电路由第一级的反相器和第二级的加法运算电路级联而成：

$$u_{o1} = -u_{i2}$$
$$u_o = -\left(\frac{R_F}{R_1}u_{i1} + \frac{R_F}{R_2}u_{o1}\right) = \frac{R_F}{R_2}u_{i2} - \frac{R_F}{R_1}u_{i1}$$

【例 1-3-7】 试用两级运算放大器设计一个加减运算电路，实现以下运算关系：

$$u_o = 10u_{i1} + 20u_{i2} - 8u_{i3}$$

解： 因为 u_{i3} 与 u_o 反相，而 u_{i1}、u_{i2} 与 u_o 同相，故可用反相加法运算电路将 u_{i1} 和 u_{i2} 相加后，其和再与 u_{i3} 反相相加，从而可使 u_{i3} 反相一次，而 u_{i1} 和 u_{i2} 反相两次。

根据以上分析，可画出实现加减运算的电路图，如图 1-3-27 所示。

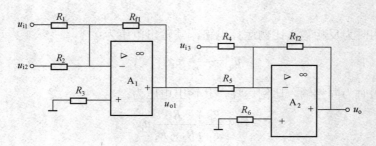

图 1-3-27　例 1-3-7 图

由图可得：

$$u_{o1} = -\left(\frac{R_{f1}}{R_1}u_{i1} + \frac{R_{f2}}{R_2}u_{i2}\right)$$

$$u_o = -\left(\frac{R_{f2}}{R_4}u_{i3} + \frac{R_{f2}}{R_5}u_{o1}\right) = \frac{R_{f2}}{R_5}\left(\frac{R_{f1}}{R_1}u_{i1} + \frac{R_{f1}}{R_2}u_{i2}\right) - \frac{R_{f2}}{R_4}u_{i3}$$

根据题中的运算要求设置各电阻阻值间的比例关系：

$$\frac{R_{f2}}{R_5} = 1 \text{ , } \frac{R_{f1}}{R_1} = 10 \text{ , } \frac{R_{f1}}{R_2} = 20 \text{ , } \frac{R_{f2}}{R_4} = 8$$

若选取 $R_{f1} = R_{f2} = 100 \text{ kΩ}$，则可求得其余各电阻的阻值分别为：

$$R_1 = 10 \text{ kΩ} \text{ , } R_2 = 5 \text{ kΩ} \text{ , } R_4 = 12.5 \text{ kΩ} \text{ , } R_5 = 100 \text{ kΩ}$$

平衡电阻 R_3、R_6 的值分别为：

$$R_3 = R_1 // R_2 // R_{f1} = 10 // 5 // 100 = 2.5 \text{ kΩ}$$

$$R_6 = R_4 // R_5 // R_{f2} = 12.5 // 100 // 100 = 10 \text{ kΩ}$$

【例 1-3-8】求图 1-3-28 所示电路中 u_o 与 u_i 的关系。

解：电路由两级放大电路组成。第一级由运放 A_1、A_2 组成，它们都是同相输入，输入电阻很高，并且由于电路结构对称，可抑制零点漂移。根据运放工作在线性区的两条分析依据可知：

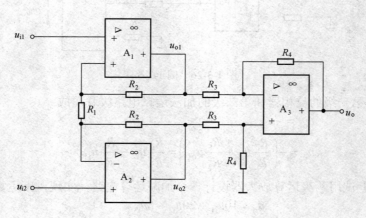

图 1-3-28　例 1-3-8 图

故：

$$u_{o1} - u_{o2} = \left(1 + \frac{2R_2}{R_1}\right)(u_{i1} - u_{i2})$$

第二级是由运放 A_3 构成的差动放大电路，其输出电压为：

$$u_o = \frac{R_4}{R_3}(u_{o2} - u_{o1}) = -\frac{R_4}{R_3}\left(1 + \frac{2R_2}{R_1}\right)(u_{i1} - u_{i2})$$

电压放大倍数为：

$$A_{uf} = \frac{u_o}{u_{i1} - u_{i2}} = -\frac{R_4}{R_3}\left(1 + \frac{2R_2}{R_1}\right)$$

四、积分和微分运算电路

1. 积分运算电路（图 1-3-29）

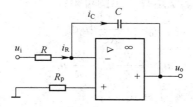

图 1-3-29 积分电路

由于反相输入端虚地，且 $i_+ = i_-$，由图 1-3-29 可知：

$$i_R = i_C, \quad i_R = \frac{u_i}{R}$$

$$i_C = C\frac{du_C}{dt} = -C\frac{du_o}{dt}$$

由此可得：

$$u_o = -\frac{1}{RC}\int u_i dt \qquad (1\text{-}3\text{-}29)$$

即：输出电压与输入电压对时间的积分成正比。

当 u_i 为恒定电压 U，则输出电压 u_o 为：

$$u_o = -\frac{U}{RC}t \qquad (1\text{-}3\text{-}30)$$

波形图如图 1-3-30 所示。在脉冲数字电路中积分电路可用于方波－三角波转换，如图 1-3-31 所示。

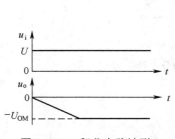

图 1-3-30 积分电路波形

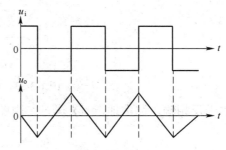

图 1-3-31 积分电路用于方波－三角波转换

【例 1-3-9】电路如图 1-3-30 所示。（1）写出输出电压 u_o 与输入电压 u_i 的运算关系。（2）若输入电压 $u_i=1V$，电容器两端的初始电压 $u_C=0V$，求输出电压 u_o 变为 0V 所需要的时间。

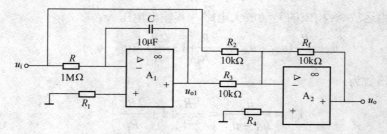

图 1-3-32　例 1-3-9 图

解：（1）由图可知，运放 A_1 构成积分电路，A_2 构成加法电路，输入电压 u_i 经积分电路积分后再与 u_i 通过加法电路进行加法运算。由图可得：

$$u_{o1} = -\frac{1}{RC}\int u_i \mathrm{d}t$$

$$u_o = -\frac{R_f}{R_2}u_{o1} - \frac{R_f}{R_3}u_i$$

将 $R_2 = R_3 = R_f = 10\text{ k}\Omega$ 代入以上两式，得：

$$u_o = -u_{o1} - u_i = \frac{1}{RC}\int u_i \mathrm{d}t - u_i$$

（2）因 $u_C(0) = 0\text{ V}$，$u_i = 1\text{ V}$，当 u_o 变为 0V 时，有：$u_o = \dfrac{u_i}{RC}t - u_i = 0$

解得：$t = RC = 1 \times 10^6 \times 10 \times 10^{-6} = 10\text{ s}$

故需经过 $t = 10\text{s}$，输出电压 u_o 变为 0V。

2. 微分运算电路（图 1-3-33）

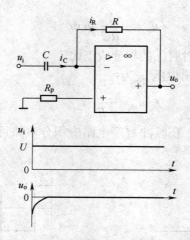

图 1-3-33　微分电路及微分波形

由于反相输入端虚地，且 $i_+ = i_-$，由图可得：

$$i_R = i_C，\quad i_R = -\frac{u_o}{R}$$

$$i_C = C\frac{\mathrm{d}u_C}{\mathrm{d}t} = C\frac{\mathrm{d}u_i}{\mathrm{d}t}$$

由此可得：

$$u_o = -RC\frac{\mathrm{d}u_i}{\mathrm{d}t} \qquad\qquad (1\text{-}3\text{-}31)$$

输出电压与输入电压对时间的微分成正比。

若 u_i 为恒定电压 U，则在 u_i 作用于电路的瞬间，微分电路输出一个尖脉冲电压，波形如图 1-3-33 所示。

微分电路的应用是很广泛的，在线性系统中，除了可作微分运算外，在脉冲数字电路中，常用来作波形变换，例如将矩形波变换为尖顶脉冲波。

【例 1-3-10】 在微分运算电路中输入方波，求输出波形。

解： 输入方波时，输出波形是尖顶波。波形如图 1-3-34 所示。

由于微分电路的输出幅度随频率的增加而线性增加，因此微分电路对高频噪声特别敏感，以致输出噪声可能完全淹没微分信号。一种改进型的微分电路如图 1-3-35 所示。电路增加稳压管 VD_{Z1} 和 VD_{Z2}，用来限制输出电压；增加补偿电容以提高稳定性，增加电阻 R_1 限制输入电流。

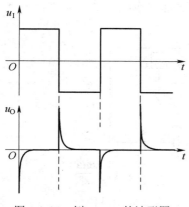

图 1-3-34　例 1-3-10 的波形图

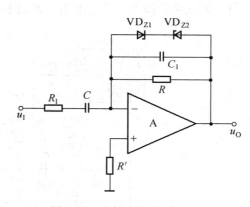

图 1-3-35　实用微分运算电路

项目实训

任务一　负反馈放大电路仿真分析

一、电压串联负反馈电路性能分析

（1）打开 Multisim 软件。

（2）从元器件库中调出所需的元器件。

（3）接入元件。

（4）接入万用表和示波器。

（5）搭建电路（图 1-3-36）。

（6）电路仿真运行。

（7）观察波形，记录仪表读数。

（8）计算电压放大倍数。

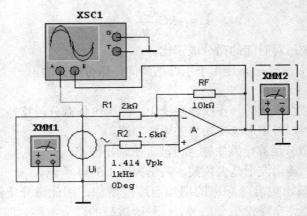

图 1-3-36　电压串联负反馈电路

二、电流串联负反馈电路

（1）方法步骤同上，搭建电路（如图 1-3-37、图 1-3-38 所示）。

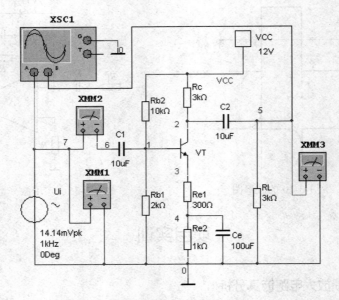

图 1-3-37　电流串联负反馈电路（一）

（2）电路仿真运行。

（3）观察波形、记录仪表读数。

（4）分析图 1-3-37、图 1-3-38 中发射级电阻的反馈类型和区别。

（5）通过万用表读数，分析计算电压放大倍数。

三、电压并联负反馈电路

（1）方法步骤同上，搭建电路（图 1-3-39）。

（2）电路仿真运行。

（3）观察、分析、记录。

（4）分析当开关分别闭合和打开两种情况下的波形及电压放大倍数。

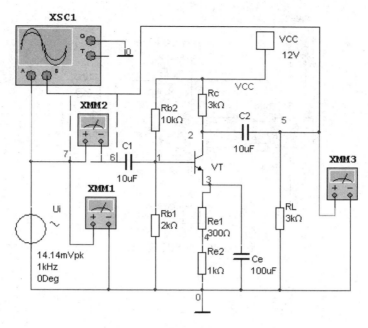

图 1-3-38　电流串联负反馈电路（二）

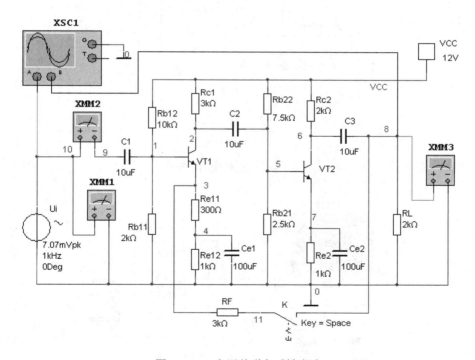

图 1-3-39　电压并联负反馈电路

任务二　信号运算电路仿真分析

（1）打开 Multisim 软件，从元器件库中调出所需的元器件，进行参数设置。

（2）接入元件，搭建不同电路（图 1-3-40 至图 1-3-43）。

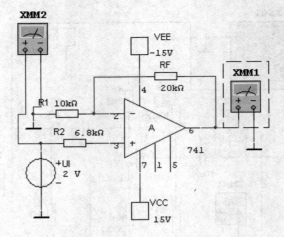

图 1-3-40 同相比例电路

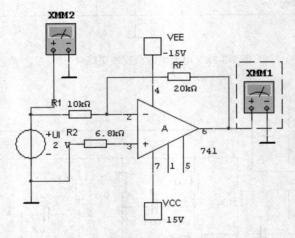

图 1-3-41 反相比例电路

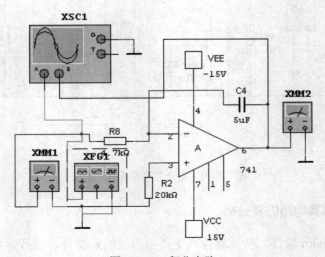

图 1-3-42 积分电路

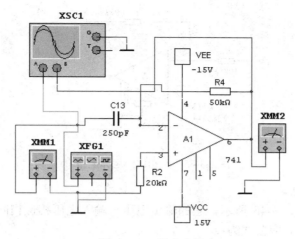

图 1-3-43　微分电路

（3）改变 R_f，观察电压表读数的变化。

（4）调整参数、电路仿真运行。

（5）观察、分析。

在积分电路和微分电路中，通过改变输入信号（矩形波、三角波、正弦波），观察输出波形，改变 R 和 C，观察输出波形的变化。

任务三　运算电路的性能测试

一、实训目的

（1）了解集成运放在实际应用时应考虑的问题。

（2）掌握由集成运放构成的比例、加减等基本模拟运算电路的结构特点及其特性。

二、实训说明

1. 集成运算放大器（741）芯片介绍（图 1-3-44）

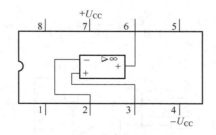

图 1-3-44　集成运算放大器（741）芯片

"1"与"5"——调零电位器接线端，分别接其两固定端，中间滑动端接"4"。

2. 反相比例运算电路

基本电路结构如图 1-3-45 所示，它的输出电压与输入电压之间成比例关系，相位相反。输入与输出电压之间对应公式为：

$$U_o = -\frac{R_F}{R_1}U_i$$

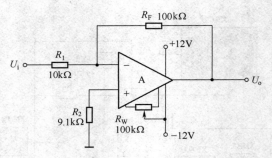

图 1-3-45　反相比例运算电路

3. 同相比例运算电路

基本电路结构如图 1-3-46 所示，它的输出电压与输入电压相位相同，大小成比例关系，即输入与输出电压之间对应公式为：

$$U_{o} = \left(1 + \frac{R_{F}}{R_{1}}\right)U_{i}$$

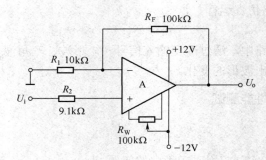

图 1-3-46　同相比例运算电路

4. 反相加法运算电路

基本电路结构如图 1-3-47 所示，它的输出电压等于所有输入电压按不同比例相加之和，相位相反，所对应的关系公式为：

$$U_{o} = -\left(\frac{R_{F}}{R_{1}}U_{i1} + \frac{R_{F}}{R_{2}}U_{i2}\right)$$

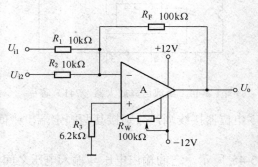

图 1-3-47　反相加法运算电路

5. 差分比例运算电路（加减运算电路）

差分比例运算电路是加减运算电路的构成特例，电路结构如图 1-3-48 所示。输入与输出电压之间对应公式为：

$$U_o = \frac{R_F}{R_1}(U_{i2} - U_{i1})$$

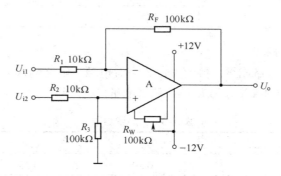

图 1-3-48　差分比例运算电路

三、实训仪器与器件

+12V 直流电源；函数信号发生器；双踪示波器；交流毫伏表；集成运放 741；直流数字电压表；频率计；万用电表；电阻器若干；–5～+5V 可调直流信号源。

注意：与 ±5V 直流电源共用电源开关。

四、实训内容

1. 反相比例运算电路

（1）按照图 1-3-45 所示电路连线，接通 ±12V 直流电源，将输入端对地短接，进行调零。

（2）输入端引入 U_i=100mV 信号，测量对应的 U_o，并用示波器观察 U_i/U_o 的相位关系，记入表 1-3-1。

表 1-3-1　测量结果

U_i（V）	U_o（V）	U_i/U_o 波形（同一坐标系）	A_u	
			实测值	理论值
100mV				

2. 同相比例运算电路

按照图 1-3-46 所示电路连线，接通 ±12V 直流电源，输入端引入 U_i=100mV 的信号，测量对应的 U_o，并用示波器观察 U_i/U_o 的相位关系，记入表 1-3-2。

表 1-3-2　测量结果

U_i（V）	U_o（V）	U_i/U_o 波形（同一坐标系）	A_u	
			实测值	理论值
100mV				

3. 反相加法运算电路

按照图 1-3-47 所示电路连线，接通 ±12V 直流电源，电路输入端分别与–5～+5V 可调直流信号源相接，根据表 1-3-3 所示数据进行调试测量。

表 1-3-3　测量结果

$U_{i1}(v)$	0.25	0.30	0.35	0.40
$U_{i2}(v)$	0.15	0.20	0.25	0.30
$U_o(v)$				

4. 差分比例运算电路

按照图 1-3-48 所示电路连线，接通 ±12V 直流电源，电路输入端分别与–5～+5V 可调直流信号源相接，根据表 1-3-4 所示数据进行调试测量。

表 1-3-4　测量结果

U_{i1}（V）	0.25	0.30	0.35	0.40
U_{i2}（V）	0.15	0.20	0.25	0.30
U_o（V）				

五、实训报告要求

（1）列表整理测量结果，并把实测数据与理论计算值比较，分析产生误差原因。

（2）总结本次实训中四种运算电路的特点与性能。

关键知识点小结

本项目学习集成运算放大器的线性应用。利用集成运算放大器可以组成加、减比例运算及微、积分等运算电路。集成运算放大器是模拟集成电路的典型组件。引入深度负反馈是集成运放线性应用的必要条件，理想集成运放线性区工作时具有"虚短"（$u_+=u_-$）、"虚断"（$i_+=i_-=0$）的特性，是分析集成运放线性电路的重要原则。基本运算电路的分析方法是节点电流法和叠加原理法，差分放大电路是构成多级直接耦合放大电路的基本单元电路，差分放大电路利用参数完全相同、管子特性也相同的特点，对共模信号有很强的抑制作用，能够有效克服零点漂移。

引入负反馈对放大电路的性能有改善作用，电路中引入了负反馈后，闭环放大倍数的稳定性优于开环放大倍数，能减小非线性失真，展宽通频带、改变输入电阻和输出电阻，即负反馈使放大电路的性能得以改善。负反馈有电压串联、电压并联、电流串联、电流并联四种类型，实际应用中可以根据需要引入不同的反馈方式。

知识与技能训练

1-3-1　填空。

（1）对于理想运放来说，工作在线性区时，可有以下两条结论：_____和_____。

（2）在集成运算放大器中，各级之间常采用的耦合方式有_____、_____、_____等几种。

（3）集成运算放大电路用作各种信号运算电路时，应该工作在_____区，应引入_____的反馈。

（4）共模抑制比愈大，差动放大器放大_____信号的能力越强，抑制_____信号的能力也越强。

（5）差动放大电路是利用电路参数的_____和引入_____来抑制、克服零漂的。

（6）放大电路产生零点漂移的主要原因是_____。

（7）负反馈对放大电路的性能有改善作用，主要表现为_____等。

（8）要求能稳定输出电流，并且提高输入电阻，应给放大电路引入_____负反馈。

（9）同相加法运算电路中，信号接入运放的_____相端，运放的_____相端接地。

1-3-2　判断下列说法是否正确，对的在括号内打"√"，否则打"×"。

（　　）（1）多级直接耦合放大器中，影响零点漂移最严重的是最后级的工作状态。

（　　）（2）理想的集成运算放大电路实质上是一个直接耦合的多级放大电路。

（　　）（3）衡量一个集成运算放大电路抑制零漂能力的指标是共模放大倍数。

（　　）（4）理想集成运放工作在非线性区时，其输出电压 u_o 非正饱和值即负饱和值。

（　　）（5）差动放大器对差模信号的抑制能力，反映了它对零点漂移的抑制能力。

（　　）（6）如果要稳定输出电压并提高输入电阻，应给放大电路引入电压串联负反馈。

（　　）（7）在放大电路中，为了稳定静态工作点，可以引入交流负反馈。

（　　）（8）对于放大电路，所谓开环是指无反馈通路。

（　　）（9）反相加法电路集成运放的反相输入端为虚地点。

1-3-3　分析题 1-3-3 图所示电路的反馈组态。

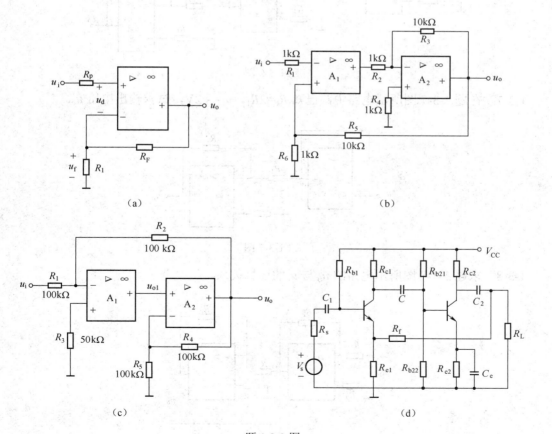

题 1-3-3 图

1-3-4　题 1-3-4 图所示比例运算放大器中，已知 $R_1=10\text{k}\Omega$，$R_F=20\text{k}\Omega$，$u_i=-1\text{V}$。求：u_o、R_p 应为多大？

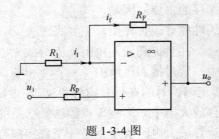

题 1-3-4 图

1-3-5　设计一个加减运算电路，$R_F=200\text{k}\Omega$，使 $u_o=15u_{i1}-5u_{i2}+20u_{i3}$。

1-3-6　分析题 1-3-6 图所示集成电路运算放大器各由什么电路组成，并求输出信号 u_o 与输入信号 u_{i1}、u_{i2} 的关系式。

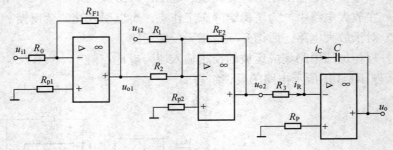

题 1-3-6 图

1-3-7　在题 1-3-7 图所示电路中，已知 $R_F=2R_1$，$u_i=-2\text{V}$，试求输出电压 u_o。

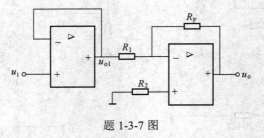

题 1-3-7 图

1-3-8　求题 1-3-8 图所示电路的 u_o 与 u_i 的运算关系。

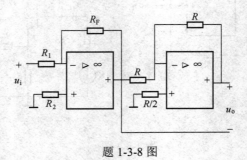

题 1-3-8 图

1-3-9　题 1-3-9 图所示电路中，求 u_o 与 u_{i1}、u_{i2} 的关系。

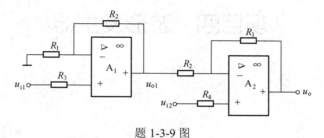

题 1-3-9 图

1-3-10　题 1-3-10 图所示电路中，若输入正弦波 $u_i = 5\sin\omega t$，求输出电压 u_o（画出波形）。

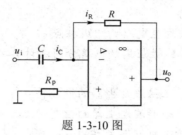

题 1-3-10 图

项目四　波形发生器

知识目标

掌握正弦波振荡电路的组成及产生振荡的条件

了解石英晶体振荡电路

掌握矩形波等非正弦波发生电路的组成特点

掌握集成运算放大器非线性应用的电路分析和计算方法

技能目标

会用 Multisim 软件分析正弦波发生器的性能特点

会用 Multisim 软件分析矩形波发生器的性能特点

会用 Multisim 软件分析三角波发生器的性能特点

会用 Multisim 软件分析锯齿波发生器的性能特点

掌握正弦波振荡电路性能测试方法

知识链接

链接一　正弦波振荡器

链接二　非正弦波发生电路

项目实训

任务一　比较电路仿真分析

任务二　正弦波振荡电路仿真分析

任务三　非正弦波波形发生电路仿真分析

任务四　RC 桥式正弦波振荡电路性能测试

利用集成运放构成正弦波振荡器和矩形波发生器。

在自动控制系统中，经常需要进行性能的测试以及信息的传送，这些都离不开一定的波形作为测试和传送的依据。在测量、遥控、通信、自动控制、热处理和超声波电焊等加工设备中，正弦波发生器有着广泛的应用，如高频感应加热、冶炼、淬火、超声波焊接、超声诊断、核磁共振成像等，在模拟系统中，正弦波发生器是各类波形发生器和信号源的核心电路，非正弦信号（方波、锯齿波等）发生器在测量设备、数字系统及自动控制系统中的应用也日益广泛。利用集成运放还可产生包括模拟电路中常用的矩形波发生器、三角波发生器和锯齿波发生器。

正弦波振荡电路结构上包括放大电路、选频网络和反馈网络，根据选频网络的结构不同，正弦波振荡电路分为 RC 振荡器、LC 振荡器和石英晶体振荡器。如图 1-4-1 所示为 RC 文氏桥正弦波发生器。

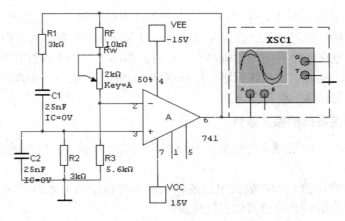

图 1-4-1　正弦波发生电路

矩形波等非正弦波形发生电路由具有开关特性的器件、反馈网络、延迟环节等部分组成。如果要求产生三角波或锯齿波，还应加积分环节。集成运放非线性应用时，若是开环或是正反馈，则集成运放工作在非线性区，集成运放开环可组成过零电压比较器、单限电压比较器，正反馈可组成迟滞电压比较器。迟滞电压比较器和 RC 充放电回路就构成了矩形波发生电路。如图 1-4-2 所示为矩形波发生电路。

在图 1-4-2 所示的矩形波发生电路中，迟滞电压比较器和 RC 充放电回路可构成矩形波发生器。RC 充放电回路起反馈和延迟作用，获得一定的频率。滞回比较器起开关作用，实现高低电平的转换。矩形波发生电路的输出波形如图 1-4-3 所示。

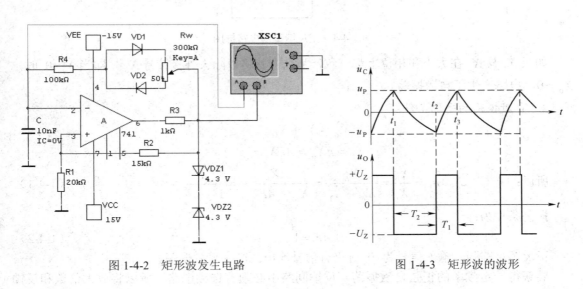

图 1-4-2　矩形波发生电路　　　　　　　图 1-4-3　矩形波的波形

知识链接

链接一　正弦波振荡器

正弦波振荡电路是在没有外加输入信号的情况下，依靠电路自激振荡产生正弦波输出的电路。正弦波振荡电路能产生正弦波信号，它是在放大电路的基础上加上正反馈网络构成的。为了获得单一频率的正弦波，正弦波振荡电路还必须包含选频网络。为了得到稳定的等幅振荡信号，正弦波振荡电路还要有一个稳幅环节，它可以由晶体管的非线性作用来实现。因此，正弦波振荡电路由放大电路、正反馈网络、选频网络、稳幅环节组成。按选频网络组件不同，可分为 RC、LC、石英晶体正弦振荡电路。

一、正弦波振荡电路的振荡条件

从结构上来看，正弦波振荡电路是一个没有输入信号的带选频网络的正反馈放大电路。

1. 自激振荡

放大电路的自激振荡是指在放大电路的输入端不外接交流输入信号时在放大电路的输出端却有一定振幅和频率的交流信号输出的现象。

图 1-4-4 表示接成正反馈时，放大电路在输入信号 $\dot{X}=0$ 时的方框图。由图可知，如在放大电路的输入端外接一定频率、一定幅度的正弦波信号 $\dot{X}_a$，经过基本放大电路和反馈网络所构成的环路传输后，在反馈网络的输出端，得到反馈信号。

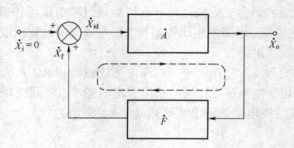

图 1-4-4　正反馈振荡电路框图

如果 $\dot{X}_f$ 与 $\dot{X}_a$ 在大小和相位上都一致，那么，就可以除去外接信号 $\dot{X}_a$。即当 $\dot{X}_i=0$ 时，$\dot{X}_o \neq 0$，电路产生了自激振荡。

2. 自激振荡的平衡条件

$$\dot{X}_{id} = \dot{X}_i + \dot{X}_f$$

$$\dot{X}_f = \dot{F}\dot{X}_o = \dot{A}\dot{F}\dot{X}_{id}$$

所以：
$$\dot{A}_F = \frac{\dot{X}_o}{\dot{X}_i} = \frac{\dot{X}_o}{\dot{X}_{id} - \dot{X}_f} = \frac{A\dot{X}_{id}}{\dot{X}_{id} - \dot{A}\dot{F}\dot{X}_{id}} = \frac{\dot{A}}{1 - \dot{A}\dot{F}} \qquad (1\text{-}4\text{-}1)$$

振荡条件为：
$$\dot{A}\dot{F} = 1 \qquad (1\text{-}4\text{-}2)$$

正反馈足够强，输入信号为 0 时仍有信号输出，产生自激振荡。

要获得一定频率的正弦自激振荡，反馈回路中必须有选频电路。所以将放大倍数和反馈系数写成如下形式。

振幅平衡条件：
$$\left|\dot{A}\dot{F}\right| = 1 \qquad (1\text{-}4\text{-}3)$$

相位平衡条件：
$$\varphi_A + \varphi_F = 2n\pi \qquad (1\text{-}4\text{-}4)$$

3. 正弦波振荡电路的组成

为了产生正弦波，必须在放大电路里加入正反馈，因此放大电路和正反馈网络是振荡电路的最主要部分。为了获得单一频率的正弦波输出，应该设有选频网络，选频网络往往和正反馈网络或放大电路合而为一。为了使输出信号幅值稳定，还设有稳幅环节，稳幅环节常常用非线性元件实现。

即：正弦波振荡电路由放大电路、正反馈网络、选频网络、稳幅环节等四部分组成。

4. 振荡的建立和稳幅

自激振荡的起振条件为：

$$|\dot{A}\dot{F}| > 1 \qquad\qquad (1\text{-}4\text{-}5)$$

如果此时电路满足正反馈的条件，且反馈信号大于净输入信号，则输出信号就会由小到大建立起来。

自激振荡一旦建立起来，振荡电路的输出信号的幅值就将逐渐增大，当增大到一定程度后，放大电路部分的管子就会接近甚至进入饱和区或截止区，输出波形就会失真，所以要在电路中设有稳幅环节，使输出信号的幅值增大到一定大小以后，电路保持等幅振荡。

5. 判断电路是否可能产生正弦波振荡的步骤

（1）电路是否由放大、选频、反馈和稳幅四个部分组成。

（2）放大电路是否能正常工作：静态工作点是否合适，动态信号能不能放大。

（3）电路是否引入正反馈：利用瞬时极性法进行判断。

（4）电路是否满足起振条件：通过计算 $\dot{A}$ 和 $\dot{F}$ 进行判断。

二、LC 正弦波振荡电路

根据引入反馈的方式不同，LC 正弦波振荡电路分为变压器反馈式振荡电路、电感反馈式振荡电路和电容反馈式振荡电路。

1. LC 并联谐振电路

LC 正弦波振荡电路的构成与 RC 正弦波振荡电路组成原则在本质上是相同的，包括有放大电路、正反馈网络、选频网络和稳幅电路。这里的选频网络是由 LC 并联谐振电路构成，正反馈网络因不同类型的 LC 正弦波振荡电路而有所不同，并可以产生高频振荡。由于高频运放价格较高，所以一般用分立元件组成放大电路。下面对 LC 振荡电路做一简单介绍，重点掌握相位条件的判别。

在选频放大电路中经常用到的 LC 并联谐振电路如图 1-4-5 所示。

因为输出电压是频率的函数。输入信号频率过高，电容的旁路作用加强，输出减小；反之频率太低，电感近似短路，输出较低。并联谐振曲线如图 1-4-6 所示。

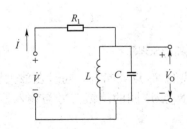

图 1-4-5　LC 并联谐振电路

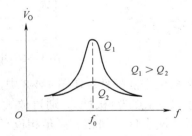

图 1-4-6　并联谐振曲线

在电路分析中我们知道当 $\omega = \omega_0 = \dfrac{1}{\sqrt{LC}}$ ，电路发生谐振，谐振频率：

$$\omega_0 = \frac{1}{\sqrt{LC}} \tag{1-4-6}$$

2. 变压器反馈 LC 振荡电路

电路如图 1-4-7 所示，变压器反馈 LC 振荡电路的振荡频率与并联 LC 谐振电路相同。

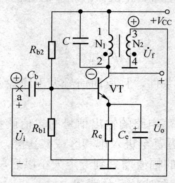

图 1-4-7   变压器反馈式振荡电路

振荡频率：

$$f_0 = \frac{1}{2\pi\sqrt{LC}} \tag{1-4-7}$$

变压器反馈 LC 振荡电路结构简单，容易起振，改变电容大小可以方便调节振荡频率。但是变压器反馈式振荡频率的稳定性不高。

3. 电感三点式 LC 振荡电路

电感反馈式振荡电路又称电感三点式振荡电路，如图 1-4-8 所示。图中，LC 并联谐振电路作为三极管的负载，反馈线圈 L_2 将反馈信号送入三极管的输入回路。交换反馈线圈的两个线头，可使反馈极性发生变化。调整反馈线圈的匝数可以改变反馈信号的强度，以使正反馈的幅度条件得以满足。

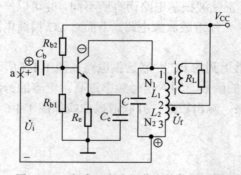

图 1-4-8   电感三点式振荡电路的原理图

分析相位平衡条件：在图 1-4-8 中，假设从反馈线的 N_2 点处断开，同时在放大器的输入端输入信号（a 点为+极性），通过放大器放大后，从 N_2 点取回的反馈信号与输入信号也为+极性信号，两个信号同相，满足相位平衡条件。

分析振幅条件：由于 A_V 较大，只要适当选取 L_2/L_1 的比值，就可实现起振。当加大 L_2（或

减小 L_1）时，有利于起振。考虑 L_1、L_2 间的互感，振荡频率可近似表示为：

$$f_0 \approx \frac{1}{2\pi\sqrt{(L_1 + L_2 + 2M)C}} = \frac{1}{2\pi\sqrt{L'C}} \qquad (1\text{-}4\text{-}8)$$

电感三点式 LC 振荡电路容易起振，且振荡幅度和振荡频率范围大，但是反馈信号中高次谐波成分少，产生的正弦波波形质量较差。

4. 电容三点式振荡电路

C_1、L 和 C_2 组成正弦波振荡器的选频网络。C_2 的反馈信号送入三极管的输入回路，电路满足正弦波振荡的平衡条件，可以产生正弦波，电容三点式振荡电路如图 1-4-9 所示。

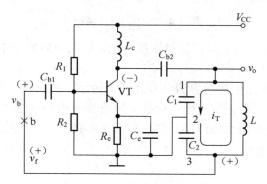

图 1-4-9 电容三点式振荡电路

振荡频率与并联 LC 谐振电路相同，为：

$$f_0 \approx \frac{1}{2\pi\sqrt{L\dfrac{C_1 C_2}{C_1 + C_2}}} = \frac{1}{2\pi\sqrt{LC'}} \qquad (1\text{-}4\text{-}9)$$

电容三点式振荡电路因为反馈信号取自 C_2，而电容对高次谐波容抗小，故反馈信号中谐波成分少，产生的正弦波波形较好。但是不方便调节振荡频率，因为改变电容调节振荡频率的同时，也改变了反馈系数。电容反馈式振荡电路的振荡频率可高达 100MHz 以上。

【例 1-4-1】图 1-4-10 所示电路为各种 LC 正弦波振荡电路，试判断它们是否可能振荡，若不能振荡，试修改电路。

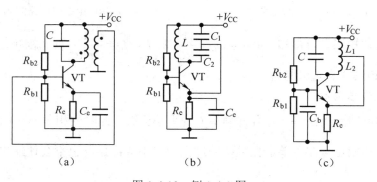

（a）　　　　　　　（b）　　　　　　　（c）

图 1-4-10 例 1-4-1 图

解：图（a）不能正常工作。应加隔直电容。将右侧线圈的同名端改在下方时，电路才满足相位平衡条件。修改后的电路如图 1-4-11（a）所示。

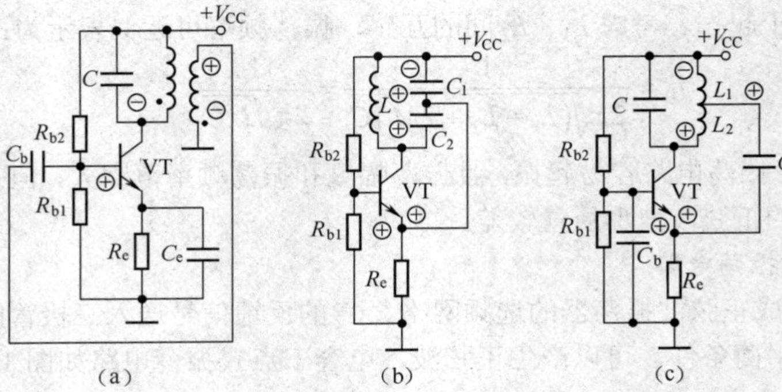

图 1-4-11 例 1-4-1 解图

图（b）不能正常工作。由于反馈量被短接至地，因此应将原图中的电容 C_e 去掉，修改后的电路如图 1-4-11（b）所示。

图（c）不能正常工作。电感对直流信号相当于短路，故三极管发射极电位 U_E 等于电源电压 V_{CC}，这样三极管便不能正常工作，应在三极管发射极和电感之间接隔直电容 C_f 以实现隔离直流量并使交流信号能顺利通过的目的，如图 1-4-11（c）所示。

三、RC 正弦波振荡电路

1. RC 串并联网络

RC 串联臂的阻抗用 Z_1 表示，RC 并联臂的阻抗用 Z_2 表示，如图 1-4-12 所示。电路的反馈系数 $\dot{F}$ 与频率的关系用频率特性曲线表示，如图 1-4-13 所示。

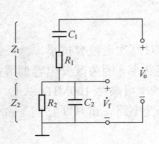

图 1-4-12 RC 串并联电路

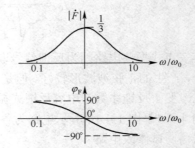

图 1-4-13 RC 串并联电路的频率特性曲线

通过电路基础知识学习得知：当 $\omega = \omega_0 = \dfrac{1}{RC}$ 或 $f = f_0 = \dfrac{1}{2\pi RC}$ 时，幅频值最大为 1/3，相位 $\varphi_F = 0°$，因此该网络有选频特性。

2. RC 文氏桥振荡器

当 $f = f_0$ 时的反馈系数 $|\dot{F}| = \dfrac{1}{3}$，且与频率 f_0 的大小无关。此时的相角 $\varphi_F = 0°$。即改变频率不会影响反馈系数和相角，在调节谐振频率的过程中，不会停振，也不会使输出幅度改变。

（1）电路的构成。

RC 文氏桥振荡电路如图 1-4-14 所示，RC 串并联网络是正反馈网络，另外还增加了 R_3 和 R_4 负反馈网络。C_1、R_1 和 C_2、R_2 正反馈支路与 R_3、R_4 负反馈支路正好构成一个桥路，称为文氏桥。

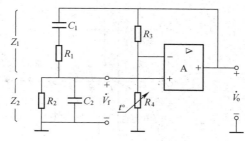

图 1-4-14　文氏桥式振荡电路

为满足振荡的幅度条件：

$$|\dot{A}\dot{F}|=1 \qquad (1\text{-}4\text{-}10)$$

放大电路的放大倍数应满足：

$$A_f \geqslant 3 \qquad (1\text{-}4\text{-}11)$$

（2）稳幅过程。

RC 文氏桥振荡电路的稳幅作用是靠热敏电阻 R_4 实现的。R_4 是正温度系数热敏电阻，当输出电压升高，R_4 上所加的电压升高，即温度升高，R_4 的阻值增加，负反馈增强，输出幅度下降。反之输出幅度增加。若热敏电阻是负温度系数，应放置在 R_3 的位置。

【例 1-4-2】电路如图 1-4-15 所示。问：（1）为保证电路正常的工作，节点 K、J、L、M 应该如何连接？（2）R_2 应该选多大才能振荡？（3）振荡的频率是多少？（4）R_2 使用热敏电阻时，应该具有何种温度系数？

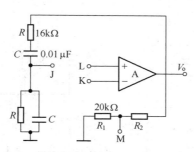

图 1-4-15　例 1-4-2 图

解：（1）运放 A 应构成放大电路，RC 串并联环节构成正反馈。所以 L 应连 J，M 应连 K。

（2）起振幅值条件是 $|AF|>1$，$A=1+R_2/R_1$，$|F|=1/3$，所以 $|A|>3$，$R_2=40\text{k}\Omega$。

（3）振荡频率 $f_0=1/(2\pi RC)=995\text{Hz}$。

（4）为了保证振荡频率的幅值条件，由 $|AF|>1$ 过渡到 $|AF|=1$，即 $|A|>3$ 过渡到 $|A|=3$，所以 R_2 应该具有负温度系数。

四、石英晶体正弦波振荡电路

1.　石英晶体的频率特性

石英振荡器是利用石英晶体的压电效应制成的。当外加交变电压的频率与晶片的固有频率相等时，机械振动的幅度将急剧增加，产生压电谐振现象，从而可制成振荡器。

石英晶体的符号如图 1-4-16（a）所示，它是将切成薄片的石英晶体置于两平板之间构成的，这种特殊的物质结构使它具有图 1-4-16（b）所示的频率特性（图中 f_0 是石英晶体的固有谐振频率，X 指石英晶体的阻抗）。

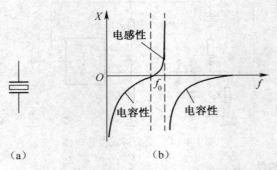

图 1-4-16　石英晶体的符号和频率特性

石英晶体发生压电谐振时，可用 L 和 C 分别模拟晶体的质量和弹性，振动时的摩擦损耗用 R 模拟，整个晶体等效为一个 LC 振荡器，因为其 Q 值极高，选频特性很好，所以振荡频率的稳定性可以高达 10^{-9} 甚至 10^{-10} 数量。

2. 石英晶体 LC 正弦波振荡电路

石英晶体振荡器电路的形式是多种多样的，但其基本电路只有两类，即并联型晶体振荡器（图 1-4-17）和串联型晶体振荡器（图 1-4-18）。

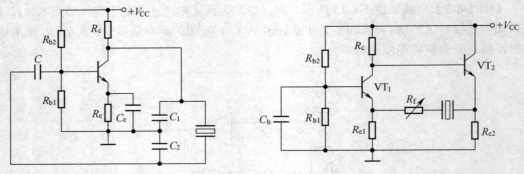

图 1-4-17　并联型石英晶体正弦波振荡电路　　　　图 1-4-18　串联型石英晶体振荡电路

串联型石英晶体作为一个反馈元件，工作在串联谐振状态。在并联型石英晶体正弦波振荡电路中，石英晶体作为一个高 Q 值的电感元件以并联谐振的形式出现，相当于一个大电感，组成电容三点式振荡器。

在石英晶体正弦波振荡电路中，当外加电压信号的频率等于石英晶体的固有谐振频率 f_0 时，石英晶体阻抗最小，正反馈最强，相移为零，满足振荡的相位平衡条件。也就是说频率为 f_0 的电压信号最容易通过石英晶体，而其他频率的信号则被大大衰减，因而由石英晶体构成的振荡电路所产生的振荡信号的频率主要取决于石英晶体本身的谐振频率 f_0，而与外接的电阻、电容无关，从而使振荡信号具有很高的频率。由于石英晶体振荡器频率稳定，选频特性好，由它构成的多谐振荡器具有很高的频率稳定性，故在时钟、计算机等高精度系统中常用作基准时钟信号。

链接二　非正弦波发生电路

在自动控制系统中，经常需要进行性能的测试以及信息的传送，这些都离不开一定的波形作为测试和传送的依据。在模拟系统中，经常用到的波形除了前面讲过的正弦波振荡电路以外，还有矩形波、锯齿波和三角波等。

一、运算放大器非线性工作区的特点

1. 运放工作在非线性区的判断方法

分析电路前，首先必须确定运放工作在线性区还是非线性区。由于运算放大器的电压放大倍数极高，因而输入端之间只要有微小电压，运算放大器便可进入非线性工作区域。故确定集成运算放大电路工作在非线性区的技巧就是集成运放工作在开环状态或者引入了正反馈环节。

2. 非线性工作区的特点

理想运放工作于非线性区，因其放大倍数趋于无穷大，所以输出电压只有两种可能：

$$u_o = \begin{cases} U_{OM} & u_+ => u_- \\ -U_{OM} & u_+ =< u_- \end{cases}$$

3. 电压传输特性

研究运算放大电路非线性应用，主要是分析其电压传输特性和绘制电压传输特性曲线。电压比较器的电压传输特性表示为：

$$u_o = f(u_i)$$

u_o 与 u_i 的关系曲线称为电压传输特性曲线。绘制电压传输特性曲线有三要素：确定输出电压的高、低电平 U_{OM} 和 $-U_{OM}$ 的值；求阈值电压 U_T（u_i 经过 U_T 时 u_o 跃变）。

二、电压比较电路

电压比较器是对输入信号进行鉴幅与比较的电路，是组成非正弦波发生电路的基本单元电路，在测量和控制中有着相当广泛的应用。电压比较器的基本功能是对两个模拟电压信号的电平值进行比较，并用输出电平的两个极端值（高、低电平）来表示比较的结果。利用集成运算放大电路的非线性区特点作为分析依据，分析时候注意电路中没有引入负反馈或正反馈。

1. 单门限电压比较器

因为电路只有一个门限电压 U_{REF}（U_R），故称为单门限比较器。

其特点是：工作在开环状态；因开环增益很大，比较器的输出只有高电平和低电平两个稳定状态，电路简单，灵敏度高，但抗干扰能力较差，容易发生误触发。

常见的单门限电压比较器介绍如下。

（1）过零比较器。

输入电压 u_i 与零电位比较，称为过零比较器。

$u_i < 0$ 时，$u_o = U_{OM}$；$u_i > 0$ 时，$u_o = -U_{OM}$。

电路及电压传输特性曲线如图 1-4-19 所示。

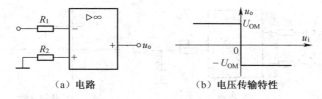

（a）电路　　　　　　（b）电压传输特性

图 1-4-19　反相输入过零比较器

【例 1-4-3】利用过零电压比较器将正弦波变换为方波。

解： 因为是过零电压比较器：

当 $u_i < 0$ 时，$u_o = U_{OM}$；当 $u_i > 0$ 时，$u_o = -U_{OM}$

对于同相输入的单门限比较器，当输入为正负对称的正弦波时，输出波形如图 1-4-20 所示。

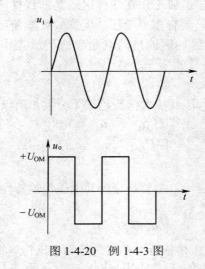

图 1-4-20　例 1-4-3 图

（2）一般电压比较器。

输入电压 u_i 与阈值电压 U_T 比较称为一般电压比较器，电路及电压传输特性如图 1-4-21 所示。$u_i < U_R$ 时，$u_o = U_{OM}$；$u_i > U_R$ 时，$u_o = -U_{OM}$。

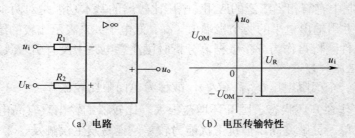

（a）电路　　　　　　　（b）电压传输特性

图 1-4-21　一般电压比较器

（3）限幅电压比较器。

输出端接稳压管限幅，如图 1-4-22 所示。设稳压管的稳定电压为 U_Z，忽略正向导通电压，则 $u_i > U_R$ 时，稳压管正向导通，$u_o = 0$；$u_i < U_R$ 时，稳压管反向击穿，$u_o = U_Z$。

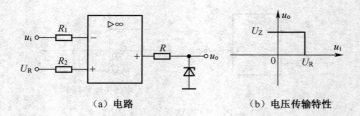

（a）电路　　　　　　　（b）电压传输特性

图 1-4-22　限幅电压比较器

2. 滞回比较器

单限比较器灵敏度高，但抗干扰能力弱。下面介绍抗干扰能力比较强的滞回比较器。

（1）电路特点。

滞回比较器（又叫迟滞比较器）是一个具有迟滞回环传输特性的比较器。由于正反馈作用，这种比较器的门限电压是随输出电压 u_o 的变化而变化的。在实际电路中为了满足负载的需要，通常在集成运放的输出端加稳压管限幅电路，从而获得合适的输出电压。电路如图 1-4-23 所示。

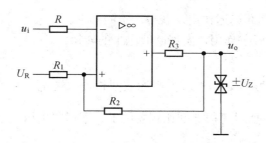

图 1-4-23　滞回比较器

（2）工作原理。

滞回比较器的输出电压为：

$$u_o = \pm U_Z$$

则可得滞回比较器的运放同相输入端：

$$U_P = \frac{U_R R_1}{R_1 + R_2} \pm \frac{U_Z R_2}{R_1 + R_2} \qquad (1\text{-}4\text{-}12)$$

考虑到滞回比较器翻转时有 $u_P \approx u_N$，所以上、下门限电压分别为

$$\begin{cases} U_{T-} = \dfrac{U_R R_1 - U_Z R_2}{R_1 + R_2} \\ U_{T+} = \dfrac{U_R R_1 + U_Z R_2}{R_1 + R_2} \end{cases} \qquad (1\text{-}4\text{-}13)$$

$$\Delta U = U_{T+} - U_{T-} \qquad (1\text{-}4\text{-}14)$$

$\Delta U = U_{T+} - U_{T-}$ 称为回差电压或者门限宽度。

当 u_i 逐渐增大时，只要 $u_i < U_{T+}$，则 $u_o = U_Z$，一旦 $u_i > U_{T+}$，则 $u_o = -U_Z$；当 u_i 逐渐减小时，只要 $u_i > U_{T-}$，则 $u_o = -U_Z$，一旦 $u_i < U_{T-}$，则 $u_o = U_Z$。

（3）传输特性。

由于滞回比较器中正反馈的作用，电源接通后瞬间，输出便进入饱和状态。电压传输特性如图 1-4-24 所示。

三、矩形波发生器

非正弦波形发生电路应有以下几个基本组成部分：具有开关特性的器件、反馈网络、延迟环节。如果要求产生三角波或锯齿波，还应加积分环节。

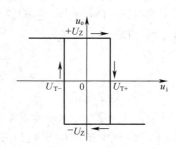

图 1-4-24　滞回比较器的电压传输特性曲线

分析非正弦波发生电路能否发生振荡的基本方法是：检查非正弦波发生电路的组成环节是否具有作为开关的器件、反馈网络和延迟环节等，分析它是否满足非正弦波的振荡条件。

矩形波有两种：一种是输出电压处于高电平和低电平的时间相等，叫"方波"；另一种是输出电压处于高电平和低电平的时间不等，叫"矩形波"。下面先介绍方波发生电路，再介绍矩形波发生电路。

1. 方波发生器电路

迟滞电压比较器和 RC 充放电回路可构成方波发生器。电路如图 1-4-25 所示，各部分作用如下：

- RC 电路：起反馈和延迟作用，获得一定的频率。
- 滞回比较器：起开关作用，实现高低电平的转换。

2. 工作原理

滞回比较器的输出电压为 $u_o = \pm U_Z$，则运放同相输入端 $u_P = \dfrac{R_2}{R_2 + R_3}(\pm U_Z)$，考虑到滞回比较器翻转时有 $u_P \approx u_N$，所以可得滞回比较器的上、下门限电压分别为

$$\begin{cases} U_{T+} = \dfrac{R_2}{R_2 + R_1}(+U_Z) \\[3mm] U_{T-} = \dfrac{R_2}{R_2 + R_1}(-U_Z) \end{cases} \tag{1-4-15}$$

方波发生器的波形和电容器充、放电时的波形如图 1-4-26 所示。

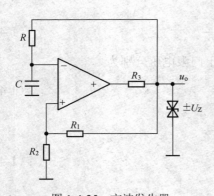

图 1-4-25　方波发生器

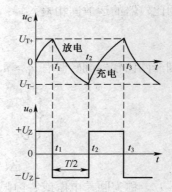

图 1-4-26　方波发生电路的波形

3. 振荡周期

从图 1-4-26 可以看出，u_C 的值从 t_1 时刻的 U_{T+} 下降到 t_2 时刻的 U_{T-} 所需要的时间就是振荡周期的一半，即：

$$T = 2RC \ln\left(1 + \frac{2R_2}{R_1}\right) \tag{1-4-16}$$

4. 矩形波发生电路

电路如图 1-4-27 所示。若忽略二极管 VD_1 和 VD_2 导通时的管压降，则电容器充电的时间常数为 RC，而放电的时间常数为 $R'C$。

输出电压处于高电平的时间（即电容器充电的时间）T_1 和处于低电平的时间 T_2 为：

$$T_1 = RC \ln\left(1 + \frac{2R_2}{R_3}\right)$$

$$T_2 = R'C \ln\left(1 + \frac{2R_2}{R_3}\right)$$

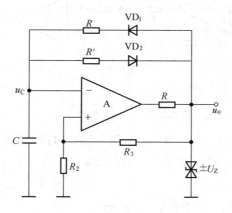

图 1-4-27 矩形波发生电路

输出波形的周期为：

$$T = T_1 + T_2 = \left(R_w + 2R_1\right) C \ln\left(1 + \frac{2R_2}{R_3}\right) \tag{1-4-17}$$

$$D = \frac{T_1}{T} = \frac{R}{R + R'} = \frac{1}{1 + \frac{R'}{R}} \tag{1-4-18}$$

若选择 $RC \ll R'C$，则 $T_1 \ll T_2$。此时输出电压和电容器电压的波形如图 1-4-28 所示。

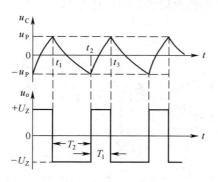

图 1-4-28 输出电压和电容电压的波形

输出波形的周期 $T = T_1 + T_2$。矩形波高电平时间与其周期 T 之比称为占空比，为了改变输出方波的占空比，可改变电容器 C 的充电和放电时间常数，即可得占空比可调的矩形波发生电路。

四、三角波发生电路

1. 电路组成

只要将方波电压作为积分运算电路的输入，在积分运算电路的输出就得到三角波电压，如图 1-4-29 所示。由方波发生器和反相积分器组成，三角波的周期由方波发生器确定，其幅值也由周期 T 和参数 R、C 决定。

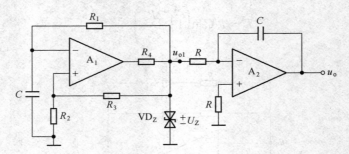

图 1-4-29　三角波发生电路

三角波发生电路的输出电压 $u_{o1} = +U_Z$ 时，积分运算电路的输出电压 u_o 将线性下降；而当 $u_{o1} = -U_Z$ 时，u_o 将线性上升。波形如图 1-4-30 所示。

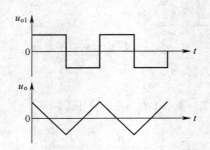

图 1-4-30　三角波波形

在实用电路中，一般不采用上述波形变换的手段获得三角波，而是将方波发生电路中的 RC 充、放电回路用积分运算电路来取代，滞回比较器和积分电路的输出互为另一个电路的输入，如图 1-4-31 所示。

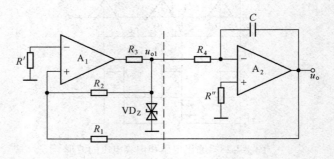

图 1-4-31　三角波实用电路

2. 工作原理

分析方法同矩形波。假定接通电源后，比较器的输出 $u_{o1} = +U_Z$，则门限电压为 U_{T-}。u_{o1} 经 R_4 向电容器 C 充电，$u_o(=u_{P1})$ 线性下降，当 u_o 下降到下门限电压 U_{T-} 时，使 $u_{P1} \approx u_{N1}$，比较器的输出 u_{o1} 从 $+u_Z$ 跳变到 $-U_Z$，同时，门限电压上跳到 U_{T+}，以后 $u_{o1} = -U_Z$ 使电容器 C 经 R_4 放电，$u_o(=u_{P1})$ 线性上升，当 u_o 上到上门限电压 U_{T+} 时，使 $u_{P1} \approx u_{N1}$，比较器的输出 u_{o1} 又从 $-U_Z$

跳变到$+U_Z$，如此周而复始，就产生了振荡。

上、下门限电压为：

$$
\begin{cases}
U_{T+} = \dfrac{R_1}{R_2} U_Z \\[2mm]
U_{T-} = -\dfrac{R_1}{R_2} U_Z
\end{cases}
\tag{1-4-19}
$$

3. 振荡周期

$$
T = \frac{4R_1 R_4 C}{R_2}
\tag{1-4-20}
$$

五、锯齿波发生电路

1. 电路组成

改变三角波发生器中积分电路的充放电时间常数，使放电的时间常数为 0，则把三角波发生器转换成了锯齿波发生电路。锯齿波发生电路如图 1-4-32 所示。

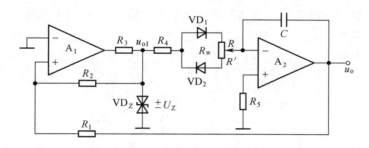

图 1-4-32　锯齿波发生器

2. 工作原理

当比较器的输出电压为 $u_{o1} = +U_Z$ 时，u_{o1} 经 R_4、VD_1 和 R 向 C 充电，时间常数为 $(R_4+R)C$（设二极管的内阻可忽略不计）。当比较器的输出电压为 $u_{o1} = -U_Z$ 时，u_{o1} 使 C 经 R_4、VD_2 和 R' 放电，时间常数为 $(R_4+R')C$。若选取 $R \ll R'$，则积分电路输出波形的上升速率小于下降速率，其波形如图 1-4-33 所示。

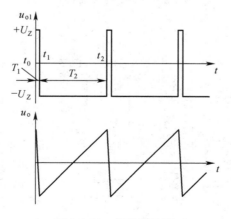

图 1-4-33　锯齿波波形

3. 振荡周期

$$T_1 = \frac{2R_1R'C}{R_2}$$

$$T_2 = \frac{2R_1RC}{R_2}$$

$$T = T_1 + T_2 = \frac{2R_1(R' + R)C}{R_2} \tag{1-4-21}$$

项目实训

任务一　比较电路仿真分析

（1）打开 Multisim 软件。

（2）从元器件库中调出所需的元器件。

（3）接入元件，搭建单限比较器和滞回比较器电路（图 1-4-34 和图 1-4-35）。

（4）电路仿真运行。

（5）观察、分析。

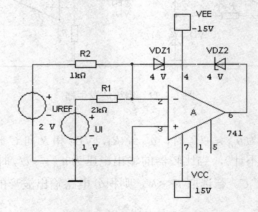

图 1-4-34　单限比较器

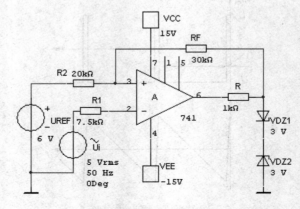

图 1-4-35　滞回比较器

任务二 正弦波振荡电路仿真分析

（1）打开 Multisim 软件。

（2）从元器件库中调出所需的元器件，设置参数。

（3）接入元件和示波器。

（4）搭建电路（图 1-4-36）。

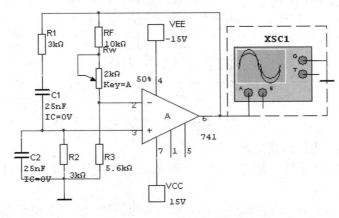

图 1-4-36 正弦波振荡电路

（5）调整参数，电路仿真运行。

（6）改变电阻、电容及电位器等参数，观察正弦波振荡电路起振到稳定的波形变化。

任务三 非正弦波波形发生电路仿真分析

（1）打开 Multisim 软件。

（2）从元器件库中调出所需的元器件。

（3）接入示波器。

（4）设置参数，接入元件，搭建电路（图 1-4-37 和图 1-4-38）。

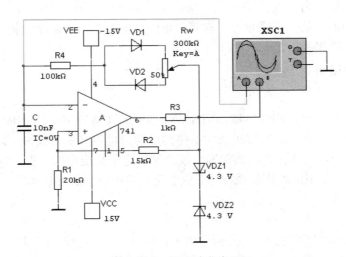

图 1-4-37 矩形波发生器

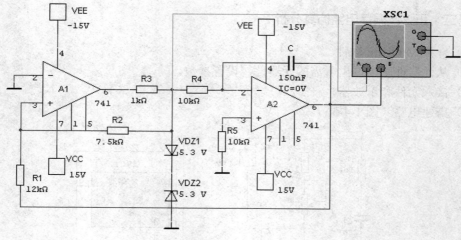

图 1-4-38 三角波发生器

（5）调整参数，电路仿真运行。

（6）在矩形波发生器中，通过改变电位器 R_W，可改变矩形波的占空比，观察波形。

（7）分析、小结。

（8）锯齿波仿真：在三角波发生器的基础上加电位器，当调节电位器时，就可改变电容 C 的充放电时间，输出锯齿波，即可以构成锯齿波发生器（参考图 1-4-38 所示电路，学生自己完成该电路搭建及仿真分析）。

任务四 RC 桥式正弦波振荡电路性能测试

一、实训目的

（1）熟悉 RC 桥式正弦波振荡电路的结构及工作原理。

（2）掌握正弦波振荡电路的调整和测试方法。

二、实训设备与器件

函数信号发生器一台；交流毫伏表一块；示波器一台；万用表一块；电烙铁一把；集成三端稳压器 CW7806 一块；二极管、三极管、电阻、电容若干；镊子一把；铆钉电路板一块；焊锡、焊剂若干；单相变压器一台。

三、实训原理说明

1. 电路组成

电路如图 1-4-39 所示。由变压器、$VD_1 \sim VD_4$、C_1、CW7806、C_2 构成。VT_1、VT_2、$R_3 \sim R_{11}$ 及 $C_5 \sim C_8$ 是由两个分压式共射极放大电路构成的两极阻容耦合放大电路；R_P、C_{10} 组成负反馈网络，电路中引入负反馈，即改善输出波形又稳定了输出电压；R_1、R_2、C_3、C_4 是 RC 串并联选频网络，构成了电路的正反馈网络，由于正反馈电路构成电桥形式，所以这样的振荡器又叫 RC 桥式振荡器。

2. 测量原理

将被测信号加在"Y 轴输入"，其频率为 f_Y；加在"X 轴输入端"其频率 f_X；用李沙育图形求被测信号频率的原理：在李沙育图上画一条垂直切割线 Y 和一条水平切割线 X，使它们与图形交点最多，其交点数为 n_Y 和 n_X，被测信号频率 f_Y 与函数信号发生器输出信号频率 f_X 之比 $f_Y : f_X = n_X : n_Y$，所以调节函数信号发生器输出正弦波信号的频率，在荧光屏上出现椭圆（或圆）图形时，$f_Y : f_X = 1:1$，即 $f_Y = f_X$。

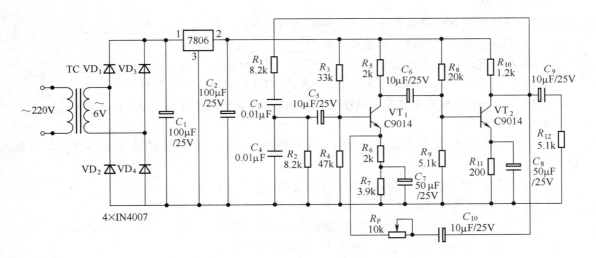

图 1-4-39　RC 正弦波振荡电路

四、RC 桥式正弦波振荡电路的焊接、安装及调试

（1）按电路图焊接、安装，检查无误后再接通电源，测试放大电路的闭环电压放大倍数。

（2）用示波器测试 RC 桥式正弦波振荡电路的输出波形，并画出测量波形。

（3）用李沙育法测量 RC 桥式正弦波振荡电路的振荡频率 f。

（4）分析 RC 桥式正弦波振荡电路的工作原理。

（5）叙述操作过程中出现的问题并说明原因。

关键知识点小结

本项目是波形产生和变换电路。主要介绍了正弦波振荡电路和集成运放非线性应用电路。振荡电路实质上是一个将反馈信号作为输入信号来维持输出的正反馈闭环系统，所以正弦波振荡电路结构上必须包括放大电路、选频网络和反馈网络，根据选频网络的结构不同，正弦波振荡电路分为 RC 振荡器、LC 振荡器和石英晶体振荡器。一般 1MHz 以下的场合常采用 RC 正弦波振荡器；而 LC 正弦波振荡器可以产生较高频率的正弦波；石英晶体振荡器的频率稳定性很高。

集成运放非线性应用时，若是开环或正反馈，则集成运放工作在非线性区，有：$u_+ \neq u_-$，输出 u_o 非 $+U_{OM}$ 即 $-U_{OM}$。

集成运放开环可组成过零电压比较器、单限电压比较器，正反馈可组成迟滞电压比较器。迟滞电压比较器和 RC 充放电回路可构成矩形波发生器，在矩形波发生器的基础上加上积分电路就构成了三角波和锯齿波发生器。

知识与技能训练

1-4-1 填空。

（1）正弦波振荡电路的自激振荡条件包含两个条件，即_____和_____。

（2）石英晶体能做成谐振器是基于它的_____效应。

（3）集成运放用作比较器时，常工作于_____状态。

（4）_____振荡电路适合于需要低频信号的场合使用，其振荡频率为_____。

（5）如果正弦波振荡电路反馈网络的相移为 φ_f，放大电路的相移为 φ_a，那么只有_____才满足相位平衡条件。

（6）当 RC 桥式正弦波振荡电路的反馈系数 $|\dot{F}|=1/3$，振荡电路的起振条件电压放大倍数应为_____。

（7）单限比较器的抗干扰能力比滞回比较器_____。

1-4-2 判断下列说法是否正确，对的在括号内打"√"，否则打"×"。

（　）（1）石英晶体振荡电路的振荡频率与晶体的切割方式、几何尺寸有关。

（　）（2）滞回比较器的抗干扰能力比单限比较器强。

（　）（3）石英晶体振荡电路常用于频率稳定要求高的振荡电路中。

（　）（4）RC 桥式正弦波振荡电路在 $R_1=R_2=R$、$C_1=C_2=C$ 时，振荡频率 $f_0=1/RC$。

（　）（5）振荡频率在 100Hz～1kHz 范围内的正弦波振荡电路要选择 LC 类型的正弦波振荡电路。

（　）（6）从结构上来看，正弦波振荡电路是一个没有输入信号的带选频网络的正反馈放大器。

（　）（7）负反馈电路不可能产生自激振荡。

1-4-3 试分别判断题 1-4-3 图所示电路是否满足正弦波振荡的相位条件。

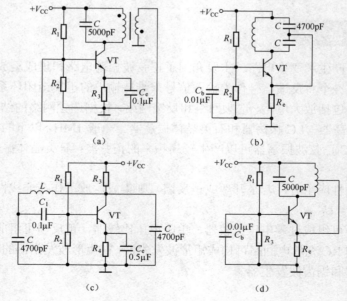

(a)　　　　　　　　(b)

(c)　　　　　　　　(d)

题 1-4-3 图

1-4-4 用理想运放组成的正弦波振荡电路如题 1-4-4 图所示。图中 R_t 为热敏电阻，两个电容 C 为双连电容，即可同时调整其大小的电容器。（1）试标出运放 A 的同相、反相端。（2）说明热敏电阻的作用。（3）要求振荡频率在 500～5000Hz 范围内连续可调，试确定电容 C 的调整范围。

1-4-5 题 1-4-5 图所示电路为一个单限电压比较器，集成运放的饱和电压为 ±10V，R_2=20kΩ，R_1=10kΩ，的稳压值分别为 6V，基准电压 U_R=2V，输入正弦电压 $u(t)=10\sqrt{2}\sin314t$。求：（1）作出比较器的传输特性曲线。（2）输出电压波形。

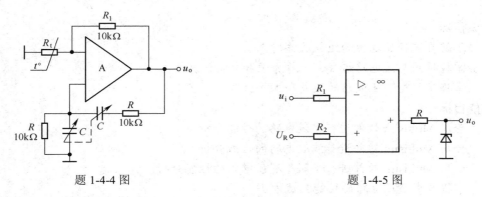

题 1-4-4 图   题 1-4-5 图

1-4-6 题 1-4-6 图所示电路中，R_1=R_2=5kΩ，基准电压 U_R=2V，稳压管的稳定电压 U_Z=±5V，输入电压为幅值是 ±5V 的三角波，试画出输出电压的波形。

1-4-7 电路如题 1-4-7 图所示，设稳压管 VD_Z 的双向稳压值为 6V。求：（1）试画出该电路的传输特性。（2）画出幅值为 6V 的正弦信号电压 u_i 所对应的输出电压 u_o 波形。

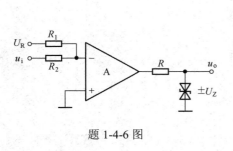

题 1-4-6 图

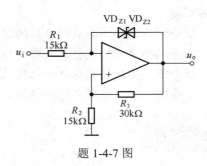

题 1-4-7 图

项目五　直流稳压电源

知识目标

　　了解直流稳压电源的组成及作用

　　掌握桥式整流电路组成、工作原理和分析计算

　　掌握串联型稳压电路的组成和工作原理

技能目标

　　会用 Multisim 软件进行整流电路的性能分析

　　会用 Multisim 软件进行滤波电路的性能分析

　　会用 Multisim 软件进行串联型稳压电路的性能分析

　　掌握集成稳压电路的性能测试方法

知识链接

　　链接一　整流电路

　　链接二　滤波电路

　　链接三　直流稳压电路

项目实训

　　任务一　三端式集成稳压器的识别

　　任务二　单相桥式整流电路的仿真分析

　　任务三　串联型直流稳压电路的仿真分析

　　任务四　直流稳压电源的性能测试

　　设计一个直流稳压电源。

　　在实际应用的电源中，除了广泛使用的交流电源外，直流电源也是在许多场合都需要使用的电源。目前各种电子电路和自动控制装置广泛采用直流稳压电源。直流电源是一种能量转换装置，它把其他形式的能量转换为电能供给电路，以维持电流的稳恒流动。电路如图 1-5-1 所示。

　　常用的小功率半导体直流稳压电源系统由电源变压器、整流电路、滤波电路和稳压电路四部分组成，如图 1-5-2 所示。

　　变压器的作用是能够将 220V 的交流电压变成所需幅值的交流电压。

　　整流电路的作用是能够将交流电压变成单向脉动的直流电压。

　　滤波电路的作用是能够滤去整流后所得到的单向脉动直流电压中的交流成分，使输出电压平滑。

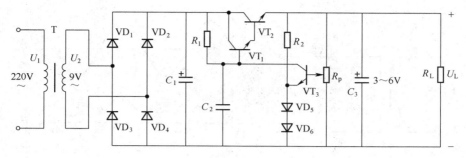

图 1-5-1   直流稳压电源

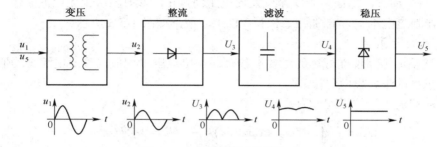

图 1-5-2   直流稳压电源的组成

稳压电路的作用是当交流电源电压波动或负载变化时，通过该电路的自动调节作用，使输出的直流电压稳定。

知识链接

链接一   整流电路

一、单相半波整流电路

整流电路是将工频交流电转变为具有直流电成分的脉动直流电。由于二极管具有单向导电性，故利用二极管可进行整流。

整流电路是利用具有单向导电性能的整流元件如二极管等，将工频交流电转换成单向脉动直流电的电路。整流电路有多种形式，按交流电源的相数划分，可分为单相整流电路和三相整流电路；按电路的结构形式划分，可分为半波、全波和桥式整流电路。目前广泛使用的是桥式整流电路。

1. 单相半波电路

单相半波电路及波形如图 1-5-3 所示。单相半波电路的优点是电路简单，但是其缺点是输出电压波动太大。

2. 工作原理

当变压器副边正弦交流电压 u_2 为正半周时，二极管 VD 承受正向电压而导通，此时有电流流过负载，并且和二极管上的电流相等，即 $i_o = i_d$。忽略二极管的电压降，则负载两端的输出电压等于变压器副边电压，即 $u_o = u_2$，输出电压 u_o 的波形与 u_2 相同。

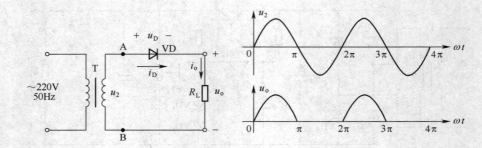

图 1-5-3　单相半波整流电路及波形

当 u_2 为负半周时，二极管 VD 承受反向电压而截止。此时负载上无电流流过，输出电压 $u_o=0$，变压器副边电压 u_2 全部加在二极管 VD 上。波形如图 1-5-3 所示。

3. 主要参数计算

用于描述整流电路性能好坏的主要参数有：输出电压平均值、输出电流平均值、脉动系数和二极管承受的最大反向电压。

单相半波整流电压的平均值为：

$$U_o = \frac{1}{2\pi}\int_0^\pi \sqrt{2}U_2 \sin\omega t \, d(\omega t) = \frac{\sqrt{2}}{\pi}U_2 = 0.45U_2 \tag{1-5-1}$$

流过负载电阻 R_L 的电流平均值为：

$$I_o = \frac{U_o}{R_L} = 0.45\frac{U_2}{R_L} \tag{1-5-2}$$

流经二极管的电流平均值与负载电流平均值相等，即：

$$I_D = I_o = 0.45\frac{U_2}{R_L} \tag{1-5-3}$$

二极管截止时承受的最高反向电压为 u_2 的最大值，即：

$$U_{RM} = U_{2M} = \sqrt{2}U_2 \tag{1-5-4}$$

【例 1-5-1】有一单相半波整流电路，如图 1-5-3 所示。已知负载电阻 $R_L = 750\Omega$，变压器副边电压 $U_2 = 20\,V$，试求 U_o、I_o，并选用二极管。

解：
$$U_o = 0.45U_2 = 0.45 \times 20 = 9V$$

$$I_o = \frac{U_o}{R_L} = \frac{9}{750} = 0.012A = 12mA$$

$$I_D = I_o = 12mA$$

$$U_{DRM} = \sqrt{2}U_2 = \sqrt{2} \times 20 = 28.2V$$

查半导体手册，二极管可选用 2AP4，其最大整流电流为 16mA，最高反向工作电压为 50V。为了使用安全，二极管的反向工作峰值电压要选得比 U_{DRM} 大一倍左右。

二、单相桥式整流电路

1. 电路

单相桥式整流电路如图 1-5-4 所示。

2. 工作原理

u_2 为正半周时，二极管 VD$_1$、VD$_3$ 承受正向电压而导通，VD$_2$、VD$_4$ 承受反向电压而截止。

此时电流的路径为：a→VD₁→R_L→VD₃→b。

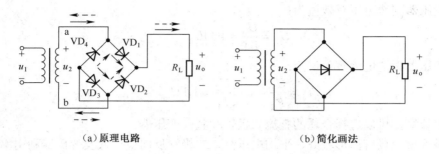

（a）原理电路　　　　　　　　（b）简化画法

图 1-5-4　单相桥式整流电路

u_2 为负半周时，二极管 VD₂、VD₄ 承受正向电压而导通，VD₁、VD₃ 承受反向电压而截止。此时电流的路径为：b→VD₂→R_L→VD₄→a。

3. 波形

波形如图 1-5-5 所示。

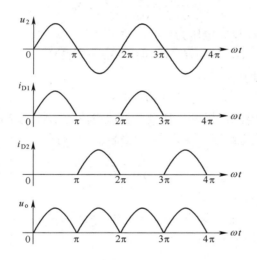

图 1-5-5　单相桥式整流电路波形

4. 主要参数计算

单相桥式整流电压的平均值为：

$$U_o = \frac{1}{\pi}\int_0^{\pi}\sqrt{2}U_2 \sin\omega t\,\mathrm{d}(\omega t) = 2\frac{\sqrt{2}}{\pi}U_2 = 0.9U_2 \tag{1-5-5}$$

流过负载电阻 R_L 的电流平均值为：

$$I_o = \frac{U_o}{R_L} = 0.9\frac{U_2}{R_L} \tag{1-5-6}$$

流经每个二极管的电流平均值为负载电流的一半，即：

$$I_D = \frac{1}{2}I_o = 0.45\frac{U_2}{R_L} \tag{1-5-7}$$

每个二极管在截止时承受的最高反向电压为 u_2 的最大值，即：

$$U_{RM} = U_{2M} = \sqrt{2}U_2 \qquad (1\text{-}5\text{-}8)$$

整流变压器副边电压有效值为：

$$U_2 = \frac{U_o}{0.9} = 1.11 U_o \qquad (1\text{-}5\text{-}9)$$

整流变压器副边电流有效值为：

$$I_2 = \frac{U_2}{R_L} = 1.11 \frac{U_2}{R_L} = 1.11 I_o \qquad (1\text{-}5\text{-}10)$$

由以上计算，可以选择合适的整流二极管和整流变压器。

由于桥式整流具有波形较好、平均电压高、二极管反向电压低及变压器利用率高的优点，在实际应用中整流电路大都使用桥式整流电路。

【例 1-5-2】试设计一台输出电压为 24V、输出电流为 1A 的直流电源，电路形式可采用半波整流或全波整流，试确定两种电路形式的变压器副边绕组的电压有效值，并选定相应的整流二极管。

解：（1）当采用半波整流电路时，变压器副边绕组电压有效值为：

$$U_2 = \frac{U_o}{0.45} = \frac{24}{0.45} = 53.3 \text{ V}$$

整流二极管承受的最高反向电压为：

$$U_{RM} = \sqrt{2}U_2 = 1.41 \times 53.3 = 75.2 \text{ V}$$

流过整流二极管的平均电流为：

$$I_D = I_o = 1 \text{ A}$$

因此可选用 2CZ12B 整流二极管，其最大整流电流为 3A，最高反向工作电压为 200V。

（2）当采用桥式整流电路时，变压器副边绕组电压有效值为：

$$U_2 = \frac{U_o}{0.9} = \frac{24}{0.9} = 26.7 \text{ V}$$

整流二极管承受的最高反向电压为：

$$U_{RM} = \sqrt{2}U_2 = 1.41 \times 26.7 = 37.6 \text{ V}$$

流过整流二极管的平均电流为：

$$I_D = \frac{1}{2}I_o = 0.5 \text{ A}$$

可选用四只 2CZ11A 整流二极管，其最大整流电流为 1A，最高反向工作电压为 100V。

链接二　滤波电路

整流电路可以将交流电转换为直流电，但整流电路的输出电压为单向脉动直流电压，脉动较大，这种脉动直流电压含有很大的波动成分，在某些应用中如电镀、蓄电池充电等可直接使用脉动直流电源。但许多电子设备需要质量较好的平稳的直流电源，这种电源中的整流电路后面还需加滤波电路将交流成分滤除，以得到比较平滑的输出电压。滤波通常是利用电容或电感的能量存储功能来实现的。

滤波电路是将脉动直流中的交流成分滤除，减少交流成分，增加直流成分。利用电抗性元件对交、直流阻抗的不同，可实现滤波。滤波电路一般由电容、电感和电阻组成，常用的滤波电路有电容滤波电路、LC 滤波电路、二形 LC 滤波电路、二形 RC 滤波电路等。

一、电容滤波电路

1. 电路

利用电容器对直流开路、对交流阻抗小的特点可以构成滤波电路，C 应该并联在负载两端，电路如图 1-5-6（a）所示。

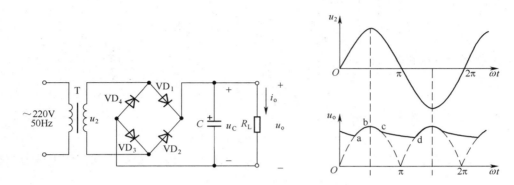

图 1-5-6　电容滤波电路及波形

2. 工作原理

假设电路接通时恰恰在 u_2 由负到正过零的时刻，这时二极管 VD 开始导通，电源 u_2 在向负载 R_L 供电的同时又对电容 C 充电。如果忽略二极管正向压降，电容电压 u_C 紧随输入电压 u_2 按正弦规律上升至 u_2 的最大值。然后 u_2 继续按正弦规律下降，且 $u_2 < u_C$，使二极管 VD 截止，而电容 C 则对负载电阻 R_L 按指数规律放电。u_C 降至 u_2 大于 u_C 时，二极管又导通，电容 C 再次充电……这样循环下去，u_2 周期性变化，电容 C 周而复始地进行充电和放电，使输出电压脉动减小，如图 1-5-6（b）所示。电容 C 放电的快慢取决于时间常数（$\tau = R_L C$）的大小，时间常数越大，电容 C 放电越慢，输出电压 u_o 就越平坦，平均值也越高。

电容滤波电路的输出电压在负载变化时波动较大，说明它的带负载能力较差，只适用于负载较轻且变化不大的场合。一般常用如下经验公式估算电容滤波时的输出电压平均值。

经过滤波后的输出电压平均值 U_o 得到提高。工程上，一般按下式估算 U_o 与 U_2 的关系：

半波时
$$U_o = U_2 \tag{1-5-11}$$

全波时
$$U_o = 1.2 U_2 \tag{1-5-12}$$

为了获得较平滑的输出电压，负载上直流电压平均值及其平滑程度与放电时间常数 $\tau = RC$ 有关，τ 愈大，放电愈慢，输出电压平均值愈大，波形愈平滑。实际应用中一般要求 $R_L \geqslant (10 \sim 15) \dfrac{1}{\omega C}$，即：

$$\tau = R_L C \geqslant (3 \sim 5) \frac{T}{2} \tag{1-5-13}$$

式中 T 为交流电压的周期。滤波电容 C 一般选择体积小、容量大的电解电容器。应注意，普通电解电容器有正、负极性，使用时正极必须接高电位端，如果接反会造成电解电容器的损坏。加入滤波电容以后，二极管导通时间缩短，且在短时间内承受较大的冲击电流（$i_C + i_o$），为了保证二极管的安全，选管时应放宽裕量。

单相半波整流、电容滤波电路中，二极管承受的反向电压为 $u_{DR} = u_C + u_2$，当负载开路时，承受的反向电压最高，为：

$$U_{\text{RM}} = 2\sqrt{2}U_2 \tag{1-5-14}$$

【例 1-5-3】 设计一个单相桥式整流、电容滤波电路。要求输出电压 $U_{\text{o}} = 48\,\text{V}$，已知负载电阻 $R_{\text{L}} = 100\,\Omega$，交流电源频率为 50Hz，试选择整流二极管和滤波电容器。

解：流过整流二极管的平均电流：

$$I_{\text{D}} = \frac{1}{2}I_{\text{o}} = \frac{1}{2} \cdot \frac{U_{\text{o}}}{R_{\text{L}}} = \frac{1}{2} \times \frac{48}{100} = 0.24\text{A} = 240\,\text{mA}$$

变压器副边电压有效值：

$$U_2 = \frac{U_{\text{o}}}{1.2} = \frac{48}{1.2} = 40\,\text{V}$$

整流二极管承受的最高反向电压：

$$U_{\text{RM}} = \sqrt{2}U_2 = 1.41 \times 40 = 56.4\,\text{V}$$

因此可选择 2CZ11B 作整流二极管，其最大整流电流为 1 A，最高反向工作电压为 200V。取 $\tau = R_{\text{L}}C = 5 \times \dfrac{T}{2} = 5 \times \dfrac{0.02}{2} = 0.05\,\text{s}$，则：

$$C = \frac{\tau}{R_{\text{L}}} = \frac{0.05}{100} = 500 \times 10^{-6}\,\text{F} = 500\,\mu\text{F}$$

二、电感及复合滤波电路

电感滤波电路是利用电感的通直隔交作用来实现滤波作用的。由于电感对交流呈现一定的阻抗，整流后所得到的单向脉动直流电中的交流成分将降落在电感上。感抗越大，降落在电感上的交流成分越多；又由于若忽略电感的电阻，电感对于直流没有压降，所以整流后所得到的单向脉动直流电中的直流成分经过电感，全部落在负载电阻上，从而使得负载电阻上所得到的输出电压的脉动减小，达到滤波目的。

1. 电路

电感器 L 对直流阻抗小，对交流阻抗大，因此 L 应与负载串联。电路如图 1-5-7 所示。

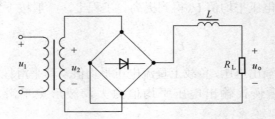

图 1-5-7　电感滤波电路

2. 工作原理

当通过电感的电流增大时，电感产生的自感电动势与电流方向相反，阻止电流的增加同时将一部分电能存储于电感中；当通过电感的电流减小时，电感产生的自感电动势与电流方向相同，阻止电流减小的同时将一部分存储于电感中的能量释放，以补偿电流的减小；在信号的半个周期中，整流二极管均导通；利用电感的储能作用，可以减小输出电压和电流的纹波，且 L 越大，R_{L} 越小，滤波效果越好，电感滤波适用于负载电流较大的场合。经过电感滤波后的输出电压约为 $U_{\text{L}}=0.9U_2$。它的缺点是制作复杂、体积大、笨重且存在电磁干扰。

三、复式滤波电路

复式滤波电路有多种形式，如图 1-5-8 所示。

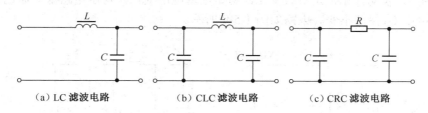

（a）LC 滤波电路   （b）CLC 滤波电路   （c）CRC 滤波电路

图 1-5-8 复式滤波电路

LC、CLC π 型滤波电路适用于负载电流较大，要求输出电压脉动较小的场合。在负载较轻时，经常采用电阻替代笨重的电感，构成 CRC π 型滤波电路，同样可以获得脉动很小的输出电压。但电阻对交、直流均有压降和功率损耗，故只适用于负载电流较小的场合。

【例 1-5-4】 在单相桥式整流电容滤波电路中，已知交流电源的频率 50Hz，要求输出直流电压为 30V，输出电流为 0.3A。试求：（1）变压器副边电压有效值。（2）选择整流二极管。

解：（1）变压器副边电压有效值为：

$$U_2 = \frac{U_{\text{O(AV)}}}{1.2} = \frac{30}{1.2} = 25\text{V}$$

（2）流过二极管电流的平均值为：

$$I_{\text{D(AV)}} = \frac{1}{2} I_{\text{O(AV)}} = \frac{0.3}{2} = 0.15\text{A}$$

二极管承受的最大反向电压为：

$$U_{\text{Rmax}} = \sqrt{2} U_2 = \sqrt{2} \times 25 \approx 35.4\text{V}$$

可以选择 4 只 2CP21 二极管，其最大整流平均电流为 0.3A，最高反向工作电压为 100V。

链接三 直流稳压电路

许多自动控制装置需要用稳定性非常高的直流电源。而经过整流和滤波后得到的直流电压易受到电网电压波动、负载和环境温度变化的影响而发生变化。因此，还需要在滤波电路后加上稳压电路才能获得稳定性高的直流电压。将不稳定的直流电压变换成稳定且可调的直流电压的电路称为直流稳压电路。

直流稳压电路按调整元件与负载的连接方式，分为并联型稳压电路和串联型稳压电路，最简单的稳压电路是硅稳压管并联型稳压电路，但其稳压性能较差；串联型稳压电路稳压性能好、负载能力强且输出稳压电压可调，按调整器件的工作状态可分为线性稳压电路和集成稳压电路两大类。前者使用起来简单易行，但转换效率低，体积大；后者体积小，转换效率高，但控制电路较复杂。随着自关断电力电子器件和电力集成电路的迅速发展，开关电源已得到越来越广泛的应用。

一、并联型稳压电路

1. 电路组成

并联型稳压电路是由稳压二极管组成的，又称为稳压管稳压电路。将滤波电路的输出电压送到稳压电路的输入端，输出电压就是稳压管的稳定电压。

该电路由一个稳压管 VD_Z 和一个电阻 R 组成，调整稳压管 VD_Z 与负载并联。电阻 R 称为限流电阻，它的作用就是限制流过稳压管的电流，使之不要超过 I_{Zmax}。输入电压 U_i 波动时会引起输出电压 U_o 波动。无论是负载变化，还是电网电压变化，稳压电路都能通过自动调节，使负载两端电压 U_o 保持不变。电路如图 1-5-9 所示。

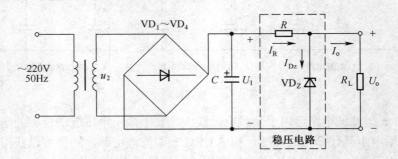

图 1-5-9 并联型硅稳压管稳压电路

2. 稳压原理

不论是电网电压变化还是负载变化引起的输出电压 U_o 变化，电路都可以通过自动调节来稳定输出电压 U_o。它的稳压原理可以通过下列过程说明：

当电网波动导致输入电压 U_i 升高时，输出电压 U_o 将随之升高，导致稳压管的电流 I_Z 急剧增加，使得电阻 R 上的电流 I 和电压 U_R 迅速增大，从而使 U_o 基本上保持不变。反之，当 U_i 减小时，也会导致输出电压 U_o 随之减小，通过稳压管的自动调节，仍可保持 U_o 基本不变。

当负载波动导致输出电流 I_o 发生变化时，将引起输出电压 U_o 发生变化，同样导致稳压管的电流 I_Z 随之变化，使 U_o 保持基本稳定。如当 I_o 增大时，I 和 U_R 均会随之增大使得 U_o 下降，这将导致 I_Z 急剧减小，使 I 仍维持原有数值，保持 U_R 不变，使得 U_o 得到稳定。

二、串联型稳压电路

1. 电路的组成

电路调整三极管 VT_1 与负载串联。由三极管 VT_1、VT_2，稳压管 VD_Z 和多个电阻等组成，分别构成取样环节、基准电压、比较放大环节和调整环节等，如图 1-5-10 所示。

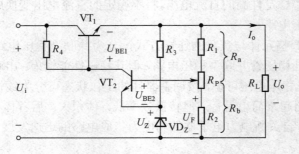

图 1-5-10 串联型稳压电路

2. 各部分的作用

（1）取样环节：由 R_1、R_P、R_2 组成的分压电路构成，它将输出电压 U_o 分出一部分作为取样电压 U_F，送到比较放大环节。

（2）基准电压：由稳压二极管 VD_Z 和电阻 R_3 构成的稳压电路组成，它为电路提供一个稳定的基准电压 U_Z，作为调整、比较的标准。

（3）比较放大环节。由 VT_2 和 R_4 构成的直流放大器组成，其作用是将取样电压 U_F 与基准电压 U_Z 之差放大后去控制调整管 VT_1。

（4）调整环节：由工作在线性放大区的功率管 VT_1 组成，VT_1 的基极电流 I_{B1} 受比较放大电路输出的控制，它的改变又可使集电极电流 I_{C1} 和集、射电压 U_{CE1} 改变，从而达到自动调整稳定输出电压的目的。

3. 电路工作原理

当电网电压波动或者负载电阻变化时，都能够引起输出电压变化。现假设由于电网电压波动。输入电压增加，使得输出电压增大，则该稳压电路的稳压原理为：

取样电压 U_F 相应增大，使 VT_2 管的基极电流 I_{B2} 和集电极电流 I_{C2} 随之增加，VT_2 管的集电极电位 U_{C2} 下降，因此 VT_1 管的基极电流 I_{B1} 下降，使得 I_{C1} 下降，U_{CE1} 增加，U_o 下降，使 U_o 保持基本稳定。

$$U_o \uparrow \rightarrow U_F \uparrow \rightarrow I_{B2} \uparrow \rightarrow I_{C2} \uparrow \rightarrow U_{C2} \downarrow \rightarrow I_{B1} \downarrow \rightarrow U_{CE1} \uparrow$$
$$U_o \downarrow$$

同理，当 U_i 或 I_o 变化使 U_o 降低时，调整过程相反，U_{CE1} 将减小使 U_o 保持基本不变。

从上述调整过程可以看出，该电路是依靠电压负反馈来稳定输出电压的。

4. 电路的输出电压

设 VT_2 发射结电压 U_{BE2} 可忽略，则：

$$U_F = U_Z = \frac{R_b}{R_a + R_b} U_o$$

或：
$$U_o = \frac{R_a + R_b}{R_b} U_Z \tag{1-5-15}$$

串联型稳压电路的输出电压可以通过调节滑动变阻器的滑动触头加以调节。用电位器 R_P 即可调节输出电压 U_o 的大小，但 U_o 必定大于或等于 U_Z。

如 $U_Z = 6V$，$R_1 = R_2 = R_P = 100\Omega$，则 $R_a + R_b = R_1 + R_2 + R_P = 300\Omega$，$R_b$ 最大为 200Ω，最小为 100Ω。由此可知输出电压 U_o 在 $9 \sim 18V$ 范围内连续可调。

5. 采用集成运算放大器的串联型稳压电路

电路如图 1-5-11 所示，其电路组成部分、工作原理及输出电压的计算与前述电路完全相同，唯一不同之处是放大环节采用集成运算放大器，使输出电压更加稳定。

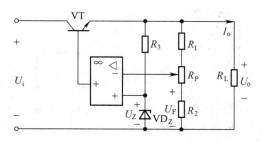

图 1-5-11　集成运放构成的串联型稳压电路

项目实训

任务一 三端式集成稳压器的识别

一、实训目的

（1）了解常用电子元器件的性能特点、命名方法。

（2）掌握常用电子元器件的识别方法。

（3）掌握万用表的使用方法。

（4）学会用万用表检测常用元器件：三端式集成稳压器。

二、设备和器件

半导体元件、阻容元件一套；万用表一块；电工工具一套。

三、实训内容

集成稳压电路是将稳压电路的主要元件甚至全部元件制作在一块硅基片上的集成电路，因而具有体积小、使用方便、工作可靠等特点。目前集成稳压组件在稳压电路中应用得更为广泛。这些集成稳压组件与分立元件组成的稳压器相比，具有体积小、性能高、工作可靠及使用方便的优点。

1. 集成稳压器的种类

集成稳压器的种类很多，作为小功率的直流稳压电源，应用最为普遍的是三端式串联型集成稳压器。三端式是指稳压器仅有输入端、输出端和公共端 3 个接线端子。如 W78×× 和 W79×× 系列稳压器。W78×× 系列输出正电压有 5V、6V、8V、9V、10V、12V、15V、18V、24V 等多种，若要获得负输出电压，选 W79×× 系列即可。例如 W7805 输出+5 V 电压，W7905 则输出−5V 电压。这类三端稳压器在加装散热器的情况下，输出电流可达 1.5～2.2A，最高输入电压为 35V，最小输入、输出电压差为 2～3V，输出电压变化率为 0.1%～0.2%。

2. 外形和管脚排列

W7800、W7900 系列三端式集成稳压器的输出电压是固定的，在使用中不能进行调整。同类型 78M 系列稳压器的外形和图形符号如图 1-5-12 所示。CW7800 系列：1 脚为输入端、2 脚为输出端、3 脚为公共端。CW7900 系列：1 脚为公共端、2 脚为输出端、3 脚为输入端。

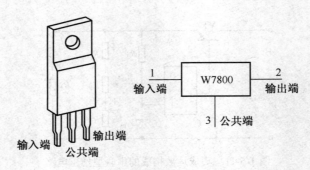

图 1-5-12 集成稳压器外形及管脚排列示意图

3. 典型应用电路

（1）基本电路，如图 1-5-13 所示。

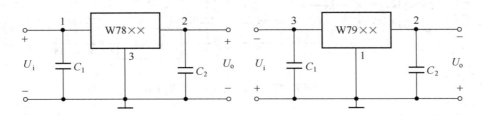

图 1-5-13　基本应用电路

图中的 C_1、C_2 主要用来消除可能产生的高频自激振荡。为防止输入短路而烧坏集成电路，可以在稳压器的输入端接一个大电流二极管。

（2）提高输出电压的电路，如图 1-5-14 所示。

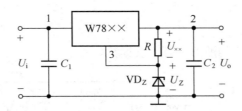

图 1-5-14　提高输出电压的应用电路

输出电压：

$$U_o = U_{\times\times} + U_Z \qquad\qquad (1\text{-}5\text{-}16)$$

（3）扩大输出电流的电路，如图 1-5-15 所示。

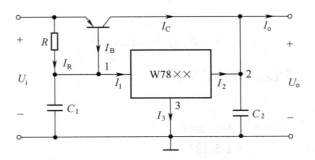

图 1-5-15　扩大输出电流的应用电路

图中 I_3 为稳压器公共端电流，其值很小，可以忽略不计，所以 $I_1 \approx I_2$，则可得：

$$I_o = I_2 + I_C = I_2 + \beta I_B = I_2 + \beta(I_1 - I_R) \approx (1 + \beta)I_2 + \beta \frac{U_{BE}}{R} \qquad (1\text{-}5\text{-}17)$$

式中 β 为三极管的电流放大系数。设 $\beta = 10$，$U_{BE} = -0.3\,\text{V}$，$R = 0.5\,\Omega$，$I_2 = 1\,\text{A}$，则可计算出 $I_o = 5\,\text{A}$，可见 I_o 比 I_2 扩大了。电阻 R 的作用是使功率管在输出电流较大时才能导通。

（4）能同时输出正、负电压的电路，如图 1-5-16 所示。

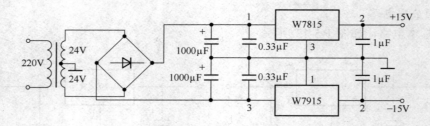

图 1-5-16 输出正、负电压的应用电路

任务二 单相桥式整流电路的仿真分析

（1）打开 Multisim 软件。

（2）从元器件库中调出所需的元器件，接入元件。

（3）接入万用表和示波器。

（4）搭建单相桥式整流电路（图 1-5-17）。

（5）电路仿真运行。

（6）观察、记录。

（7）分析接入电容前后的波形、万用表读数。

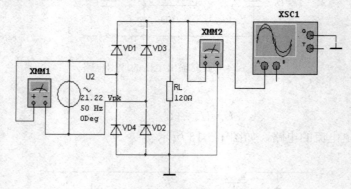

图 1-5-17 桥式整流电路

任务三 串联型直流稳压电路的仿真分析

（1）打开 Multisim 软件。

（2）从元器件库中调出所需的元器件。

（3）接入元件和万用表（图 1-5-18）。

（4）连接电路，调整导线，搭建电路。

（5）电路仿真运行。

（6）观察、分析。

任务四 直流稳压电源的性能测试

一、实训目的

（1）熟悉桥式整流电容滤波三端稳压单管共发射极放大电路的结构及工作原理。

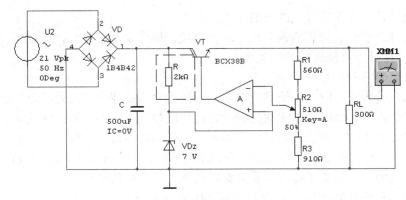

图 1-5-18 串联型直流稳压电路

（2）掌握单管共发射极放大电路静态工作点的测量、调整。

（3）测量交流放大电路的电压放大倍数。

（4）进一步熟悉电子仪器的使用。

二、实训设备与器件

函数信号发生器一台；毫伏表一块；示波器一台；万用表一块；电烙铁一把；镊子一把；集成三端稳压器 CW78061 一片；二极管、三极管、电阻、电容若干；铆钉电路板一块；焊锡、焊剂若干；单相变压器一台。

主要电路元器件规格如表 1-5-1 所示。

表 1-5-1 主要元器件规格

标识	品名	规格
$VD_1 \sim VD_4$	二极管	1N4007×4
VD_5、VD_6	二极管	1N4148×2
VT_1、VT_2	三极管	9013×2
VT_3	三极管	9011
R_1	电阻	2kΩ
R_2	电阻	680kΩ
R_P	可调电位器	1kΩ
C_1	电解电容器	470μF/50V
C_2	电解电容器	47μF/50V
C_3	电解电容器	100μF/50V
R_L	负载电阻	30Ω
T	电源变压器	220V/9V

三、实训内容和要求

1. 桥式整流电容滤波三端稳压单管共发射极放大电路组装

（1）对照桥式整流电容滤波稳压单管共射极放大电路图清点元件的数量，检查元件的规格型号。

（2）用万用表对所有元件进行检查测试，判断是否合格。

（3）将元器件放置在铆钉电路表的正确位置上。

（4）将元件的引线、管脚搪锡后逐个就位装接，焊点要圆整光滑，无虚焊、漏焊。多余引线管脚剪掉，铆钉电路板保持整洁美观。

2．容易出现的问题和解决方法

（1）对元件管脚折弯时，不能靠近根部，不要重复弯曲或折弯过死，以免折断。

（2）虚焊是焊接元件时常出现的问题，为防止虚焊，才将引线做搪锡处理。

（3）焊接时加热时间过长会造成元件损坏，焊好后将残留焊剂擦净。

（4）通电测试时，如发现元件过热或有异常现象时，应立即停电，进行检查，排除故障。

3．桥式整流电容滤波三端稳压单管共发射极放大电路的调试

（1）按图 1-5-19 连接电路，检查无误后再接通电源。

（2）测试放大电路的闭环电压放大倍数。

电路的结构组成：由电源部分、整流部分、滤波部分和稳压部分四部分组成。

电源部分：由一个降压变压器 T 组成。

整流部分：由四个二极管 VD_1、VD_2、VD_3、VD_4 组成。

滤波部分：由一个电容 C_1 组成。

稳压部分：由复合调整管 VT_1、VT_2，比较放大管 VT_3 及起稳压作用的硅二极管 VD_5、VD_6 和取样电位器 R_P 组成。

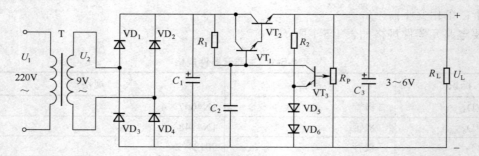

图 1-5-19　桥式整流电容滤波三端稳压单管共发射极放大电路

四、实训报告和考核标准

（1）画出桥式整流电容滤波三端稳压单管共发射极放大电路铆钉电路板接线图。

（2）分析桥式整流电容滤波三端稳压单管共发射极放大电路的工作原理。

（3）叙述操作过程中出现的问题并说明原因。

（4）装接前要先检查元器件的好坏，核对元件数量和规格。

（5）在规定时间内，按图纸的要求进行正确安装，正确连接仪器与仪表，并进行调试。

（6）正确使用工具和仪表，装接质量要可靠，装接技术要符合工艺要求。

（7）安全文明操作。

 关键知识点小结

本项目介绍了直流稳压电源组成及各部分组成。目前各种电子电路和自动控制装置广泛

采用直流稳压电源，能够将频率为 50Hz、有效值为 220V 的交流电压转换成输出幅值稳定的直流电压。直流稳压电源一般有变压器、整流电路、滤波电路、稳压电路四个部分组成。

整流电路主要是利用二极管的单向导电性将交流电转变为直流电，可分为半波整流、全波整流和桥式整流，其中桥式整流是应用非常广泛的一种整流电路。

滤波电路通常接于整流电路与负载之间，用于滤除整流输出电压中的纹波，滤波电路可分为电容滤波电路和电感滤波电路。电容滤波电路适用于输出电流小且负载变化不大的场合；电感滤波电路适用于输出电流比较大的场合。

稳压电路用于克服电网电压波动及负载的变化对输出电压的影响。最简单的稳压电路是硅稳压管稳压电路，但其稳压性能较差；串联型稳压电路稳压性能好、负载能力强且输出稳压电压可调；集成稳压器因其稳压性能好、体积小、可靠性高、温度特性好而被广泛应用。

知识与技能训练

1-5-1　填空。

（1）桥式整流电容滤波电路中，变压器次级电压有效值为 $U=20V$，则正常工作时的输出电压 $U_o=$ _____ V。

（2）整流电路后面加滤波电容时，电容与负载_____。

（3）按调整元件与负载的连接方式，分为_____稳压电路和_____稳压电路。

（4）串联型稳压电路分别由_____、_____、_____和_____等组成。

（5）集成三端稳压器 CW7915 的输出电压为_____。

1-5-2　判断下列说法是否正确，对的在括号内打"√"，否则打"×"。

（　）（1）整流电路后面加滤波电感时，电感与负载并联。

（　）（2）在单相桥式整流感性负载电路中，二极管承受的最大反向电压大于 $\sqrt{2}U_2$。

（　）（3）串联型稳压电源的调整管工作在饱和状态。

（　）（4）硅稳压管稳压电路中调压电阻 R 的作用是调整电压。

（　）（5）在要求输出电流大、输出电压连续可调时，可采用串联型稳压电路。

1-5-3　在单相桥式整流电容滤波电路中，已知交流电源的频率为 50Hz，要求输出直流电压为 30V，输出电流为 0.3A。试求：（1）变压器副边电压有效值。（2）选择整流二极管。（3）选择滤波电容。

1-5-4　在题 1-5-4 图所示桥式整流电容滤波电路中，交流电源的频率为 50Hz，$U_2=20V$，$R_L=40\Omega$，$C=1000\mu F$。试问：（1）正常时输出电压 U_o 为多大？（2）如果电路中有一个二极管开路，U_o 又为多大？（3）如果 U_o 分别为 18V、28V 和 9V 数值时，电路可能出现了什么故障？

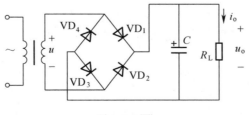

题 1-5-4 图

1-5-5 在题 1-5-5 图所示稳压电路中，$U_Z=7V$，$R_3=150\Omega$，$R_4=300\Omega$，$R_P=680\Omega$，请计算输出电压的可调范围。

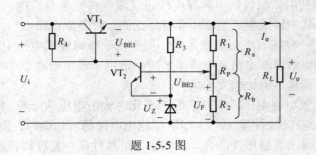

题 1-5-5 图

下篇　数字电子技术

项目一　两地控制指示电路

教学目标

知识目标

　　了解数字信号和数字电路的基本概念

　　熟悉不同数制之间的转换

　　掌握三种基本逻辑关系

　　掌握常用的复合逻辑关系

　　熟悉常用的集成门电路

技能目标

　　掌握基本集成门电路的功能测试

　　掌握集成逻辑门电路逻辑功能的测试方法

知识链接

　　链接一　数字电路的基本知识

　　链接二　数制和码制的基本知识

　　链接三　逻辑函数

　　链接四　常用的集成逻辑门电路

项目实训

　　任务一　认识几种常用集成门电路

　　任务二　门电路逻辑功能的测试

　　任务三　集成逻辑门电路逻辑功能的测试

项目导入

　　设计一个两地控制的指示电路，要求只要按下任意一个地方的开关，指示灯亮。

　　在生活和生产中，当处理类似于开关断开和闭合这类离散型的信号时，需要用到数字电路。当电路输入与输出为离散信号，且之间呈现逻辑关系时，要用数字电路来实现。数字电路中的基本器件是门电路。"门"是这样的一种电路：它规定各个输入信号之间满足某种逻辑关系时，才有信号输出。基本的门电路有与门、或门、非门（反相器）三种。

　　图 2-1-1 所示为一种由或门实现的两地控制指示电路。当两个开关中只要有一个闭合（输入为高电平），或门输出为高电平，灯亮。

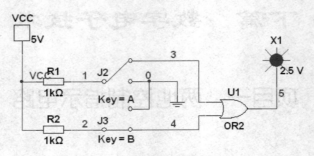

图 2-1-1　两地控制指示电路

知识链接

链接一　数字电路的基本知识

一、数字信号与模拟信号

　　现代电子线路所处理的信号大致可分为两大类：一类为模拟信号；另一类为数字信号。处理模拟信号的电路称为模拟电路，处理数字信号的电路称为数字电路。

　　模拟信号是指时间上和数值上都是连续的信号。模拟信号一般是指模拟真实世界物理量的电压或电流，如模拟话音、温度、压力等一类物理量的信号。处理这类信号时，考虑的是放大倍数、频率失真、非线性失真及相位失真等，着重分析波形的形状、幅度和频率的变化。

　　数字信号是指时间上和数值上都是离散的信号，即信号在时间上不连续，总是发生在一系列离散的瞬间；在数值上量化，只能按有限多个增量或阶梯取值。信号所表现的形式是一系列高、低电平组成的脉冲波，即信号总是在高电平和低电平之间来回变化。处理数字信号时，重要的是要能正确区分出信号的高、低电平，并正确反映电路的输出、输入之间的关系，至于高、低电平值精确度则无关紧要。

　　数字电路主要研究电路输入、输出状态之间的相互关系，即逻辑关系。分析和设计数字电路的数学工具是逻辑代数，它是英国数学家布尔于 1849 年提出的，因此也称布尔代数。

二、数字电路的特点与分类

1. 数字电路的特点

　　（1）工作信号是二进制的数字信号，在时间上和数值上是离散的（不连续），反映在电路上就是低电平和高电平两种状态（即 0 和 1 两个逻辑值）。

　　（2）在数字电路中，研究的主要问题是电路的逻辑功能，即输入信号的状态和输出信号的状态之间的逻辑关系。数字电路不仅能完成数值运算，还可以进行逻辑运算和判断，因此数字电路又称为数字逻辑电路或数字电路与逻辑设计。

　　（3）对组成数字电路的元器件的精度要求不高，只要在工作时能够可靠地区分 0 和 1 两种状态即可。

（4）电路结构简单，稳定可靠。数字电路只要能区分高电平和低电平即可，对元件的精度要求不高，因此有利于实现数字电路集成化。

（5）数字电路抗干扰能力强。数字信号在传递时采用高、低电平两个值，因此数字电路抗干扰能力强，不易受外界干扰。

（6）数字电路中元件处于开关状态，功耗较小。

由于数字电路具有上述特点，故发展十分迅速，在计算机、数字通信、自动控制、数字仪器及家用电器等技术领域中得到了广泛的应用。

2. 数字电路的分类

（1）按电路组成结构分为分立元件和集成电路两大类。其中集成电路按集成度（在一块硅片上包含的逻辑门电路或元件的数量）可分为小规模（SSI）、中规模（MSI）、大规模（LSI）和超大规模（VLSI）集成电路。

（2）按电路所用器件分为双极型（如 TTL、ECL、I2L、HTL）和单极型（如 NMOS、PMOS、CMOS）电路。

（3）按电路逻辑功能分为组合逻辑电路和时序逻辑电路。

链接二 数制和码制的基本知识

一、数制

1. 常用数制

数制是计数进位制的简称。

（1）十进制。

在十进制数中采用了 0、1、2、…、9 十个不同的数码；在计数时，逢十进一，借一当十。各个数码处于十进制数的不同数位时，所代表的数值是不同的。

对于任意一个十进制数的数值，都可以按位权展开：

$$(N)_{10} = a_{n-1} \times 10^{n-1} + a_{n-2} \times 10^{n-2} + ... + a_1 \times 10^1 + a_0 \times 10^0$$
$$+ a_{-1} \times 10^{-1} + a_{-2} \times 10^{-2} + ... + a_{-m} \times 10^{-m}$$
$$\sum_{i=-m}^{n-1} a_i \times 10^i \qquad (2\text{-}1\text{-}1)$$

式中　a_i——十进制数的任意一个数码；

　　　m、n——正整数，n 表示整数部分数位，m 表示小数部分数位。

例如，526 的数值可表示为：

$$526 = 5 \times 100 + 2 \times 10 + 6 \times 1$$

上述十进制数按位权展开的表示方法，可以推广到任意进制的计数制。

（2）二进制。

二进制数只有 0 和 1 两个数码，在计数时逢二进一，借一当二。二进制的基数是 2，每个数位的位权值为 2 的幂。因此，二进制数可以按位权展开。

$$(N)_2 = a_{n-1} \times 2^{n-1} + a_{n-2} \times 2^{n-2} + ... + a_1 \times 2^1 + a_0 \times 2^0$$
$$+ a_{-1} \times 2^{-1} + a_{-2} \times 2^{-2} + ... + a_{-m} \times 2^{-m}$$

$$\sum_{i=-m}^{n-1} a_i \times 2^i \qquad (2\text{-}1\text{-}2)$$

式中　a_i——第 i 位的数码（0 或 1）；

　　　n、m——正整数；

　　　2_i——第 i 位的位权值。

例如，二进制数 1101.01 可展开为：

$$(1101.01)_2 = 1\times2^3 + 1\times2^2 + 0\times2^1 + 1\times2^0 + 0\times2^{-1} + 1\times2^{-2}$$

（3）八进制。

八进制数有 0、1、2、3、4、5、6、7 八个数码，在计数时逢八进一，借一当八。八进制的基数是 8，每个数位的位权值为 8 的幂。八进制数的下标可用 8 或 O（Octadic 的缩写）表示为：

$$(N)_8 = \sum_{i=-m}^{n-1} a_i \times 8^i \qquad (2\text{-}1\text{-}3)$$

例如：$(107.4)_8 = 1\times8^2 + 0\times8^1 + 7\times8^0 + 4\times8^{-1}$。

因为 $2^3 = 8$，所以 3 位二进制数可用 1 位八进制数来表示。

（4）十六进制。

十六进制数有 0、1、2、3、4、5、6、7、8、9、A、B、C、D、E、F 十六个数码，在计数时逢十六进一，借一当十六。十六进制的基数是 16，每个数位的位权值是 16 的幂。十六进制数的小标可用 16 或 H（Hex 的缩写）表示为：

$$(N)_{16} = \sum_{i=-m}^{n-1} a_i \times 16^i \qquad (2\text{-}1\text{-}4)$$

例如，$(BD2.3C)_{16} = 11\times16^2 + 13\times16^1 + 2\times16^0 + 3\times16^{-1} + 12\times16^{-2}$。

因为 $2^4 = 16$，所以 4 位二进制数可用 1 位十六进制数来表示。

在计算机应用系统中，二进制主要用于机器内部的数据处理，八进制和十六进制主要用于书写程序、指令，十进制主要用于运算最终结果的输出。另外，十六进制数还经常用来表示内存的地址，例如 $(8FD9)_{16}$ 表示要寻找该地址的存储单元。

2. 数制转换

（1）二、八和十六进制数转换为十进制数。

R 进制数转换为十进制数时只要写出 R 进制数的按位权展开式，然后将各项数值按十进制计算规则相加，就可得到等值的十进制数。

【例 2-1-1】（1）将二进制数 $(10101.11)_2$ 转换为十进制数。

（2）将八进制数 $(165.2)_8$ 转换为十进制数。

（3）将十六进制数 $(2A.8)_{16}$ 转换为十进制数。

解：$(10101.11)_2 = 1\times2^4 + 0\times2^3 + 1\times2^2 + 0\times2^1 + 1\times2^0 + 1\times2^{-1} + 1\times2^{-2} = (21.75)_{10}$

$\qquad (165.2)_8 = 1\times8^2 + 6\times8^1 + 5\times8^0 + 2\times8^{-1} = (117.25)_{10}$

$\qquad (2A.8)_{16} = 2\times16^1 + 10\times16^0 + 8\times16^{-1} = (42.5)_{10}$

（2）十进制数转换为其他进制数。

十进制数转换为 R 进制数，都可用基数乘除法。因整数部分和小数部分的转换方法不同，所以要分开转换。

对于整数部分，可采用"除 R 取余、逆序排列"法；对于小数部分，可采用"乘 R 取整、顺序排列"法。下面以十进制数转换为二进制数为例加以说明。

【例 2-1-2】将十进制数$(43.6875)_{10}$转换为二进制数。

解： 整数部分，用"除 2 取余、逆序排列"法得：

所以：$(43)_{10} = (101011)_2$

小数部分，用"乘 2 取整、顺序排列"法得：

$$0.6785 \times 2 = 1.3750 \qquad 取整 = 1 \qquad 最高位$$
$$0.375 \times 2 = 0.750 \qquad 取整 = 0$$
$$0.75 \times 2 = 1.50 \qquad 取整 = 1$$
$$0.5 \times 2 = 1.0 \qquad 取整 = 1 \qquad 最低位$$

所以：$(0.6875)_{10} = (0.1011)_2$

综合以上两部分得：$(43.6875)_{10} = (101011.1011)_2$

注意小数部分，凡无穷尽者，可采用类似十进制数四舍五入的办法保留最后一位有效数字。

（3）二进制数和八、十六进制数之间的转换。

每一位八进制数正好对应 3 位二进制数，每一位十六进制数正好对应 4 位二进制数。所以二进制数转换为八进制数时，只要以小数点为界，整数部分向左、小数部分向右分成 3 位一组，各组分别用对应的一位八进制数表示，即可得到所求的八进制数，两头不足 3 位时，可分别用 0 补足。同理，二进制数到十六进制数的转换方法与此相同，只是小数点向左或向右分别按 4 位一组进行分组即可。几种制进数之间的对应关系如表 2-1-1 所示。

表 2-1-1　几种制进数之间的对应关系

十进制数	二进制数	八进制数	十六进制数
0	0000	0	0
1	0001	1	1
2	0010	2	2
3	0011	3	3
4	0100	4	4
5	0101	5	5
6	0110	6	6
7	0111	7	7

十进制数	二进制数	八进制数	十六进制数
8	1000	10	8
9	1001	11	9
10	1010	12	A
11	1011	13	B
12	1100	14	C
13	1101	15	D
14	1110	16	E
15	1111	17	F

【例 2-1-3】 将二进制数 $(1011010.10111)_2$ 分别转换为八进制数和十六进制数。

解： 二进制数化为八进制数，按 3 位一组得：

$$(1011010.10111)_2 = (\underline{001} \quad \underline{011} \quad \underline{010} . \underline{101} \quad \underline{110})_2 = (132.56)_8$$
$$1 \quad 3 \quad 2 . 5 \quad 6$$

二进制数化为十六进制数，按 4 位一组得：

$$(1011010.10111)_2 = (\underline{0101} \quad \underline{1010} . \underline{1011} \quad \underline{1000})_2 = (5A.B8)_{16}$$
$$5 \quad A . B \quad 8$$

【例 2-1-4】 将十六进制数 $(7F.E5)_{16}$ 转换为八进制数。

解： 先把每一位十六进制数用 4 位二进制数表示出来为：

$$7 \qquad F \quad . \quad E \qquad 5$$
$$\downarrow \qquad \downarrow \qquad \downarrow \qquad \downarrow$$
$$0111 \quad 1111 \quad . \quad 1110 \quad 0101$$

即：$(7F.E5)_{16} = (1111111.11100101)_2$

再将二进制数按每 3 位一组划分得八进制数为：

$$(1111111.11100101)_2 = (\underline{001} \quad \underline{111} \quad \underline{111} . \underline{111} \quad \underline{001} \quad \underline{010})_2 = (177.712)_8$$
$$1 \quad 7 \quad 7 . 7 \quad 1 \quad 2$$

故有：$(7F.E5)_{16} = (177.712)_8$

二、码制

数字系统只能识别 0 和 1，怎样才能表示更多的数码、符号、字母呢？用编码可以解决此问题。

交换信息时，可以通过一定的信号或符号来进行。这些信号或符号的含义是事先约定而赋予的。同一信号或符号，由于约定不同，可以在不同场合有不同的含义。在数字系统中，需要把十进制数的数值，不同的文字、符号等其他信息用二进制数码来表示才能处理。

1. 代码

用以表示十进制数码、字母、符号等信息的一定位数的二进制数称为代码。

这里必须指出的是，二进制码不一定表示二进制数，它的含义是人们预先约定而赋予的。

2. 编码

为了建立这种代码与所表示信息——对应的关系，用一定位数的二进制数来表示十进制数码、字母、符号等信息，称为编码。编码主要有二进制编码，二—十进制编码等。

二—十进制码（BCD 码）：对于十进制数，除了用二进制的表示方法外，还可以用一种二进制编码的数码来表示。由于十进制数有 $0\sim9$ 十个数码，因此至少需要 4 位二进制数码来对应表示一位十进制数码。用 4 位二进制数 $b_3b_2b_1b_0$ 来表示十进制数中的 $0\sim9$ 十个数码，简称 BCD 码。

常用的 BCD 码有 8421 码、2421 码、5421 码、余 3 码等，它们的编码表如表 2-1-2 所示。

表 2-1-2　常用 BCD 编码表

十进制数	8421BCD 码	2421BCD 码	5421BCD 码	余 3BCD 码
0	0000	0000	0000	0011
1	0001	0001	0001	0100
2	0010	0010	0010	0101
3	0011	0011	0011	0110
4	0100	0100	0100	0111
5	0101	1011	1000	1000
6	0110	1100	1001	1001
7	0111	1101	1010	1010
8	1000	1110	1011	1011
9	1001	1111	1100	1100

8421BCD 码：用四位自然二进制码中的前十个码字来表示十进制数码，因各位的权值依次为 8、4、2、1，故称 8421 码。同理，2421 码的权值从左到右依次为 2、4、2、1；5421 码的权值从左到右依次为 5、4、2、1；余 3 码由 8421 码加 0011 得到。

由于每位码是以四位二进制数为一组来表示的，所以 8421BCD 码与十进制数之间的转换可以直接以组为单位来进行。

【例 2-1-5】将 $(138)_{10}$ 转换为对应的 8421BCD 码。

解：

即：$(138)_{10} = (000100111000)_{8421BCD}$

【例 2-1-6】将 $(100100000011.10000101)_{8421BCD}$ 码转换为对应的十进制数。

解：

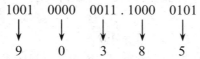

即：$(100100000011.10000101)_{8421BCD} = (903.85)_{10}$

注意：在 8421BCD 码中不允许出现 $1010\sim1111$ 这六个代码，因为十进制数 $0\sim9$ 中没有与之对应的数字符号，这些代码称为伪码，也常称为"无关码"或"无关项"。

链接三　逻辑函数

逻辑代数是分析和设计数字电路的重要数学工具，它反映了逻辑变量的运算规律。逻辑代数中的变量只有两种取值：0 或 1。0 和 1 并不表示数量的大小，而只是表示两种对立的逻辑状态。逻辑代数有三种基本运算：与、或、非。将这三种基本运算简单组合可构成复合逻辑，例如：与非、或非、与或非、同或、异或等。

一、基本概念

二进制数中的"1"和"0"不仅能够表示二进制数，还可以表示许多对立的逻辑状态。在分析和设计数字电路时，所用的数学工具是逻辑代数，又称布尔代数。

1. 逻辑变量

逻辑代数和普通代数一样，用字母 A、B、C、...、X、Y、Z 等代表变量，称为逻辑变量。但这两种代数中变量的含义有本质的区别，逻辑代数中的变量只有两种取值 0 或 1。0 和 1 并不表示数量的大小，而只是表示两种对立的逻辑状态，即"是"与"非""开"与"关""真"与"假""高"与"低"等。

2. 逻辑关系

通常，把反映"条件"和"结果"之间的关系称为逻辑关系。如果以电路的输入信号反映"条件"，以输出信号反映"结果"，此时各输入、输出之间也存在确定的逻辑关系。数字电路就是实现特定逻辑关系的电路，因此，又称逻辑电路。逻辑电路的基本单元是逻辑门，它们反映了基本的逻辑关系。

3. 正逻辑和负逻辑

根据 1 和 0 代表逻辑状态的含义不同，有正、负逻辑之分。例如，认定"1"表示事件发生，"0"表示事件不发生，则形成正逻辑系统；反之则形成负逻辑系统。

同一逻辑电路，既可用正逻辑表示，也可以用负逻辑表示。在本书中，只要未作特别声明，均采用正逻辑。

二、基本逻辑关系

有三种最基本的运算：与运算、或运算和非运算。逻辑代数的所有逻辑关系都可以由这三种基本运算关系组合得到。

1. 与逻辑关系和与门

只有当决定某一事件的所有条件全部具备时，这一事件才会发生，这种逻辑关系称为与逻辑。

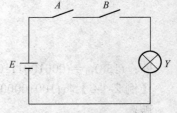

图 2-1-2　串联开关控制电路

在图 2-1-2 所示的串联开关控制电路中，只有开关 A 和 B 都闭合时，灯 Y 才亮；开关 A 和 B 只要有一个不闭合，灯 Y 就不亮。所以开关 A、B 闭合与 Y 灯亮之间构成了与逻辑关系。

其逻辑表达式可写为：

$$Y = A \cdot B \tag{2-1-5}$$

$A \cdot B$ 读作 A 与 B，式中小圆点"·"表示 A、B 的与运算关系，又称逻辑乘。小圆点可以省略，写成 $Y = AB$。

如果用 0 和 1 来表示逻辑状态，设开关断开用 0 表示，闭合用 1 表示，灯灭用 0 表示，灯亮用 1 表示，则可得表 2-1-3。这种用逻辑变量的取值反映逻辑关系的表格称为逻辑真值表。

表 2-1-3　与逻辑真值表

A	B	Y
0	0	0
0	1	0
1	0	0
1	1	1

根据真值表可得出与逻辑运算的运算规则为：
$$0 \cdot 0 = 0 \qquad 0 \cdot 1 = 0 \qquad 1 \cdot 0 = 0 \qquad 1 \cdot 1 = 1$$

在数字电路中，实现与逻辑功能的电路称为与门。与门逻辑符号如图 2-1-3（a）所示。图 2-1-3（b）表示输入端 A、B 波形与输出端 Y 波形的对应关系，图中高电平表示 1，低电平表示 0，虚线表示时间对应关系。由波形图可知，输入输出的对应关系和真值表的结果是一样的。

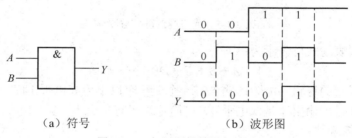

（a）符号　　　　　　　（b）波形图

图 2-1-3　与门逻辑符号与波形

以上介绍的是两个变量的与逻辑，多变量的与逻辑表达式可表示为：
$$Y = A \cdot B \cdot C \cdot D \cdots \text{ 或 } Y = ABCD \cdots$$

综上所述，与门的逻辑功能为：输入全部为高电平 1 时，输出为高电平 1；否则输出为低电平 0。可简记为"全 1 出 1、有 0 出 0"。

2. 或逻辑关系和或门

当决定某一事件的所有条件中，只要有一个或一个以上条件具备时，这一事件就发生，这种逻辑关系称为或逻辑。

在图 2-1-4 所示的并联开关控制电路中，开关 A、B 只要有一个闭合时，灯 Y 就会亮。所以开关 A、B 闭合与灯亮 Y 之间构成了或逻辑关系。

其逻辑表达式可写为：

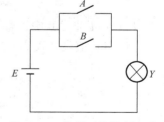

图 2-1-4　并联开关控制电路

$$Y = A + B \tag{2-1-6}$$

$A + B$ 读作 A 或 B。"+"表示或运算，又称逻辑加。

如果用 0 和 1 来表示逻辑状态，开关断开用 0 表示，闭合用 1 表示，灯灭用 0 表示，灯亮用 1 表示，可得或逻辑真值表如表 2-1-4 所示。

表 2-1-4　或逻辑真值表

A	B	Y
0	0	0
0	1	1
1	0	1
1	1	1

根据真值表可得或逻辑的运算规则为

$$0+0=0 \qquad 0+1=1 \qquad 1+0=1 \qquad 1+1=1$$

在数字电路中，实现或逻辑功能的电路称为或门。或门逻辑符号如图 2-1-5（a）所示。图 2-1-5（b）表示或门输入端 A、B 波形与输出端 Y 波形的对应关系。

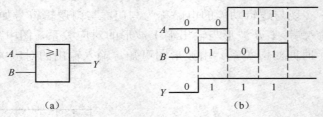

（a）　　　　　　　　　　　（b）

图 2-1-5　或门逻辑符号与波形

多变量或逻辑表达式可表示为：

$$Y = A + B + C + D + \cdots$$

综上所述，或门的逻辑功能为：输入有一个或一个以上为高电平 1 时，输出为高电平 1；输入全为低电平 0 时，输出才是低电平 0。可简记为"有 1 出 1、全 0 出 0"。

3．非逻辑关系和非门

当决定某一事件的唯一条件具备时，该事件不发生；而条件不具备时，该事件发生，这种逻辑关系称为"非"逻辑。

图 2-1-6 所示的单开关控制电路可实现非逻辑关系。当开关 A 闭合时，灯 Y 不亮；而当开关 A 断开时，灯 Y 亮。其逻辑表达式写为：

$$Y = \overline{A} \qquad\qquad (2\text{-}1\text{-}7)$$

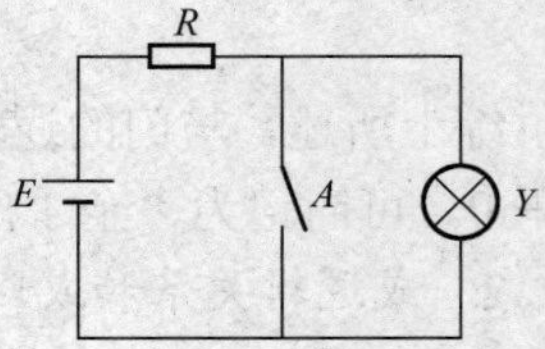

$\overline{A}$ 读作 A 非。其中符号"‾"表示非运算，即取反。

图 2-1-6　单开关控制电路

非逻辑真值表如表 2-1-5 所示。"非"逻辑运算规则为：

$$\overline{1} = 0 \qquad \overline{0} = 1$$

表 2-1-5　非逻辑真值表

A	Y
0	1
1	0

在数字电路中，实现非逻辑功能的电路称为非门。非门逻辑符号如图 2-1-7（a）所示。图

2-1-7（b）表示非门输入端 A 与输出端 Y 波形的对应关系。

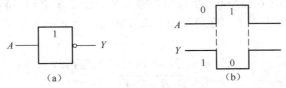

图 2-1-7 非门逻辑符号与波形

由图 2-1-7 可见，非门的逻辑功能是：输出状态与输入状态相反。因此，非门通常又称作反相器。

三、常用复合逻辑

基本逻辑的简单组合称为复合逻辑。

1. 与非逻辑和与非门

与非逻辑是与逻辑和非逻辑的复合，它是将输入变量先进行与运算，然后再进行非运算。其两输入变量的表达式为：

$$Y = \overline{A \cdot B} \qquad\qquad (2\text{-}1\text{-}8)$$

由表达式进行逻辑运算，可得与非逻辑真值表如表 2-1-6 所示。

表 2-1-6 与非逻辑真值表

A	B	Y
0	0	1
0	1	1
1	0	1
1	1	0

实现与非逻辑功能的电路叫与非门，其逻辑符号如图 2-1-8（a）所示。

由真值表可知，与非门的逻辑功能为：当输入有低电平 0 时，输出为高电平 1；当输入全为高电平 1 时，输出为低电平 0。可简记为"有 0 出 1、全 1 出 0"。

2. 或非逻辑和或非门

或非逻辑是或逻辑和非逻辑的复合，它是将输入变量先进行或运算，然后再进行非运算。其两输入变量表达式为：

$$Y = \overline{A + B} \qquad\qquad (2\text{-}1\text{-}9)$$

由表达式进行逻辑运算，可得或非逻辑真值表如表 2-1-7 所示。

表 2-1-7 或非逻辑真值表

A	B	Y
0	0	1
0	1	0
1	0	0
1	1	0

实现或非逻辑功能的电路叫或非门，其逻辑符如图 2-1-8（b）所示。

由真值表可知，或非门的逻辑功能为：当输入全为低电平 0 时，输出为高电平 1；当输入有高电平 1 时，输出为低电平 0。可简记为"有 1 出 0、全 0 出 1"。

3．与或非逻辑

与或非逻辑是与、或、非三种逻辑的复合，它是先与再或后非，其表达式为：

$$Y = \overline{A \cdot B + C \cdot D}$$ （2-1-10）

与或非门的逻辑符号如图 2-1-8（c）所示。

4．异或逻辑和同或逻辑

（1）异或逻辑。

当两个输入变量 A、B 的取值不同时，输出变量 Y 为 1；当 A、B 的取值相同时，输出变量 Y 为 0，这种逻辑关系叫做异或逻辑。可简记为"相异出 1、相同出 0"，其逻辑表达式为：

$$Y = A \oplus B = \overline{A}B + A\overline{B}$$ （2-1-11）

式（2-1-11）读作 Y 等于 A 异或 B。实现异或逻辑功能的电路叫异或门，其逻辑符号如图 2-1-8（d）所示。

（2）同或逻辑。

当两个输入变量 A、B 的取值相同时，输出变量 Y 为 1；当 A、B 的取值不同时，输出变量 Y 为 0，这种逻辑关系叫做同或逻辑，可简记为"相同出 1、相异出 0"，其逻辑表达式为：

$$Y = A \odot B = \overline{AB} + AB$$ （2-1-12）

式（2-1-12）读作 Y 等于 A 同或 B。实现同或逻辑功能的电路叫同或门，其逻辑符号如图 2-1-8（e）所示。

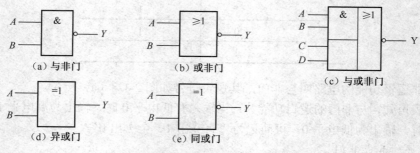

图 2-1-8　复合逻辑门符号

表 2-1-8　异或及同或真值表

A	B	$Y=A \oplus B$	$Y=A \odot B$
0	0	0	1
0	1	1	0
1	0	1	0
1	1	0	1

链接四　常用的集成逻辑门电路

逻辑门电路可以用电阻、电容、二极管、三极管、场效应管等元件构成，称为分立元件门,其中二极管、三极管和场效应管作为开关元件使用。也可以将构成门电路的所有器件及连接导线制作在同一块半导体基片上,成为集成逻辑门电路。分立元件门电路的体积大、工作速度低、可靠性差,在数字电路产品中广泛采用体积小、质量轻、功耗低、速度快、可靠性高的集成门电路。

一、数字集成电路的类型和型号

常用的数字集成电路有 2 大类:第一类为晶体管—晶体管逻辑电路(Transistor-Transistor Logical Circuit),简称 TTL 电路;第二类为金属—氧化物—半导体场效应晶体管逻辑电路(Metal Oxide Semiconductor Circuit),简称为 MOS 型集成电路,包括 NMOS(N 沟道 MOS)电路、PMOS(P 沟道 MOS)电路、CMOS(互补型 MOS)电路,其中常用的是 CMOS 电路。

TTL 电路主要有 TTL(标准 TTL)、HTTL(高速 TTL)、STTL(肖特基 TTL)、LTTL(低功耗 TTL)、LSTTL(低功耗肖特基 TTL)、ALS(先进低功耗肖特基 TTL)等 6 个系列;CMOS 电路主要有 CMOS 电路(标准 CMOS)系列、HC(高速 CMOS)系列、HCT(与 TTL 兼容的 HCMOS)系列。

国际通用的 TTL 门电路有 74(商用)和 54(军用)两个系列。对应 TTL 电路的 6 种类型,分别为 54/74××(标准系列)、54/74S××(肖特基系列)、54/74LS××(低功耗肖特基系列)、54/74ALS××(先进低功耗肖特基系列)等。

我国生产的 TTL 集成电路型号与国际 54/74 系列 TTL 电路系列完全一致,并采用了统一型号,共 5 部分组成。各部分命名及含义如表 2-1-9 所示。

表 2-1-9 国标数字集成电路命名及意义

第 1 部分		第 2 部分(器件类型)		第 3 部分(器件的系列品种)	第 4 部分(器件的工作温度范围)		第 5 部分(器件的封装)	
符号	意义	符号	意义		符号	意义	符号	意义
C	中国制造	T	TTL	数字	C	0℃～70℃	W	陶瓷扁平
		E	ECL				B	塑料扁平
		C	CMOS		E	-40℃～85℃	F	全密封扁平
		W	稳压器		R	-55℃～85℃	D	陶瓷直插
		F	线性放大器		M	-55℃～125℃	P	塑料直插
		B	非线性放大器				J	黑陶瓷直插
		J	接口电路				K	金属菱形
		D	音响、电视电路				T	金属圆形

注:表内 CT 系列中,第 3 部分数字的第一位为系列代号(1 为标准系列,同 54/74 系列;2 为高速系列,同国际 54H/74H 系列;3 为肖特基系列,同国际 54S/74S 系列;4 为低功耗肖特基系列,同国际 54LS/74LS 系列);后面 3 位为品种代号,同国际一致。

例如型号为 CT4004CP 的集成门电路为国产 TTL,低功耗肖特基 6 反相器(相当于 74LS04),工作温度 0℃～70℃,塑料直插封装。CC4011CD 为国产 CMOS 电路,四 2 输入与非门,工作温度 0℃～70℃,陶瓷直插封装。

二、常用集成逻辑门

常用 TTL 和 CMOS 门电路的符号、功能表达式及特点分别汇总于表 2-1-10（a）（b）中。

表 2-1-10（a）　常用 TTL 门电路的电路符号、功能

	与非门	或非门	与或非门	异或门	OC 门	三态门
符号	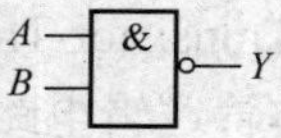	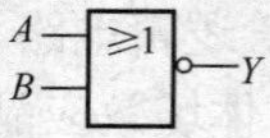	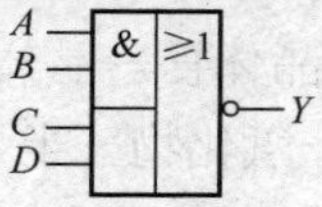	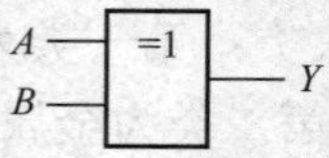	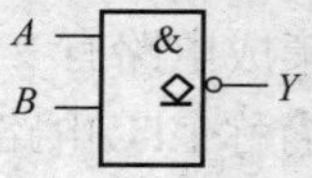	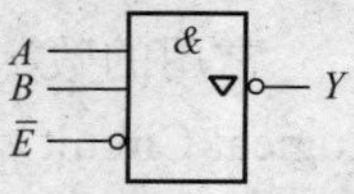
功能	$Y = \overline{AB}$	$Y = \overline{A+B}$	$Y = \overline{AB+CD}$	$Y = \overline{A}B + A\overline{B}$ $= A \oplus B$	$Y = \overline{AB}$	$Y = \overline{AB}$ （$\overline{E}=0$） $= Z$ （$\overline{E}=1$）
其他					需外加电源和上拉电阻才能正常工作	输出有三种状态：低电平、高电平和高阻态

表 2-1-10（b）　常用 CMOS 门电路的电路符号、功能表达式

	与非门	或非门	传输门	三态门
表达式	$Y = \overline{AB}$	$Y = \overline{A+B}$	$u_{\text{o}} = u_1$ （$\overline{C}=0$）	$Y = \overline{A}$ （$\overline{E}=0$） $= Z$ （$\overline{E}=1$）
符号	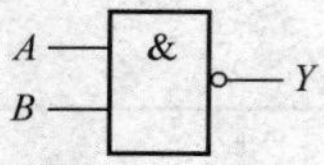	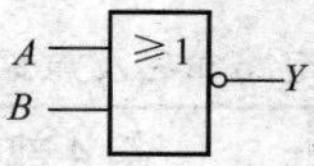	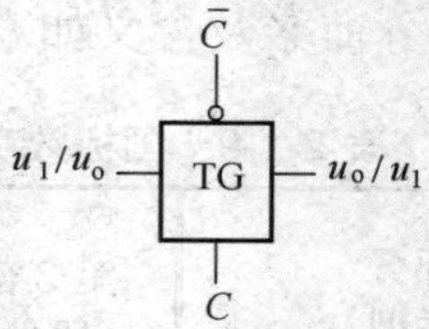	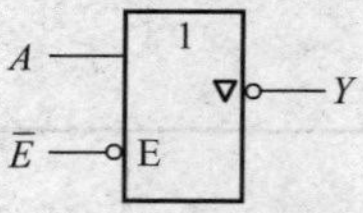
其他			可双向传输	输出有三种状态：高电平、低电平和高阻态

说明：

1. OC 门

OC 门又称集电极开路门，主要是指某些数字器件，在输出端内部的三极管电路中没有加集电极电阻（也就是输出三极管的集电极与电源是断开的），这样的话，无法输出高电平。使用时一定要加一个电阻，并上拉到电源，才能获得高电平输出。这种门电路的好处是驱动能力在一定范围内可以调节，坏处是必须增加一个上拉电阻才能正常使用。

实际使用中，有时需要两个或两个以上与非门的输出端连接在同一条导线上，将这些与非门上的数据（状态电平）用同一条导线输送出去。

2. 三态门

三态门是指逻辑门的输出除有高、低电平两种状态外，还有第三种状态——高阻状态的门电路，高阻态相当于隔断状态。三态门都有一个 EN 控制使能端，来控制门电路的通断。计算机里面用 1 和 0 表示是、非两种逻辑，但有时候这是不够的。举例来说：内存里面的一个存储单元，读写控制线处于低电位时，存储单元被打开，可以向里面写入；当处于高电位时，可以读出，但是不读不写，即既不是+5V，也不是 0V，就是一种高阻状态。

3. 传输门 TG

传输门就是一种传输模拟信号的模拟开关，指可以控制通路通断的门，导通时，一端的信号可以传到另一端，不导通时，一端信号不能传到另一端。CMOS 传输门由一个 P 沟道和一个 N 沟道增强型 MOSFET 并联而成，TP 和 TN 是结构对称的器件，它们的漏极和源极是可互换的。在正常工作时，模拟开关的导通电阻值约为数百欧，当它与输入阻抗为兆欧级的运放串接时，可以忽略不计。CMOS 传输门除了作为传输模拟信号的开关之外，也可作为各种逻辑电路的基本单元电路。

TTL 门电路具有运行速度快，电源电压固定，有较强的带负载能力等特点。CMOS 数字集成电路与 TTL 数字集成电路相比，有许多优点，如工作电源电压范围宽，静态功耗低，抗干扰能力强，输入阻抗高，成本低等。

三、集成逻辑门的主要参数及注意事项

1. 集成逻辑门的主要参数

（1）低电平输出电源电流 I_{CCL}。

指所有输入端悬空，输出端空载，输出低电平时，电源提供给器件的电流。

（2）高电平输出电源电流 I_{CCH}。

指每个门各有一个以上的输入端接地（最好全部接地），输出端空载，输出高电平时，电源提供的电流。

（3）总的静态功耗 P_{CCL}。

I_{CCL} 和 I_{CCH} 标志着器件静态功耗的大小，通常 $I_{CCL} > I_{CCH}$，所以静态功耗为 $P_{CCL} = V_{CC} I_{CCH}$。

（4）低电平输入电流 I_{iL}。

指被测输入端接地，其余输入端悬空时，由被测输入端流出的电流值。希望 I_{iL} 越小越好。

（5）高电平输入电流 I_{iH}。

指被测输入端接高电平，其余输入端接地，流入被测输入端的电流值。希望 I_{iH} 越小越好。因为 I_{iH} 很小，为微安级，一般免于测试。

（6）扇出系数 N_0。

指门电路能驱动同类门的个数，它是衡量门电路带负载能力的一个参数。扇出系数 N_0 的大小由驱动门输出端提供的驱动能力和负载门输入端对电流的需求两者决定。

$$N_0 = I_{oL}/I_{iL} \tag{2-1-13}$$

一般 $N_0 > 8$。其中：I_{oL} 是指当 V_{oL} 达到规定输出的低电平的规范值（一般为 0.4V）时，门电路允许灌入的最大负载电流。

（7）噪声容限。

噪声容限指在保证输出高低电平在允许的变化范围内，输入电平允许的波动范围。噪声容限反映门电路抗干扰能力的大小。噪声容限分为低电平噪声容限 U_{NL} 和高电平噪声容限 U_{NH}。

在实际的电路中，往往是多个门电路相互连接组成系统，前一级门的输出就是后一级门的输入。可用图 2-1-9 描述 TTL 的噪声容限。

由图可知：

$$低电平噪声容限 \ U_{NL} = U_{IL(max)} - U_{IL} \tag{2-1-14}$$

$$高电平噪声容限 \ U_{NH} = U_{IH} - U_{IH(min)} \tag{2-1-15}$$

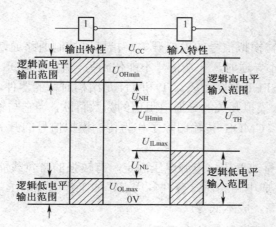

图 2-1-9 噪声容限

$U_{\mathrm{IL(max)}}$ 和 $U_{\mathrm{IH(min)}}$ 的数值越接近，则 U_{NL} 和 U_{NH} 的数值就越大，电路的抗干扰能力就越强。

掌握以上这些参数的物理意义并正确选用，对我们合理、安全应用器件是很重要的。

2. TTL 电路使用中的注意事项

（1）正确选择电源电压。

TTL 电路的电源均采用 +5V，波动允许在 ±5% 的范围内（4.5～5.5V 之间）。电源电压超过 5.5V，易损坏器件；电源电压低于 4.5V，则易导致器件出现逻辑错误。使用时，不能将电源与地颠倒接错。否则将会因为过大电流而造成器件损坏。

（2）对输入端的处理。

TTL 门电路的各个输入端不能直接与高于 +5.5V 和低于 -0.5V 的低内阻电源连接。

对多余的输入端最好不要悬空。虽然悬空相当于高电平，并不影响"与门""与非门"的逻辑关系，但悬空容易受到干扰，可能导致电路误动作。因此，多余输入端要根据实际需要作适当处理。例如"与门""与非门"的多余输入端可直接（或者经电阻）接到电源上；或将多余的输入端并联使用。对于"或门""或非门"的多余输入端应直接接地，或将多余的输入端并联使用。

（3）对于输出端的处理。

TTL 集成门电路的输出更不允许与电源或地短路。除"三态门""集电极开路门"外，电路的输出端不允许并联使用。

另外，插入或拔出集成电路时，务必切断电源，否则会因电源冲击而造成永久损坏。

3. CMOS 集成电路使用中的注意事项

（1）正确选择电源。

CMOS 电路的工作电源电压范围比较宽，允许在 +3～+18V 范围内。选择电源电压时首先考虑要避免超过极限电源电压。其次要注意电源电压的高低将影响电路的工作频率。

（2）对输入端的处理。

CMOS 电路的输入端都设置二极管保护电路。为了防止输入端保护二极管反向击穿，输入电压必须处在 V_{DD} 和 V_{SS} 之间。输入端的电流一般不能超过 1mA，如果可能出现较大电流时，必须在输入端串联适当电阻实施限流保护。

多余的输入端不能悬空，应根据实际要求接入适当的电压。例如"与门""与非门"的多余输入端可接到电源上；对于"或门""或非门"的多余输入端可接低电平。

（3）对输出端的处理。

CMOS 电路的输出端不能直接与 V_{DD} 或 V_{SS} 连接，否则将导致器件损坏。除三态输出器件外，不允许两个器件的输出端并联使用。

另外，由于 CMOS 电路输入阻抗高，容易受静电感应发生击穿，除电路内部设置保护电路外，在使用和存放时应注意静电屏蔽；焊接 CMOS 电路时，一般用 20W 内热式电烙铁，而且烙铁要有良好的接地线；也可以用电烙铁断电后的余热快速焊接；禁止在电路通电的情况下焊接，更不能在通电的情况下拔、插集成电路。

【例2-1-7】指出图 2-1-10 所示电路中，TTL 的输出各是什么状态（0 或 1）。

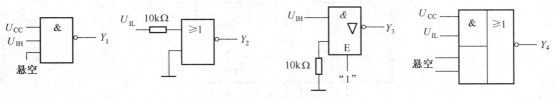

图 2-1-10 例 2-1-7 图

解：$Y_1=0$；$Y_2=1$；$Y_3=0$；$Y_4=0$

【例2-1-8】指出图 2-1-11 所示电路中，CMOS 的输出各是什么状态（0 或 1）。

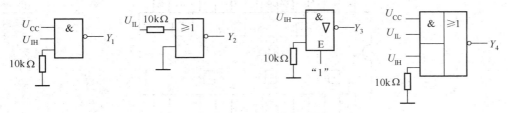

图 2-1-11 例 2-1-8 图

解：CMOS 电路由于具有输入电阻大、静态电流几乎为 0 的特点，输入端电位的高低与外接电阻的大小无关，而直接取决于外接电位的高低。因此有：

$$Y_1=1; \qquad Y_2=1; \qquad Y_3=1; \qquad Y_4=1$$

【例2-1-9】要实现下列各表达式所示功能，请改正图 2-1-12 所示电路中的错误。

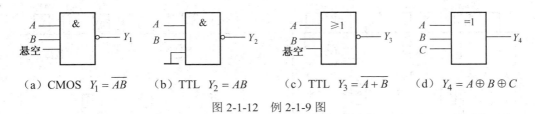

（a）CMOS $Y_1=\overline{AB}$ （b）TTL $Y_2=AB$ （c）TTL $Y_3=\overline{A+B}$ （d）$Y_4=A\oplus B\oplus C$

图 2-1-12 例 2-1-9 图

解：图（a）：悬空端改接高电平；图（b）：接地端改接高电平；图（c）：悬空端改接低电平；图（d）：异或门只有两个输入端。

项目实训

任务一 认识几种常用集成门电路

一、2 输入 4 与非门 74LS00 和 6 反相器 74LS04

图 2-1-13 和图 2-1-14 所示电路中，观察芯片引脚顺序，区分各个与非门的输入输出引脚。

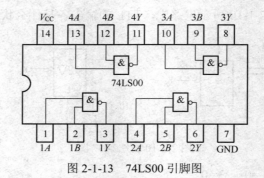

图 2-1-13　74LS00 引脚图

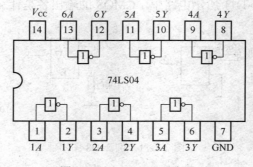

图 2-1-14　74LS04 引脚图

二、2 输入 4 与非门 CC4011 和 6 反相器 CC4069

如图 2-1-15 和图 2-1-16 所示，观察芯片引脚顺序，区分各个与非门的输入输出引脚。

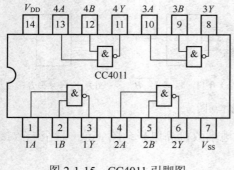

图 2-1-15　CC4011 引脚图

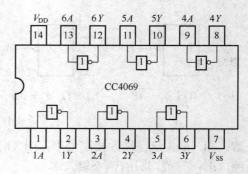

图 2-1-16　CC4069 引脚图

任务二　门电路逻辑功能的测试

（1）打开 Multisim 软件。

（2）从元器件库中调用所需的元器件。

（3）接入元件。

（4）搭建电路（图 2-1-17 至图 2-1-22）。

（5）分别操作按键，电路仿真运行。

（6）观察、记录、填表（表 2-1-11）。

（7）分析测试结果。

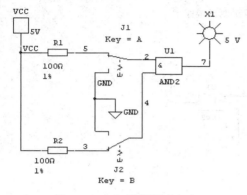

图 2-1-17　与逻辑测试电路

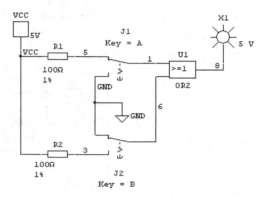

图 2-1-18　或逻辑测试电路

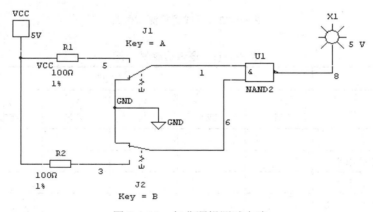

图 2-1-19　与非逻辑测试电路

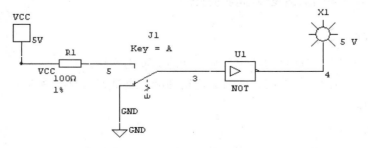

图 2-1-20　非逻辑测试电路

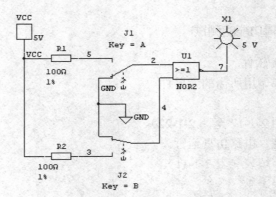

图 2-1-21　或非逻辑测试电路

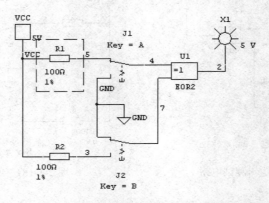

图 2-1-22　异或逻辑测试电路

表 2-1-11　逻辑功能测试表

输入		输出					
A	B	Y_1（与）	Y_2（或）	Y_3（非）	Y_4（与非）	Y_5（或非）	Y_6（异或）
0（低电平）	0（低电平）						
0（低电平）	1（高电平）						
1（高电平）	0（低电平）						
1（高电平）	1（高电平）						

任务三　集成逻辑门电路逻辑功能的测试

一、实训目的

（1）熟悉数字电路实训台的结构、基本功能和使用方法。

（2）掌握常用与门、与非门、或门的逻辑功能、测试方法及使用方法。

二、设备器材

（1）数字电路实训台。

（2）元器件：74LS00、74LS08、74LS32 各一块；导线若干。

三、实训说明

（1）数字电路实训箱提供 5V 的直流电源供用户使用。

（2）连接导线时，最好先测量导线的好坏，为了便于区别，最好用不同颜色导线区分电源和地线，一般用红色导线接电源，用黑色导线接地。

（3）实训箱"16 位逻辑电平输出"模块，由 16 个开关组成。开关往上拨时，对应的输出插孔输出高电平"1"；开关往下拨时，输出低电平"0"。

（4）实训箱"16 位逻辑电平输入"模块，提供 16 位逻辑电平 LED 显示器，可用于测试门电路逻辑电平的高低，LED 亮表示"1"，灭表示"0"。

四、实训内容和步骤

（1）74LS00（与非）、74LS08（与门）、74LS32（或门）管脚排列如图 2-1-23 所示。

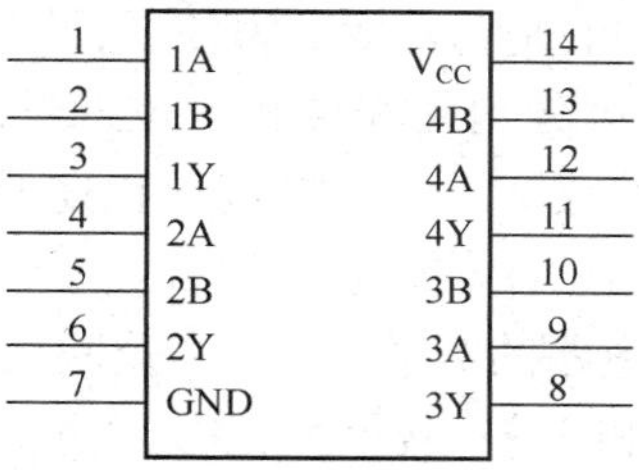

图 2-1-23　74LS00、74LS08、74LS32 管脚图

（2）测试 74LS00、74LS08、74LS32 的逻辑功能。

将集成块正确插入实训台的面板上，注意识别 1 脚位置，查管脚图，分清集成块的输入和输出端以及接地、电源端。按表 2-1-12 的要求输入高、低电平信号，测出相应的输出逻辑电平。

表 2-1-12　测试结果

芯片名称	输入		输出
	A	B	Y
74LS00	0	0	
	0	1	
	1	0	
	1	1	
74LS08	0	0	
	0	1	
	1	0	
	1	1	
74LS32	0	0	
	0	1	
	1	0	
	1	1	

五、实训报告要求

（1）整理实训结果，填入相应表格中，并写出逻辑表达式。

（2）小结实训心得体会。

本项目介绍了数字电路基本知识、逻辑函数和常用的逻辑门电路，基于 Multisim 仿真软件对门电路进行了逻辑功能的分析。

数字电路主要研究电路输入、输出数字信号之间的逻辑关系。分析和设计数字电路的数学工具是逻辑代数。

二进制是数字系统中最常用的记数体制，其基数为 2，数值为 0 和 1，可用来表示电平的高与低、开关的闭合与断开、事件的是与非等。为便于读写，计算机中还经常采用八进制和十六进制，其基数分别为 8 和 16，可分别用 3 位和 4 位二进制表示。十进制是日常生活中使用最多的记数体制，十进制数不能被数字设备直接接受和处理，一般采用二进制编码来表示，如 8421BCD 码、5421BCD 码、2421BCD 码、余 3 码等。

逻辑代数是分析和设计数字电路的数学工具，它反映了逻辑变量的运算规律。逻辑代数中的变量只有两种取值：0 或 1。0 和 1 并不表示数量的大小，而只是表示两种对立的逻辑状态。逻辑代数有三种基本运算：与、或、非。将这三种基本运算简单组合可构成复合逻辑，例如：与非、或非、与或非、同或、异或等。实现逻辑关系的电路称为门电路，经常使用的是集成门电路。

知识与技能训练

2-1-1　填空。

（1）数字电路主要研究电路输入和输出_____信号之间的_____关系。

（2）噪声容限指在保证输出高低电平在允许的变化范围内，输入电平允许的波动范围。噪声容限反映门电路_____能力的大小。

（3）扇出系数 N_0 是指 TTL 门电路能驱动同类门的_____，它是衡量门电路_____能力的一个参数。

（4）TTL 或非门电路多余输入端应_____。

（5）TTL 门电路输入端悬空时可以视为输入_____电平。

（6）从 TTL 反相器的输入伏安特性可得到两个重要参数，它们是_____和_____。

（7）传输门（TG）是一种_____的_____开关。

（8）TTL 与非门输入为低电平时，输出为_____，带_____负载。

（9）CMOS 电路具有_____、_____、_____、_____、_____等特点。

（10）TTL 门电路对多余的输入端最好不要_____，否则容易受到干扰，导致电路误动作。

（11）COMS "或门""或非门" 电路的多余输入端应_____处理。

2-1-2　判断下列说法是否正确，对的在括号内打 "√"，否则打 "×"。

（　　）（1）COMS 门电路的输入端不允许开路。

（　　）（2）三态门的输出有三个状态，分别是高电平、低电平和悬浮态。

（　　）（3）TTL 电路的电源均采用+5V，波动允许在±5%的范围内。

（　　）（4）COMS "与门" "与非门" 的多余输入端可接低电平。

（　　）（5）因 CMOS 电路的输入端都设置二极管保护电路，故多余输入端可悬空。

（　　）（6）TTL 电路的工作电源电压范围比较宽，允许在+3～+18V 范围内。

（　　）（7）正与非门电路采用负逻辑时，其逻辑功能为与或门。

（　　）（8）TTL "或门" "或非门" 电路的多余输入端只能接地。

（　　）（9）TTL 集成门电路的输出不允许与电源或地短路。

（　　）（10）三态门、OC 门电路的输出端不允许并联使用。

2-1-3　将下列二进制数转换成十进制数。

（1）1011　　　　（2）11011　　　　　　（3）100110.011　　　　（4）110011.01101

2-1-4　将下列十进制数转换成二进制数。

（1）36　　　　　（2）96　　　　　　　　（3）125　　　　　　　（4）13.25

2-1-5　将下列十六进制数转换成二进制数。

（1）36　　　　　（2）5A3C　　　　　　　（3）ABCD.C8　　　　　（4）F1FF.ED

2-1-6　将下列二进制数转换成八进制、十六进制数。

（1）110011　　　（2）1101011010011　　　（3）100110.011　　　　（4）1100011.0001101

2-1-7　将下列 8421 BCD 码转换成十进制数。

（1）1001　　　　（2）10010011　　　　　　（3）10000110.0111　　（4）11000011.0110

2-1-8　将下列十进制数转换成 8421 BCD 码。

（1）58　　　　　（2）236　　　　　　　　（3）81.39　　　　　　（4）13.25

2-1-9　集成门电路如题 2-1-9 图所示。根据图示逻辑关系对应写出输出 Y 的表达式。

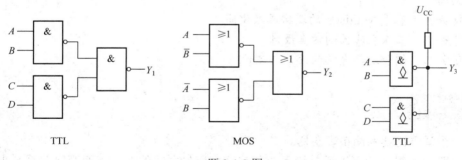

题 2-1-9 图

项目二　表决器电路

教学目标

知识目标
　　了解逻辑函数的基本表示形式及相互间的转换
　　掌握逻辑函数的基本定理及运算规则
　　掌握卡诺图法进行函数的化简方法
　　掌握组合逻辑电路的分析方法和设计方法
技能目标
　　掌握组合逻辑电路的分析方法
　　掌握组合逻辑电路的设计方法
　　掌握三人表决器的设计方法
知识链接
　　链接一　逻辑函数的表示形式及基本定律
　　链接二　逻辑函数的化简
　　链接三　组合逻辑电路的分析和设计
项目实训
　　任务一　基于 Multisim 的逻辑函数化简
　　任务二　三人表决器的仿真设计
　　任务三　组合逻辑电路的设计与测试

项目导入

　　设计一个举重比赛的简单表决器。

　　数字电路的逻辑功能可以通过输入变量与输出变量之间的关系（即逻辑关系）来描述，简单的逻辑功能可以用门电路来实现。任一时刻的输出状态只与同一时刻各输入状态的组合有关，而与电路以前的状态无关。可以通过逻辑函数来描述输入变量与输出变量之间的关系，也可以通过组合逻辑电路的设计来实现简单逻辑要求。

　　图 2-2-1 为简单表决器电路，在举重比赛的表决器设计中，基本要求为：有 3 个裁判，一个主裁判和两个副裁判。杠铃完全举上的裁决由每一个裁判按一下自己面前的按钮来确定。只有当两个或两个以上裁判判明成功，并且其中有一个为主裁判时，表明成功的灯才亮。根据基本要求，图 2-2-1 所示电路由 3 个与非门组成，可以实现上述功能。

　　A 为主裁，B、C 为副裁；当 A 为成功（高电平），B 或 C 有一个为成功（高电平），电路输出为高电平，灯亮；其余情况下电路输出为低电平，灯灭。

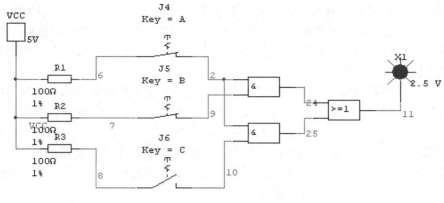

图 2-2-1　表决器电路

知识链接

链接一　逻辑函数的表示形式及基本定律

数字电路中输入变量与输出变量之间的关系称为逻辑关系，逻辑关系用逻辑函数来描述。逻辑函数的表示方法有真值表、逻辑函数表达式、逻辑图、卡诺图等形式。几种形式之间可以进行相互转换。

一、真值表

真值表可以直观地反映逻辑函数输入与输出间的对应关系。对于有 n 个输入的数字电路，每一个输入变量的取值有"0"和"1"两种，n 个输入变量则有 2^n 种取值组合，将全部输入变量的取值组合和相应的输出结果在表格中列出，即得到逻辑函数的真值表。

以三人表决器为例。表决的特点在于：当三人中任意两人及以上同意，表决通过；仅一人同意，否决。要用数字电路来实现。假设以 A、B、C 分别表示 3 个人的表决情况并作为输入，"1"表示同意，"0"表示不同意；用 Y 表示表决结果并作为输出，"1"表示表决通过，"0"表示表决未通过。根据表决器的功能，得到的真值表如表 2-2-1 所示，真值表具有唯一性。即：同一个逻辑函数，只有一个真值表。

表 2-2-1　三人表决器真值表

A	B	C	Y	A	B	C	Y
0	0	0	0	1	0	0	0
0	0	1	0	1	0	1	1
0	1	0	0	1	1	0	1
0	1	1	1	1	1	1	1

二、逻辑表达式

用"与""或""非"等逻辑关系组合起来可以表示逻辑函数的输入与输出间的逻辑关系，由此得到的关系式就是逻辑表达式。

由真值表可以写出逻辑函数的表达式。真值表写出表达式的方法为：找出表中每组输出为 1 对应的输入组合，转换为变量形式，组合中为"1"的取值，转换为对应的原变量，为"0"的取值，转换为对应原变量的反变量，各变量进行与运算（逻辑乘），得到一个乘积项；所得的乘积项再进行或运算（逻辑加），即得到对应的表达式。

在前述三人表决器的真值表中，输出为 1 对应的输入变量取值分别为：011、101、110、111 四组，转换为变量形式为 $\bar{A}BC$、$A\bar{B}C$、$AB\bar{C}$、ABC。对应的逻辑表达式为：

$$Y=\bar{A}BC+A\bar{B}C+AB\bar{C}+ABC$$

通过逻辑表达式可以写出真值表。方法为：把表达式中 n 个输入变量的 2^n 个取值组合有序地写入真值表中；根据表达式所表示的逻辑关系确定对应的输出，填入表中即可。

例如 $Y=AB+C$，对应的真值表如表 2-2-2 所示。

表 2-2-2　$Y=AB+C$ 的真值表

A	B	C	Y	A	B	C	Y
0	0	0	0	1	0	0	0
0	0	1	1	1	0	1	1
0	1	0	0	1	1	0	1
0	1	1	1	1	1	1	1

三、逻辑图

逻辑函数可以用表示门电路的逻辑符号连接而成，由此得到的电路图称为逻辑图。逻辑图可以直观地反映逻辑函数的实现情况。

由表达式可以直接画出逻辑图，根据逻辑图也可以写出逻辑函数的表达式。

以前述三人表决器为例，其逻辑表达式为 $Y=\bar{A}BC+A\bar{B}C+AB\bar{C}+ABC$。对应的逻辑图如图 2-2-2 所示。从图 2-2-2 可以看出，三人表决器可以用三个与门和一个或门连接而成。

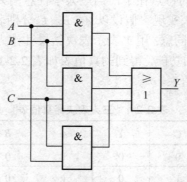

图 2-2-2　三人表决器逻辑图

四、逻辑代数的基本定律

在实现同一逻辑功能的前提下，逻辑表达式越简单，则需要门的数量越少，电路越简单。因此，逻辑表达式的化简是进行逻辑电路分析和设计必不可少的过程。本节将介绍化简所需的逻辑代数的基本公式、重要定理、常用公式、逻辑函数及其表示法。

逻辑代数的基本定律（或称基本公式）反映了逻辑运算的基本规律。

1. 01 律

$$A \cdot 0 = 0 \quad A + 0 = A \quad A \cdot 1 = A \quad A + 1 = 1 \tag{2-2-1}$$

2. 交换律

$$A \cdot B = B \cdot A \quad A + B = B + A \tag{2-2-2}$$

3. 结合律

$$A \cdot (B \cdot C) = (A \cdot B) \cdot C \quad A + (B + C) = (A + B) + C \tag{2-2-3}$$

4. 分配律

$$A \cdot (B + C) = AB + AC \quad A + B \cdot C = (A + B)(A + C) \tag{2-2-4}$$

5. 互补律

$$A \cdot \overline{A} = 0 \quad A + \overline{A} = 1 \tag{2-2-5}$$

6. 重叠律

$$A \cdot A = A \quad A + A = A \tag{2-2-6}$$

7. 反演律（摩根律）

$$\overline{A \cdot B} = \overline{A} + \overline{B} \quad \overline{A + B} = \overline{A} \cdot \overline{B} \tag{2-2-7}$$

8. 还原律

$$\overline{\overline{A}} = A \tag{2-2-8}$$

9. 吸收律

$$A \cdot (A + B) = A \quad A + A \cdot B = A \tag{2-2-9}$$

可以看出，每个定律几乎都是成对出现的，成对出现的式子互为对偶式。以上公式均可采用真值表证明。

【例 2-2-1】试证明式（2-2-4）中的 $A + B \cdot C = (A + B)(A + C)$。

解：将变量 A、B、C 的所有取值组合分别代入等式两边进行逻辑运算，结果如表 2-2-3 所示。

表 2-2-3　式 $A + B \cdot C = (A + B)(A + C)$的真值表

A	B	C	$A + B \cdot C$	$A + B$	$A + C$	$(A + B)(A + C)$
0	0	0	0	0	0	0
0	0	1	0	0	1	0
0	1	0	0	1	0	0
0	1	1	1	1	1	1
1	0	0	1	1	1	1
1	0	1	1	1	1	1
1	1	0	1	1	1	1
1	1	1	1	1	1	1

由表 2-2-3 可以看出，对于任一组 A、B、C 的取值，等式左面的 $A + B \cdot C$ 和右面的$(A + B)(A + C)$的值都相等，由此可证明：$A + B \cdot C = (A + B)(A + C)$。

五、常用公式

利用前面介绍的基本定律，可以得到如下常用公式。熟练地掌握和使用这些公式将为化简逻辑函数带来很多方便。

（1） $$AB + A\overline{B} = A$$ （2-2-10）

（2） $$AB + \overline{A}B = A + B$$ （2-2-11）

（3） $$AB + \overline{A}C + BC = AB + \overline{A}C$$ （2-2-12）

（4） $$AB + \overline{A}C + BCD = AB + \overline{A}C$$ （2-2-13）

六、基本规则

逻辑代数中还有三个基本规则：代入规则、反演规则和对偶规则。这三个基本规则和基本定律一起构成了完整的逻辑代数系统，可以用来对逻辑函数进行描述、推导和变换。

1. 代入规则

在逻辑等式中，若将等式两边所出现的同一变量以一个逻辑函数代换后，该逻辑等式仍然成立。

因为任何一个逻辑函数式也和任何一个逻辑变量一样，只有 0 和 1 两种可能的取值。原等式对某一变量成立，而将该变量以另一逻辑函数代替，等式自然也成立。

2. 反演规则

对于任意一个逻辑函数 Y，若将表达式中所有的"·"换成"+"、"+"换成"·"、"0"换成"1"、"1"换成"0"、原变量换成反变量、反变量换成原变量，那么所得到的新的逻辑函数表达式就是原函数 Y 的反函数 $\overline{Y}$。这就是反演规则。

3. 对偶规则

对于任意一个逻辑函数 Y，若将表达式中所有的"·"换成"+"、"+"换成"·"、"0"换成"1"、"1"换成"0"，而变量形式不变，并保持原来的运算优先级，则得到一个新函数 Y^*，Y^* 称为 Y 的对偶式。

对偶规则是：如果两个逻辑函数表达式相等，那么它们各自的对偶式一定相等。

链接二　逻辑函数的化简

1. 化简的意义

从真值表得出的逻辑函数表达式，往往不是最简式。逻辑函数表达式与逻辑图有直接关系，表达式越简单，则实现该逻辑函数所需的逻辑关系就越少。这样既可节省集成电路数目，降低系统的成本；又可减少焊接点，大大提高电路的可靠性。因此需要对逻辑函数进行化简。

2. 最简与或表达式

一个逻辑函数可以有多种不同的表达式，例如：

$$Y = AB + \overline{A}C \qquad \text{与或表达式}$$
$$= (A + C)(\overline{A} + B) \qquad \text{或与表达式}$$
$$= \overline{\overline{A + B} + \overline{A + C}} \qquad \text{与非—与非表达式}$$
$$= \overline{\overline{A + C} + \overline{A + B}} \qquad \text{或非—或非表达式}$$
$$= \overline{\overline{AC} + \overline{AB}} \qquad \text{与或非表达式}$$

由于从逻辑函数的真值表可以直接得到与或表达式，同时其他形式的表达式都容易展开成与或表达式，而最简的与或表达式可以比较容易地得到其他类型的最简表达式。因此，本书主要讨论与或式的化简方法。

最简与或式的标准是：

（1）乘积项的个数应该最少。

（2）每个乘积项中所含变量的个数最少。

化简逻辑函数的方法，常用的有代数法和卡诺图法。

二、代数化简法

代数化简法就是利用逻辑代数的基本定律和常用公式进行化简。

1. 并项法

利用互补律 $A+\overline{A}=1$，将两项合并为一项，合并时消去一个变量，例如：
$$Y = \overline{A}\overline{B}\overline{C} + \overline{A}B\overline{C} + \overline{A}\overline{B}\overline{C} + A\overline{B}\overline{C} = (A+\overline{A})\overline{B}\overline{C} + (\overline{A}+A)\overline{B}\overline{C} = \overline{B}\overline{C} + B\overline{C} = \overline{C}$$

2. 吸收法

利用吸收律 $A+AB=A$，吸收掉 AB 这一项，例如：
$$Y = B\overline{C} + \overline{AB}CD(E+F) = B\overline{C} + B\overline{C}AD(E+F) = B\overline{C}$$

3. 消去法

利用常用公式 $A+\overline{A}B = A+B$，消去多余因子 A，例如：
$$Y = AB + \overline{A}C + \overline{B}C = AB + (\overline{A}+\overline{B})C = AB + \overline{AB}C = AB + C$$

4. 配项法

利用重叠律 $A+A=A$ 来配项，以获得更加简单的化简结果，例如：
$$Y = AB + \overline{A}BC + \overline{A}\overline{B}C = ABC + \overline{A}BC + \overline{A}\overline{B}C + ABC = BC + C = C$$

上述几种方法是最常用的代数化简法。化简逻辑函数时可能使用其中一种方法，也可能要兼用几种方法，才能得到化简的结果。

【例 2-2-2】化简函数 $Y = ABC\overline{D} + ABD + BC\overline{D} + ABC + BD + B\overline{C}$。

解：
$$\begin{aligned}
Y &= ABC\overline{D} + ABD + BC\overline{D} + ABC + BD + B\overline{C} \\
&= ABC\overline{D} + BC\overline{D} + ABD + BD + ABC + B\overline{C} \\
&= BC\overline{D} + BD + ABC + B\overline{C} && \text{（吸收法）}\\
&= B(C\overline{D}+D) + B(AC+\overline{C}) = B(C+D) + B(A+\overline{C}) && \text{（消去法）}\\
&= BC + BD + AB + B\overline{C} \\
&= BC + B\overline{C} + BD + AB = B + BD + AB && \text{（并项法）}\\
&= B && \text{（吸收法）}
\end{aligned}$$

由例 2-2-2 可以看出，作为数字电路化简的一个基本工具，一些常用的代数化简法应该熟悉并掌握。对于三变量和四变量的化简，更多使用的是卡诺图化简法，相对于代数化简法，使用卡诺图法化简要容易得多。

三、逻辑函数的卡诺图化简

1. 逻辑函数的最小项

（1）最小项的定义。

在 n 变量的逻辑函数中，如果一个乘积项含有 n 个变量，而且每个变量以原变量或以反变量的形式在该乘积项中仅出现一次，则该乘积项称为 n 变量的最小项。

例如，逻辑变量有 A、B、C 三个，则逻辑变量的组合有 $2^3 = 8$ 个，根据最小项的定义，相应最小项有：$\overline{A}\,\overline{B}\,\overline{C}$、$\overline{A}\,\overline{B}C$、$\overline{A}B\overline{C}$、$\overline{A}BC$、$A\overline{B}\,\overline{C}$、$A\overline{B}C$、$AB\overline{C}$、$ABC$，可见三个变量共有 8 个最小项。对于 n 个变量来说，共有 2^n 个最小项。

注意：提到最小项时，一定要说明变量的数目，否则最小项将失去意义。例如，ABC 对三变量的逻辑函数来说是最小项，而对于四变量的逻辑函数则不是最小项。

（2）最小项的编号。

为便于叙述和书写，通常都要对最小项进行编号。编号的方法是，把使最小项为 1 的那一组变量取值组合视为二进制数，与其对应的十进制数，就是该最小项的编号。例如，三变量 A、B、C 的最小项 $\overline{A}\,\overline{B}\,\overline{C}$，使它的值为 1 所对应的变量取值组合是 000，相应的十进制数是"0"，因此最小项 $\overline{A}\,\overline{B}\,\overline{C}$ 的编号是 0，并记作 m_0。同理，最小项 $\overline{A}\,\overline{B}C$ 对应的变量取值组合为 001，编号为 1，记作 m_1；依此类推，$\overline{A}B\overline{C}=m_2$，$\overline{A}BC=m_3$，…，$ABC=m_7$，如表 2-2-4 所示。

表 2-2-4　三变量所有最小项的表示形式

最小项	变量取值（ABC）	最小项的编号
$\overline{A}\,\overline{B}\,\overline{C}$	000	m_0
$\overline{A}\,\overline{B}C$	001	m_1
$\overline{A}B\overline{C}$	010	m_2
$\overline{A}BC$	011	m_3
$A\overline{B}\,\overline{C}$	100	m_4
$A\overline{B}C$	101	m_5
$AB\overline{C}$	110	m_6
ABC	111	m_7

（3）逻辑函数的最小项表达式。

任何一个逻辑函数，都可以用若干最小项之和来表示，即最小项表达式。逻辑函数最小项表达式可由真值表直接写出，并且和真值表一样，也具有唯一性，即一个逻辑函数只有一个最小项表达式。

真值表可以直接写出逻辑函数的最小项表达式，用逻辑代数的基本定律和公式，也可将逻辑函数的其他表达式展开或变换成最小项表达式。

【例 2-2-3】已知逻辑函数的真值表如表 2-2-5 所示，求函数 Y 的最小项表达式。

表 2-2-5　例 2-2-3 真值表

A	B	C	Y	A	B	C	Y
0	0	0	0	1	0	0	0
0	0	1	0	1	0	1	0
0	1	0	1	1	1	0	1
0	1	1	1	1	1	1	0

解：由表 2-2-5 可知，使 $Y=1$ 的输入变量 A、B、C 的取值组合有 010、011、110 三组，相应的最小项有三项，所以，最小项表达式为：

$$Y = \overline{A}B\overline{C} + \overline{A}BC + AB\overline{C}$$

可写成：$Y = m_2 + m_3 + m_6 = \sum m(2,3,6)$

其中，$\sum$ 表示逻辑或，m 表示最小项。

【例 2-2-4】 写出函数 $Y(A、B、C) = AB + BC + CA$ 的最小项表达式。

解：这是一个包含 $A、B、C$ 三个变量的逻辑函数表达式。乘积项 AB 中缺少 C，利用 $(C+\overline{C})$ 乘以 AB；BC 中缺少 A，利用 $(A+\overline{A})$ 乘以 BC；CA 中缺少 B，利用 $(B+\overline{C})$ 乘以 CA，然后展开的最小项表达式为：

$$Y = AB(C+\overline{C}) + BC(A+\overline{A}) + CA(B+\overline{B}) = ABC + AB\overline{C} + ABC + \overline{A}BC + ABC + A\overline{B}C$$
$$= ABC + AB\overline{C} + \overline{A}BC + A\overline{B}C = m_7 + m_6 + m_3 + m_5 = \sum m(3,5,6,7)$$

2. 卡诺图化简逻辑函数

（1）卡诺图的画法。

在有 n 个变量的逻辑函数中，如果两个最小项中只有一个变量不相同（互为反变量），而其余变量都相同，则称这两个最小项为逻辑相邻项。例如，三变量 $A、B、C$ 的两个最小项 ABC 和 $A\overline{B}C$ 就是逻辑相邻项。

图 2-2-3 中，图（b）和（c）分别为三变量和四变量的卡诺图。注意三变量和四变量卡诺图中，输入变量取值一定要按 00、01、11、10 排列，以保证几何位置的相邻所代表的最小项在逻辑上也相邻。

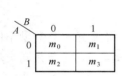

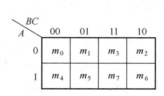

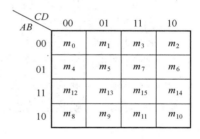

（a）两变量卡诺图　　　　（b）三变量卡诺图　　　　（c）四变量卡诺图

图 2-2-3　卡诺图

在数字电路中，用得较多的是三、四变量的卡诺图。五变量或五变量以上的卡诺图比较复杂，通常很少用。

（2）逻辑函数卡诺图表示法。

卡诺图中的每一个小方格都对应一个最小项，而任何一个逻辑函数均可用最小项表达式表示，那么只要把函数中包含的最小项在卡诺图中填 1，没有的项填 0（或不填），就可得到逻辑函数的卡诺图。例如，函数 $Y(A,B,C)=\sum m(2,3,6)$ 的卡诺图如图 2-2-4 所示。

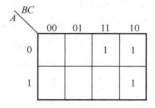

图 2-2-4　$Y(A,B,C)=\sum m(2,3,6)$ 的卡诺图

【例 2-2-5】 将逻辑函数 $Y = \overline{AB} + BC + AC + \overline{BCD}$ 用卡诺图表示。

解：由变量可知，这是一个四变量函数，应画出四变量卡诺图。由该表达式可知，逻辑函数的各乘积项均不是最小项形式。应首先按例 2-2-4 的方法，将表达式转换为最小项表达式，然后将表达式中所包含的最小项在卡诺图中的相应方格内填 1，如图 2-2-5 所示。

例 2-2-5 采用的方法比较麻烦，可采用一种快速填表的方法直接填入。由第一项 $\overline{AB}$ 可知，

它与 C、D 无关，可以写作 $\overline{AB} \times \times$，在对应 $\overline{AB}$=00（00 行）的所有方格（0、1、3、2 四个方格）内填入 1。由第二项 BC 可知，它与 A、D 无关，可以写作 $A \times C \times$，即在所有既符合 A=1（11、10 两行）又符合 C=1（11、10 两列）的方格（15、14、11、10 四个方格）内填 1。由第三项 AC 可知，它与 B、D 无关，可以写作 $\times BC \times$，即在所有既符合 B=1（01、11 两行）又符合 C=1（11、10 两列）的方格（7、6、15、14 四个方格）内填 1。由第四项 $\overline{BCD}$ 可知，它与 A 无关，可以写作 $\times \overline{BCD}$，在既符合 $\overline{B}$=0（00、10 两行）又符合 $\overline{CD}$=00（00 列）的方格（0、8 两个方格）内填入 1。

AB＼CD	00	01	11	10
00	1	1	1	1
01			1	1
11			1	1
10	1		1	1

图 2-2-5　例 2-2-5 的卡诺图

应当说明的是，采用快速填表法在卡诺图中填写 1 时，有可能同一个方格内会填入两个 1 或三个 1，因逻辑代数中 1+1+1=1，故仅填一个 1 即可。

（3）化简方法。

卡诺图化简逻辑函数的本质，是合并最小项以消去相应的变量。将仅有一个变量不同的两个最小项合并起来，就可消去该变量，例如 $ABC + A\overline{B}C = AC(B+\overline{B}) = AC$。合并同类项的化简反映在卡诺图上，就是把最小项为 1 的两个相邻方格圈起来，就可消去那个取值不同的变量。

在卡诺图中，凡是几何相邻的最小项均可合并，合并时可以消去取值不同的变量，留下取值相同的变量。两个最小项合并成一项时可以消去一个变量，四个最小项合并成一项时可以消去两个变量，八个最小项合并成一项时可以消去三个变量。一般地说，2^n 个最小项合并成一项时可以消去 n 个变量。

【例 2-2-6】化简 $Y = \overline{AB}C + A\overline{BC} + A\overline{B}C + AB\overline{C}$。

解：因为 $Y=\sum m(1,4,5,6)$，所以在 ABC 为 001、100、101、110 四个方格内填入 1，如图 2-2-6 所示。

图 2-2-6 中，根据相邻情况可画两个圈，应注意左下角和右下角两个最小项（同一行的首尾）为相邻，这个圈表示两个最小项 $A\overline{BC}$ 和 $AB\overline{C}$，其相同部分为 $A\overline{C}$；另一个圈中的两个最小项是 $\overline{AB}C$ 和 $A\overline{B}C$，其相邻部分为 $\overline{B}C$。

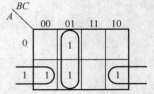

图 2-2-6　例 2-2-6 的卡诺图

因此，函数 Y 化简后为：$Y = \overline{B}C + A\overline{C}$。

实际上，相同部分可在卡诺图上直接看出，如图 2-2-6 中，A=1 行中的圈 $A\overline{C}$=10 是相同的应留下，消去不同的 B；C=1 列中的圈，只有 $\overline{B}C$=01 相同的应留下，消去不同的 A。

注意，ABC 为 100 和 101 这两个方格不能画圈，否则将多一项 $A\overline{B}$，最后的逻辑式不是最简式。其原因是这个圈中没有新的小方格。可见，画圈时要保证圈数最少，且每个圈中都必须至少有一个小方格是新的。

【例 2-2-7】 化简 $Y=\sum m(0,2,3,7,8,10,11,13,15)$。

解： 在四变量卡诺图中将表达式中的各最小项在相应位置填 1，如图 2-2-7 所示。

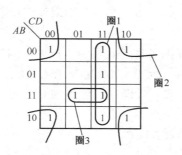

图 2-2-7　例 2-2-7 的卡诺图

图 2-2-7 所示的卡诺图中，可画出圈 1、圈 2、圈 3 三个圈。圈 1 中相同的部分为 CD=11，留下 CD，消去 AB；圈 2 中相同部分为 $\overline{BD}$=00，留下 $\overline{BD}$，消去 AC；圈 3 中相同部分为 ABD=111，留下 ABD，消去 C；化简的结果为 $Y=CD+\overline{BD}+ABD$。

由例 2-2-7 可得如下结论：

①圈应该画得尽可能大，每个圈内包含的方格数应为 2^n 个，即 2、4、8、16……

②应注意四个角相邻，同一行（列）的首尾也是相邻的。

③在画圈时，每个方格可被重复使用，但每个圈中至少要包含一个新的方格。

（4）化简的一般步骤。

根据以上所举的例子，可以归纳出用卡诺图化简逻辑函数的一般步骤：

①将逻辑函数用最小项形式表示，然后画出该函数的卡诺图。若方格对应的最小项存在，则在方格内填 1，不存在不填。

②在卡诺图上将相邻最小项合并。合并原则是：将相邻两个方格合并，即把它们圈在一起，消去一个出现了 0、1 状态的变量；将相邻四个方格合并，可消去两个出现了 0、1 状态的变量；相邻八个方格合并，可消去三个出现了 0、1 状态的变量，依此类推。合并时应注意以下几点：

- 画圈的方格数必须是 $2n$ 个（n=0，1，2，3，…）。
- 所画圈的数目应最少，每个圈内的方格数应尽可能多。
- 一个方格可被多个圈公用，但每个圈内必须包含有新的方格。
- 同一行（列）的首尾以及四个角为相邻。

③消去每个圈内取值不同的变量，据此把各个圈得到的与项相加（或）起来，便得到化简后的最简与或表达式。

3. 具有约束项的逻辑函数的化简

（1）约束项和约束条件。

用 8421BCD 码表示一位十进制数 0～9 作为输入时，输入端有 A、B、C、D 四位代码，它共有 2^4=16 种组合，实际只需要其中 10 个组合 0000～1001，而 1010、1011、1100、1101、1110、1111 这 6 种组合是多余项，正常情况下，输入端是不会出现这 6 种取值情况的。这些不会出现的变量取值组合所对应的最小项叫做约束项，也叫无关项。

由于约束项对应的变量取值组合是不会也不应该出现的，其值恒为 0，所有约束项之和也为 0。由约束项加起来所构成的逻辑表达式，叫约束条件，所以，约束条件是一个恒为 0 的条件式。

（2）约束条件的表示方法。

在真值表中，用叉号（×）表示，即在对应于约束项变量取值组合的函数值处，记上"×"，以区别于其他取值组合。

在逻辑表达式中，用等于 0 的条件等式表示，例如，8421BCD 码表示十进制数的约束条件是：$\overline{A}\,\overline{B}C\overline{D} + \overline{A}\,\overline{B}CD + AB\overline{C}\,\overline{D} + AB\overline{C}D + ABC\overline{D} + ABC = 0$，或 $\sum d(10,11,12,13,14,15)=0$。

在卡诺图中，用叉号"×"表示，即在各约束项对应的方格内填入"×"，以区别于其他最小项。

（3）有约束条件的逻辑函数的化简。

利用卡诺图化简逻辑函数合并最小项时，可根据化简的需要，包含或去掉约束项。即在画图时，既可把"×"视作 1，也可视作 0，这完全取决于对化简是否有利。这是因为各约束条件的取值恒为 0，显然函数不会受影响。在函数化简中，合理利用约束项，可使逻辑函数化简结果更为简单。

四、逻辑表达式不同形式间的相互转换

根据市场上使用的数字集成电路的情况，可以选择逻辑表达式的不同形式来实现逻辑电路功能。

常用的逻辑表达式有与或式及与非式两种形式，相互之间可以进行转换，方法为：在卡诺图中首先圈 1 得到最简与或式，然后将最简与或式两次求反就可以得到与非式。

【例 2-2-8】 化简 $Y = \overline{B}CD + B\overline{C} + \overline{A}CD + A\overline{B}C$，并用与或门及与非门实现 Y。

解：用快速填表法可得函数 Y 的卡诺图如图 2-2-8（a）所示，由图可得 Y 的最简与或式为：

$$Y = B\overline{C} + A\overline{B}C + \overline{A}BD$$

Y 的与非式为：
$$Y = \overline{\overline{B\overline{C} + A\overline{B}C + \overline{A}BD}} = \overline{\overline{B\overline{C}} \cdot \overline{A\overline{B}C} \cdot \overline{\overline{A}BD}}$$

图 2-2-8（b）为用与或门实现的逻辑图，（c）为用与非门实现的逻辑图。

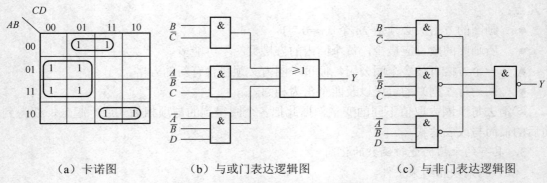

（a）卡诺图　　　　（b）与或门表达逻辑图　　　　（c）与非门表达逻辑图

图 2-2-8　例 2-2-8 的卡诺图及逻辑图

对比图 2-2-8（b）（c）可看出，虽然两种门电路均可实现函数 Y，且使用的门电路都是四个，但是图 2-2-8（b）要使用两种类型的门电路，即三个与门和一个或门；而图 2-2-8（c）仅需要一种类型的门电路，即四个与非门，显然图 2-2-8（c）在工程上实现起来要简单一些。

链接三　组合逻辑电路的分析和设计

一、组合逻辑电路的特点

逻辑电路按照逻辑功能的不同可分为两大类：一类是组合逻辑电路（简称组合电路），另一类是时序逻辑电路（简称时序电路）。组合逻辑电路的特点在于任何时刻的输出仅仅取决于该时刻输入信号的状态，与电路原来的状态无关。电路不包含具有记忆（存储）功能的元件或电路且不存在反馈回路，如图 2-2-9 所示。

图 2-2-9　组合电路示意图

二、组合逻辑电路的分析方法

分析组合逻辑电路的目的就是根据给定的逻辑电路，找出其输入与输出之间的逻辑关系，确定其逻辑功能。方法步骤如下：

（1）根据给出的逻辑图，写出各输出端的逻辑表达式。

（2）对表达式进行逻辑化简或变换，求出最简式。

（3）列出真值表。

（4）根据真值表或逻辑表达式确定其逻辑功能。

【例 2-2-9】试分析图 2-2-10 所示电路的逻辑功能。

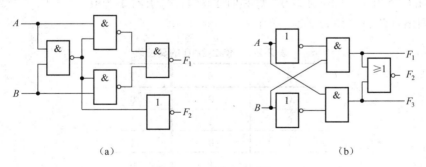

（a）　　　　　　　　　　　　　　（b）

图 2-2-10　例 2-2-9 图

解：（1）写出逻辑表达式并化简。

图（a）：

$$F_1 = \overline{\overline{\overline{AB}A} \ \overline{\overline{AB}B}} = \overline{\overline{AB}A} + \overline{\overline{AB}B} = A\overline{B} + \overline{A}B$$

$$F_2 = \overline{\overline{AB}} = AB$$

图（b）：

$$F_1 = \overline{A}B \quad F_3 = A\overline{B} \quad F_2 = \overline{F_1 + F_3} = \overline{\overline{A}B + A\overline{B}}$$

（2）列出真值表，分别如表 2-2-6（a）和（b）所示。

表 2-2-6（a）	图（a）真值表		
A	B	F_1	F_2
0	0	0	0
0	1	1	0
1	0	1	0
1	1	0	1

表 2-2-6（b）	图（b）真值表			
A	B	F_1	F_2	F_3
0	0	0	1	0
0	1	1	0	0
1	0	0	0	1
1	1	0	1	0

（3）功能说明：

图（a）：一位半加器，F_1 为本位和，F_2 为进位。

图（b）：一位数值比较器，当 $A=B$ 时，$F_2=1$；当 $A>B$ 时，$F_3=1$；当 $A<B$ 时，$F_1=1$。

三、组合逻辑电路的设计方法

组合逻辑电路设计的目的是根据功能要求设计最佳电路。电路的设计步骤如下：

（1）根据设计要求，确定输入、输出变量的个数，并对它们进行逻辑赋值（即确定 0 和 1 代表的含义）。

（2）根据逻辑功能要求列出真值表。

（3）根据真值表利用卡诺图进行化简得到逻辑表达式。

（4）根据要求画出逻辑图。

（5）选择元器件实现逻辑电路。

【例 2-2-10】两地一灯电路设计：设计一个楼上、楼下开关的控制逻辑电路来控制楼梯上的电灯，实现如下功能：在上楼前，用楼下开关打开电灯，上楼后，用楼上开关关灭电灯；或者在下楼前，用楼上开关打开电灯，下楼后，用楼下开关关灭电灯。

解：（1）确定输入、输出变量的个数及赋值。设楼上开关为 A，楼下开关为 B，灯泡为 Y。并设 A、B 闭合时为 1，断开时为 0；灯亮时 Y 为 1，灯灭时 Y 为 0。

（2）列出真值表，如表 2-2-7 所示。

表 2-2-7　例 2-2-10 的真值表

A	B	Y
0	0	0
0	1	1
1	0	1
1	1	0

（3）化简。由真值表可得：$Y = \overline{A}B + A\overline{B} = A \oplus B$

（4）画逻辑图。若要求用异或门实现，则逻辑电路图如图 2-2-11（a）所示。

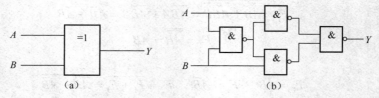

图 2-2-11　例 2-2-10 的逻辑电路图

若要求用与非门实现，将表达式转换成与非形式，即 $Y = \overline{A}B + A\overline{B} = \overline{\overline{\overline{A}B} \cdot \overline{A\overline{B}}}$，画出逻辑电路图如图 2-2-11（b）所示。

项目实训

任务一 基于 Multisim 的逻辑函数化简

使用 Multisim 进行例 2-2-2 的函数化简步骤

（1）从仪器库中拖出逻辑变换器-XLC1。

（2）双击逻辑变换器-XLC1，显示逻辑变换器工作界面，如图 2-2-12 所示。

（3）在函数栏中输入函数表达式 $Y = ABC\overline{D} + ABD + BC\overline{D} + ABC + BD + B\overline{C}$，单击"表达式转换为真值表"按钮；再单击"真值表转换为最简表达式"按钮，函数栏所示即为化简结果。

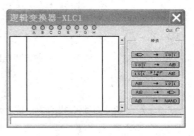

图 2-2-12 逻辑变换器

任务二 三人表决器的仿真设计

一、设计要求

设计一个三人表决器（例如：举重裁判表决电路）。设举重比赛有 3 个裁判，一个主裁判和两个副裁判。杠铃完全举起的裁决由每一个裁判按一下自己面前的按钮来确定。只有当两个或两个以上裁判按下按钮，并且其中有一个为主裁判时，表明成功的灯才亮。

二、仿真设计

由题目要求，可设主裁判为变量 A，副裁判分别为 B 和 C；表示成功与否的灯为 Y。

（1）从仪器库中拖出逻辑变换器-XLC1；双击逻辑变换器-XLC1，显示逻辑变换器工作界面。

（2）选择 A、B、C 三个变量，画面中出现 3 变量的真值表，如图 2-2-13（a）所示。

（3）按照电路功能要求将输出端的"？"分别置为 1 或 0，如图 2-2-13（b）所示。

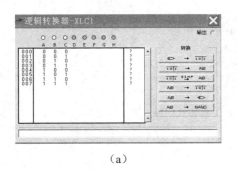
（a）

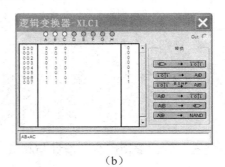
（b）

图 2-2-13 设置输出端

（4）再单击"真值表转换为最简表达式"按钮，函数栏所示即为化简结果。

（5）得最简与或式为 $Y=AB+AC$，单击"表达式转换为连接图"按钮，即得所需电路，如图 2-2-14（a）和（b）所示。

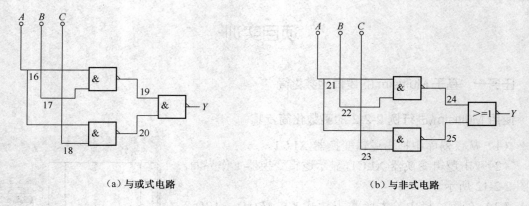

（a）与或式电路　　　　　　　　　　　（b）与非式电路

图 2-2-14

（6）进行电路功能仿真，需按图 2-2-15 和图 2-2-16 所示电路进行连接并仿真。

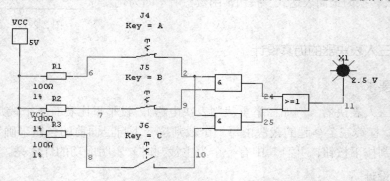

图 2-2-15　与或式三人表决器仿真电路

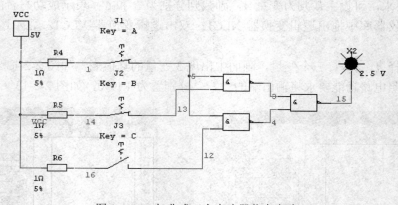

图 2-2-16　与非式三人表决器仿真电路

任务三　组合逻辑电路的设计与测试

一、实训目的

掌握组合逻辑电路的分析设计、测试方法。

二、设备器材

（1）数字电路实训箱。

（2）元器件：74LS00、74LS20 各一块，导线若干。

三、实训说明

设计一个三人表决电路，当多数人同意时，则表决通过，逻辑 1（灯亮）表示同意通过，逻辑 0（灯灭），表示不同意。

四、实训内容和步骤

（1）根据任务要求，列出真值表，如表 2-2-8 所示。

表 2-2-8　三人表决电路真值表

输入			输出
A	B	C	Y
0	0	0	0
0	0	1	0
0	1	0	0
0	1	1	1
1	0	0	0
1	0	1	1
1	1	0	1
1	1	1	1

（2）由真值表写出逻辑表达式（与非－与非式）为：

$$Y = \overline{A}BC + A\overline{B}C + AB\overline{C} = AB + AC + BC = \overline{\overline{AB} \cdot \overline{BC} \cdot \overline{AC}}$$

（3）根据表达式画出电路图，如图 2-2-17 所示。

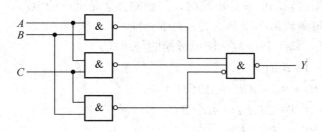

图 2-2-17　三人表决器电路

（4）按电路图接线，测试电路的功能。

五、实训报告要求

（1）小结实训心得体会。

（2）思考如果是四人表决器，则电路图应该是怎样的？

关键知识点小结

本项目介绍了逻辑函数的表示方法及化简，逻辑函数有真值表、逻辑函数表达式、逻辑图、卡诺图等表示形式，几种形式间可以相互转换。化简逻辑函数可简化逻辑电路，逻辑函数的化简有代数法和卡诺图法两种。代数法化简逻辑函数，需要牢记一些公式和运算规则；卡诺图法化简逻辑函数比较直观、简便，也容易掌握。组合逻辑电路任一时刻的输出，取决于该时刻各输入状态的组合，而与电路的原状态无关。其电路结构特点：由门电路构成，电路中无记忆单元。

本项目基于 Multisim 软件进行了组合逻辑电路设计。组合逻辑电路在功能上千差万别，但其分析方法和设计方法都是相同的。掌握了一般的分析方法，可分析得出任何给定电路的逻辑功能；掌握基本的设计方法，就可据已知的实际要求设计获得相应的逻辑电路。所以学习本项目的重点应放在组合逻辑电路分析方法和基本设计方法上，而不必去记忆各种具体电路。

知识与技能训练

2-2-1　填空。

（1）组合逻辑电路由_____构成。任何时刻的输出仅仅取决于_____的状态，与电路的_____无关。

（2）逻辑函数的反演规则指当_____，就得到 F 的反函数 $\bar{F}$。

（3）逻辑函数的表示方法有_____、_____、逻辑图、_____等形式。几种形式之间可以进行_____。

（4）逻辑代数中有三个基本规则：它们是_____、_____、_____。

2-2-2　判断下列说法是否正确，对的在括号内打"√"，否则打"×"。

（　）（1）没有化简的逻辑电路虽然节省了逻辑器件，但不能提高工作可靠性。

（　）（2）组合逻辑电路不包含具有记忆（存储）功能的元件或电路不存在反馈回路。

（　）（3）根据逻辑功能设计电路时，得到的并非是唯一的电路。

（　）（4）逻辑函数最小项表达式具有唯一性。

2-2-3　用公式法，将下列函数化简成最简的与或式。

（1）$Y = ABC + \bar{A} + \bar{B} + \bar{C}$

（2）$Y = A\bar{B} + A\bar{C} + B\bar{C} + A\bar{B}C + AB\bar{C}D$

（3）$Y = B(A\bar{D} + \bar{A}D) + \bar{C}(\bar{A}\bar{D} + AD) + B\bar{C}$

（4）$Y = (A + \bar{A}B)(A + BC + C)$

（5）$Y = \overline{\bar{A}\bar{B}\bar{C} + AC + \overline{AB}\bar{C} + \bar{A}C}$

2-2-4　用卡诺图将下列函数化简成最简的与或式。

（1）$Y = \sum m(0,1,3,4,5,7)$

（2）$Y = \sum m(0,2,3,5,7,8,10,11,13,15)$

（3）$Y = ABC + \bar{A} + \bar{B} + \bar{C}$

（4）$Y = AB + ABD + \bar{A}C + BCD$

2-2-5 用卡诺图化简下列具有约束条件的逻辑函数。

（1） $Y = \sum m(0,1,2,3,6,8) + \sum d(10,11,12,13,14,15)$

（2） $Y = \sum m(0,2,4,6,9,13) + \sum d(3,5,7,11,15)$

2-2-6 试分析题 2-2-6 图所示各组合逻辑电路的逻辑功能。

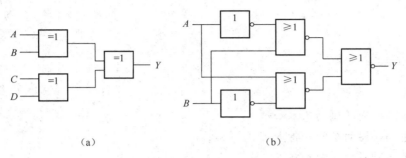

（a）　　　　　　　　　　（b）

题 2-2-6 图

2-2-7 试分析题 2-2-7 图所示各组合逻辑电路的逻辑功能，写出函数表达式。

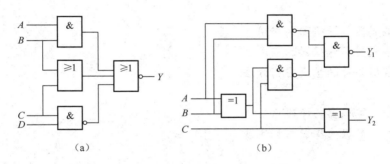

（a）　　　　　　　　　　（b）

题 2-2-7 图

2-2-8 分析题 2-2-8 图所示电路，说明其逻辑功能。

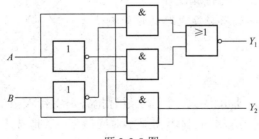

题 2-2-8 图

2-2-9 采用与非门设计一个能实现三变量非一致电路的逻辑电路。

2-2-10 采用与非门设计一个能实现三变量判奇电路（含 1 的个数）的逻辑电路。

2-2-11 采用与非门设计一个能实现多数表决电路（三变量）的逻辑电路。

项目三　抢答器电路

教学目标

知识要求
　　了解编码和译码的基本知识
　　熟悉编码器的功能和特点
　　熟悉译码器的功能和特点
　　熟悉数据选择器的功能和特点
　　熟悉常用芯片的扩展应用方法

技能要求
　　掌握编码器和译码器的应用
　　掌握集成显示译码器的应用
　　熟悉常用芯片的扩展应用方法

知识链接
　　链接一　编码器与译码器
　　链接二　数据选择器与加法器

项目实训
　　任务一　编码器和译码器的功能分析
　　任务二　基于 Multisim 实现不同逻辑函数
　　任务三　三人抢答器的仿真设计
　　任务四　编码、译码及数显电路的性能测试

　　设计一个三人抢答器。要求为：三个选手进行抢答，主持人按下开关 S0，开始抢答，其中任意一名选手按下开关，七段数码显示器显示对应数字，其他选手再按下开关无效。本轮抢答结束后，主持人按下开关，复位，显示数字"0"。

　　数字电路在实现时，经常要用到数据显示、选择输出等功能，就需要用到编码器、译码器；特别是在计算机系统中，常常会有几个部件同时发出请求信号的可能，而在同一时刻只能给其中一个部件发出允许操作信号，则要用数据选择器来进行输出控制。

　　图 2-3-1 所示就是三人抢答器的一种实现电路。由 1 片 10 线－4 线编码器 74LS147N、1 片显示译码器 7448N、一片 6 反相器 74LS04N、2 片双 4 输入与非门 74LS20N 及电源、若干电阻、开关等元件组成。

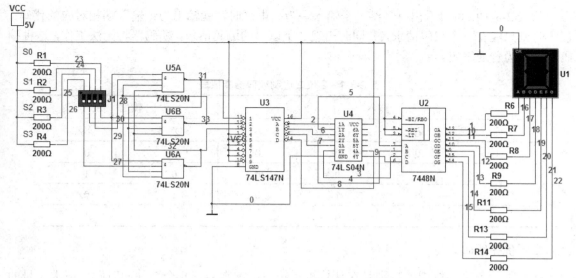

图 2-3-1 三人抢答器电路

知识链接

链接一 编码器与译码器

用二进制代码表示某一信息的过程称为编码，实现编码功能的电路称为编码器。在数字系统中，常需要将某一信息（输入）变换为某一特定的代码（输出）。按照编码方式不同，编码器可分为普通编码器和优先编码器；按照输出代码种类的不同，可分为二进制编码器和非二进制编码器。非二进制编码器主要是十进制编码器。

译码是编码的逆过程，即将每一组输入二进制代码翻译成为一个特定的输出信号。实现译码功能的逻辑电路称为译码器。常用的译码器电路有二进制译码器、二－十进制译码器和显示译码器等。

一、二进制编码器

若编码器输入信号的个数 N 与输出变量的位数 n 满足 $N=2^n$，则此编码器称为二进制编码器。现以图 2-3-2 所示的 4 线－2 线编码器为例说明其工作原理。

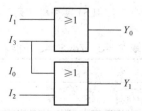

图 2-3-2 4 线－2 线编码器

该编码器用 2 位二进制数分别代表 4 个信号，2 位输出为 Y_1、Y_0；4 个输入信号分别是 2 位二进编码器 I_0、I_1、I_2、I_3，输入信号高电平有效。其真值表如表 2-3-1 所示。

从表 2-3-1 中可以看出：当某一个输入端为高电平时，就输出与该输入端相对应的代码；任一时刻只能有一个编码请求，若同时出现 2 个以上的编码请求，编码器将无法工作，这种编码方式称为普通编码。

表 2-3-1　2 位二进制编码器真值表

输入				输出	
I_0	I_1	I_2	I_3	Y_1	Y_0
1	0	0	0	0	0
0	1	0	0	0	1
0	0	1	0	1	0
0	0	0	1	1	1

二、优先编码器

在实际的数字系统中，特别是在计算机系统中，常常会有几个部件同时发出请求信号的可能，而在同一时刻只能给其中一个部件发出允许操作信号。因此，必须根据轻重缓急规定多个对象允许操作的先后次序，即优先级别。这种同时有多个编码请求时，电路只对其中优先级别最高的信号进行编码的逻辑电路称为优先编码器。

常用的优先编码器是 148 系列的 8 线－3 线优先编码器，现以 74LS148 为例来说明 8 线－3 线优先编码器的功能，该芯片的引脚排列及逻辑符号如图 2-3-3 所示。功能表如表 2-3-2 所示。

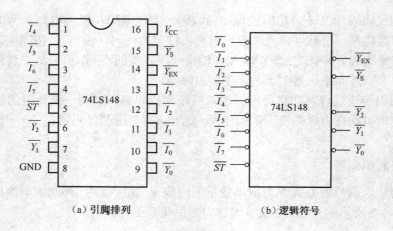

（a）引脚排列　　　　（b）逻辑符号

图 2-3-3　74LS148 引脚排列和符号

表 2-3-2　74LS148 功能表

输入									输出				
$\overline{ST}$	$\overline{I_0}$	$\overline{I_1}$	$\overline{I_2}$	$\overline{I_3}$	$\overline{I_4}$	$\overline{I_5}$	$\overline{I_6}$	$\overline{I_7}$	$\overline{Y_2}$	$\overline{Y_1}$	$\overline{Y_0}$	$\overline{Y_{EX}}$	$\overline{Y_S}$
1	×	×	×	×	×	×	×	×	1	1	1	1	1
0	1	1	1	1	1	1	1	1	1	1	1	1	0
0	×	×	×	×	×	×	×	0	0	0	0	0	1

续表

| 输入 | | | | | | | | | 输出 | | | | |
$\overline{ST}$	$\overline{I_0}$	$\overline{I_1}$	$\overline{I_2}$	$\overline{I_3}$	$\overline{I_4}$	$\overline{I_5}$	$\overline{I_6}$	$\overline{I_7}$	$\overline{Y_2}$	$\overline{Y_1}$	$\overline{Y_0}$	$\overline{Y_{EX}}$	$\overline{Y_S}$
0	×	×	×	×	×	×	0	1	0	0	1	0	1
0	×	×	×	×	×	0	1	1	0	1	0	0	1
0	×	×	×	×	0	1	1	1	0	1	1	0	1
0	×	×	×	0	1	1	1	1	1	0	0	0	1
0	×	×	0	1	1	1	1	1	1	0	1	0	1
0	×	0	1	1	1	1	1	1	1	1	0	0	1
0	0	1	1	1	1	1	1	1	1	1	1	0	1

从表 2-3-2 中可以看出：

（1）$\overline{ST}$ 为使能输入端：$\overline{ST}$ =0 时编码器可以进行编码；$\overline{ST}$ =1 时编码器被禁止。

（2）$\overline{I_0}\sim\overline{I_7}$ 为编码输入端，低电平时有编码请求；编码器的优先级别为 $\overline{I_7}$ 最高，然后依次是 $\overline{I_6}$、$\overline{I_5}$ ⋯$\overline{I_0}$ 最低；$\overline{Y_0}\sim\overline{Y_2}$ 为编码输出端，输出也为低电平有效（反码输出）。

（3）$\overline{Y_{EX}}$ 为编码器工作状态标志，$\overline{Y_S}$ 为使能输出端：当编码器可以进行编码且有编码请求时 $\overline{Y_{EX}}$ =0，$\overline{Y_S}$ =1；当编码器可以进行编码但无编码请求时，$\overline{Y_{EX}}$ =1、$\overline{Y_S}$ =0；当编码器被禁止时，$\overline{Y_{EX}}$ =1、$\overline{Y_S}$ =1。

74LS148 编码器的应用是非常广泛的。例如：常用计算机键盘的内部就是一个字符编码器，它将键盘上的大、小写英文字母和数字及符号还包括一些功能键（回车、空格）等编成一系列的七位二进制数码，送到计算机的中央处理单元 CPU，然后再进行处理、存储、输出到显示器或打印机上。还可以用 74LS148 编码器监控炉罐的温度，若其中任何一个炉温超过标准温度或低于标准温度，则检测传感器输出一个 0 电平到 74LS148 编码器的输入端，编码器编码后输出三位二进制代码到微处理器进行控制。

三、二－十进制编码器

二－十进制编码器是指用四位二进制代码表示一位十进制数的编码电路，也称 10 线－4 线编码器。最常见是 147 系列的 8421BCD 中规模集成编码器。下面以 CD40147 为例来说明 8421BCD 编码器的功能，其引脚排列如图 2-3-4 所示，功能表如表 2-3-3 所示。

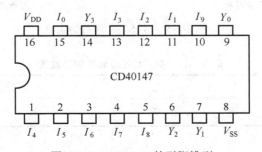

图 2-3-4　CD40147 的引脚排列

表 2-3-3　CD40147 功能表

				输入								输出	
I_0	I_1	I_2	I_3	I_4	I_5	I_6	I_7	I_8	I_9	Y_3	Y_2	Y_1	Y_0
×	×	×	×	×	×	×	×	×	1	1	0	0	1
×	×	×	×	×	×	×	×	1	0	1	0	0	0
×	×	×	×	×	×	×	1	0	0	0	1	1	1
×	×	×	×	×	×	1	0	0	0	0	1	1	0
×	×	×	×	×	1	0	0	0	0	0	1	0	1
×	×	×	×	1	0	0	0	0	0	0	1	0	0
×	×	×	1	0	0	0	0	0	0	0	0	1	1
×	×	1	0	0	0	0	0	0	0	0	0	1	0
×	1	0	0	0	0	0	0	0	0	0	0	0	1
1	0	0	0	0	0	0	0	0	0	0	0	0	0

从表中可以看出：CD40147 中，编码的优先等级是 I_9 最高，然后依次是 I_8、$I_7 \cdots I_0$ 最低。

四、二进制译码器

将输入的 n 位二进制代码翻译成 2^n 种电路状态输出的电路，称为二进制译码器，也可称为 n 线－2^n 译码器。

二进制译码器主要 2 线－4 线译码器、3 线－8 线译码器、4 线－16 线译码器。下面以 3 线－8 线中规模集成译码器 74LS138 为例，来说明译码器的功能。该芯片有 3 个代码输入，8 种状态输出。其引脚排列及逻辑符号如图 2-3-5 所示，功能表如表 2-3-4 所示。

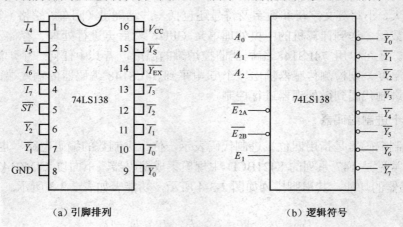

（a）引脚排列　　　　　　　　（b）逻辑符号

图 2-3-5　74LS138 译码器表

表 2-3-4　74LS138 译码器的功能表

	输入					输出							
E_1	$\overline{E_{2A}}$	$\overline{E_{2B}}$	A_2	A_1	A_0	$\overline{Y_0}$	$\overline{Y_1}$	$\overline{Y_2}$	$\overline{Y_3}$	$\overline{Y_4}$	$\overline{Y_5}$	$\overline{Y_6}$	$\overline{Y_7}$
×	1	×	×	×	×	1	1	1	1	1	1	1	1
×	×	1	×	×	×	1	1	1	1	1	1	1	1
0	×	×	×	×	×	1	1	1	1	1	1	1	1

续表

输入						输出							
E_1	$\overline{E_{2A}}$	$\overline{E_{2B}}$	A_2	A_1	A_0	$\overline{Y_0}$	$\overline{Y_1}$	$\overline{Y_2}$	$\overline{Y_3}$	$\overline{Y_4}$	$\overline{Y_5}$	$\overline{Y_6}$	$\overline{Y_7}$
1	0	0	0	0	0	0	1	1	1	1	1	1	1
1	0	0	0	0	1	1	0	1	1	1	1	1	1
1	0	0	0	1	0	1	1	0	1	1	1	1	1
1	0	0	0	1	1	1	1	1	0	1	1	1	1
1	0	0	1	0	0	1	1	1	1	0	1	1	1
1	0	0	1	0	1	1	1	1	1	1	0	1	1
1	0	0	1	1	0	1	1	1	1	1	1	0	1
1	0	0	1	1	1	1	1	1	1	1	1	1	0

由真值表不难看出：

（1）输入端子 E_1、$\overline{E_{2A}}$ 和 $\overline{E_{2B}}$ 为控制端，三个端子的输入信号控制着译码器的工作情况；

（2）当 $E_1=1$，且 $\overline{E_{2A}} = \overline{E_{2B}} =0$ 时，译码器工作，将输入的二进制代码翻译成对应的输出低电平信号，输出 $\overline{Y_0} \sim \overline{Y_7}$ 的表达式为：

$$\overline{Y_0} = \overline{\overline{A_2}\,\overline{A_1}\,\overline{A_0}} ; \quad \overline{Y_1} = \overline{\overline{A_2}\,\overline{A_1}\,A_0} ; \quad \overline{Y_2} = \overline{\overline{A_2}\,A_1\,\overline{A_0}} ; \quad \overline{Y_3} = \overline{\overline{A_2}\,A_1\,A_0} ;$$

$$\overline{Y_4} = \overline{A_2\,\overline{A_1}\,\overline{A_0}} ; \quad \overline{Y_5} = \overline{A_2\,\overline{A_1}\,A_0} ; \quad \overline{Y_6} = \overline{A_2\,A_1\,\overline{A_0}} ; \quad \overline{Y_7} = \overline{A_2\,A_1\,A_0}$$

（3）当 $E_1=0$，或者 $\overline{E_{2A}}$、$\overline{E_{2B}}$ 中有高电平输入，译码器被禁止，$\overline{Y_0} \sim \overline{Y_7}$ 输出全为高电平。

五、二—十进制译码器

非二进制译码器种类很多，其中二—十进制译码器应用较广泛。二—十进制译码器是将输入为 BCD 码的十个信号翻译为对应的低电平输出。该译码器有 $A_0 \sim A_3$ 四个输入端，$\overline{Y_0} \sim \overline{Y_9}$ 共 10 个输出端,简称4线—10线译码器。译码器常用的型号有:TTL 系列的54/7442、54/74LS42 和 CMOS 系列中的 54/74HC42、54/74HCT42 等。下面以中规模集成译码器 74LS42 为例，来说明二—十进制译码器的功能。芯片的引脚排列和逻辑符号如图 2-3-6 所示，功能表如表 2-3-5 所示。

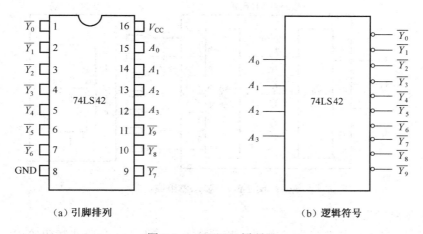

（a）引脚排列　　　　　　　　（b）逻辑符号

图 2-3-6　74LS42 译码器

表 2-3-5　74LS42 译码器功能表

输入				输出									
A_3	A_2	A_1	A_0	$\overline{Y_0}$	$\overline{Y_1}$	$\overline{Y_2}$	$\overline{Y_3}$	$\overline{Y_4}$	$\overline{Y_5}$	$\overline{Y_6}$	$\overline{Y_7}$	$\overline{Y_8}$	$\overline{Y_9}$
0	0	0	0	0	1	1	1	1	1	1	1	1	1
0	0	0	1	1	0	1	1	1	1	1	1	1	1
0	0	1	0	1	1	0	1	1	1	1	1	1	1
0	0	1	1	1	1	1	0	1	1	1	1	1	1
0	1	0	0	1	1	1	1	0	1	1	1	1	1
0	1	0	1	1	1	1	1	1	0	1	1	1	1
0	1	1	0	1	1	1	1	1	1	0	1	1	1
0	1	1	1	1	1	1	1	1	1	1	0	1	1
1	0	0	0	1	1	1	1	1	1	1	1	0	1
1	0	0	1	1	1	1	1	1	1	1	1	1	0
1	0	1	0	1	1	1	1	1	1	1	1	1	1
1	0	1	1	1	1	1	1	1	1	1	1	1	1
1	1	0	0	1	1	1	1	1	1	1	1	1	1
1	1	0	1	1	1	1	1	1	1	1	1	1	1
1	1	1	0	1	1	1	1	1	1	1	1	1	1
1	1	1	1	1	1	1	1	1	1	1	1	1	1

由表 2-3-5 可以看出，译码器工作时将输入的二进制代码 0000～1001 翻译成对应的低电平信号输出；当输入为 1010～1111 时，译码器未进行译码，输出全为高电平。

六、显示译码器

在数字系统中，常常需要将运算结果用人们习惯的十进制数字显示出来，这就要用到显示译码器。显示译码器主要由译码器和数码显示器两部分组成。在数字系统中，常用的数码显示器采用七段显示器进行显示，其组成如图 2-3-7 所示。

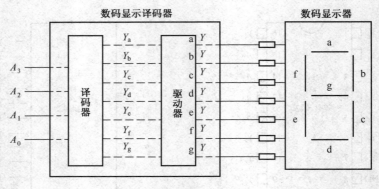

图 2-3-7　显示器组成

1. 半导体七段显示器

数码显示器按显示方式有分段式、字形重叠式、点阵式。分段式数码管根据发光段数分为七段数码管和八段数码管,发光材料可以用荧光材料(称为荧光数码管)或是半导体发光二极管(称为 LED 数码管)。其中,由半导体发光二极管构成的七段显示器应用最普遍。七段数码管所显示的数字如图 2-3-8 所示。

图 2-3-8 七段数码管

LED 数码管有共阳极和共阴极两种接法,如图 2-3-9 所示。共阳极接法是各发光二极管阳极相接,对应极接低电平时亮;共阴极接法是各发光二极管的阴极相接,对应极接高电平时亮。

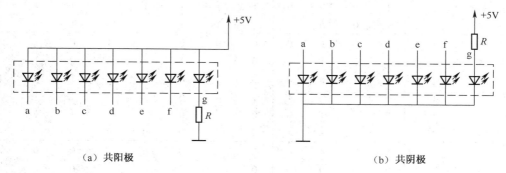

(a) 共阳极   (b) 共阴极

图 2-3-9 LED 的两种接法

2. 七段显示译码器

上述半导体七段数码管需要利用不同发光二极管的发光组合来显示数字,为此,需要七段显示译码器进行译码,提供驱动信号,使数码管显示相应的数字。常用的七段显示译码器具有四个输入端(一般是 8421BCD 码)、七个输出端。下面以中规模集成七段显示译码器 74LS48 为例,来说明七段显示译码器的功能。图 2-3-10 为 74LS48 的管脚排列和逻辑符号,表 2-3-6 所示为 74LS48 的功能表。

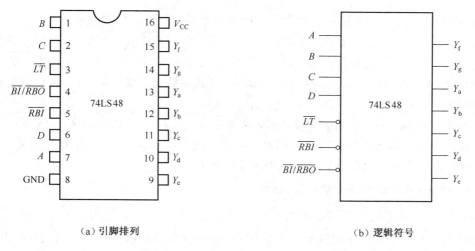

(a) 引脚排列   (b) 逻辑符号

图 2-3-10 74LS48 的管脚排列及逻辑符号

表 2-3-6　74LS48 显示译码器的功能表

输入							输出							
$\overline{LT}$	$\overline{RBI}$	$\overline{BI}/\overline{RBO}$	D	C	B	A	Y_a	Y_b	Y_c	Y_d	Y_e	Y_f	Y_g	显示
1	1	1	0	0	0	0	1	1	1	1	1	1	0	0
1	×	1	0	0	0	1	0	1	1	0	0	0	0	1
1	×	1	0	0	1	0	1	1	0	1	1	0	1	2
1	×	1	0	0	1	1	1	1	1	1	0	0	1	3
1	×	1	0	1	0	0	0	1	1	0	0	1	1	4
1	×	1	0	1	0	1	1	0	1	1	0	1	1	5
1	×	1	0	1	1	0	0	0	1	1	1	1	1	6
1	×	1	0	1	1	1	1	1	1	0	0	0	0	7
1	×	1	1	0	0	0	1	1	1	1	1	1	1	8
1	×	1	1	0	0	1	1	1	1	0	0	1	1	9
1	×	1	1	0	1	0	0	0	0	1	1	0	1	C
1	×	1	1	0	1	1	0	0	1	1	0	0	1	⊐
1	×	1	1	1	0	0	0	1	0	0	0	1	1	U
1	×	1	1	1	0	1	1	0	0	1	0	1	1	c
1	×	1	1	1	1	0	0	0	0	1	1	1	1	t
1	×	1	1	1	1	1	0	0	0	0	0	0	0	全暗
×	×	0	×	×	×	×	0	0	0	0	0	0	0	全暗
1	0	0	0	0	0	0	0	0	0	0	0	0	0	全暗
0	×	1	×	×	×	×	1	1	1	1	1	1	1	8

从表 2-3-6 中可以看出 74LS48 具有以下功能：

（1）7 段译码功能：当 $\overline{LT}$ =1，$\overline{BI}$ =1 时，将输入的 BCD 码译为对应的 $Y_a \sim Y_g$ 高电平信号的输出，驱动七段数码管显示相应数字，输入的 BCD 码为 1010～1111 时，输出无效码；

（2）灯测试功能：$\overline{LT}$ 端称为灯测试输入端。当 $\overline{LT}$ =0，所有各段输出 $Y_a \sim Y_g$ 均为 1，显示字形 8，表明该数码管正常工作；否则，数码管不能正常显示。该功能用于 7 段显示器测试，判别是否有损坏的字段。

（3）消隐功能：$\overline{BI}/\overline{RBO}$ 端称为消隐输入/灭零输出端，均为低电平有效。

当该端子作为输入端使用，且 $\overline{BI}/\overline{RBO}$ =0 时，无论 LT 和 RBI 及 $DCBA$ 输入什么电平信号，输出全为低电平，7 段显示器熄灭。如果该端子作为输出使用，则受控于 $\overline{LT}$ 和 $\overline{RBI}$ 。当 $\overline{LT}$ =1 且 $\overline{RBI}$ =0，输入代码 $DCBA$=0000 时，$\overline{RBO}$ =0；其余情况下则 $\overline{RBO}$ =1。该功能主要用于多显示器的动态显示。

（4）动态灭零功能：$\overline{RBI}$ 称为灭零输入端。当 $\overline{RBI}$ =0，且 $\overline{LT}$ =1，译码器输入 $DCBA$=0000 时，各段输出 $Y_a \sim Y_g$ 均为低电平，显示器熄灭，不显示这个零。$DCBA \neq 0$，则对显示无影响。该功能主要用于多个 7 段显示器同时显示时熄灭高位的零。

七、含有译码器的组合电路的分析与设计

从对 74LS138 功能表的分析可以看出：在译码器正常工作时，其输出端 $\overline{Y_0} \sim \overline{Y_7}$ 分别对应 $\overline{m_0} \sim \overline{m_7}$ ，即输出包含了全部最小项的非；又因为任何逻辑函数都可以写成最小项值和的形式，所以任何组合逻辑函数都可以用译码器来实现。

【例 2-3-1】电路如图 2-3-11 所示，分析其功能。

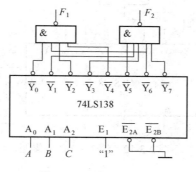

图 2-3-11　例 2-3-1 图

解：本题练习译码器组成电路的分析方法。根据图 2-3-11，可写出输出 F 的表达式：

$$F_1 = \overline{\overline{Y_0} \cdot \overline{Y_2} \cdot \overline{Y_4} \cdot \overline{Y_6}} = \overline{\overline{A_2\overline{A_1}\overline{A_0}} \cdot \overline{\overline{A_2}A_1\overline{A_0}} \cdot \overline{A_2\overline{A_1}\overline{A_0}} \cdot \overline{A_2A_1\overline{A_0}}}$$

$$= \overline{A_2}\,\overline{A_1}\,\overline{A_0} + \overline{A_2}A_1\overline{A_0} + A_2\overline{A_1}\overline{A_0} + A_2A_1\overline{A_0} = \overline{C}\,\overline{B}\,\overline{A} + \overline{C}B\overline{A} + C\overline{B}\,\overline{A} + CB\overline{A}$$

$$F_2 = \overline{\overline{Y_1} + \overline{Y_3} + \overline{Y_5} + \overline{Y_7}} = \overline{\overline{A_2}\,\overline{A_1}A_0} \cdot \overline{\overline{A_2}A_1A_0} \cdot \overline{A_2\overline{A_1}A_0} \cdot \overline{A_2A_1A_0}$$

$$= \overline{A_2}\,\overline{A_1}A_0 + \overline{A_2}A_1A_0 + A_2\overline{A_1}A_0 + A_2A_1A_0 = \overline{C}\,\overline{B}A + \overline{C}BA + C\overline{B}A + CBA$$

根据表达式列出真值如表 2-3-7 所示。

表 2-3-7　真值表

C	B	A	F_1	F_2
0	0	0	1	0
0	0	1	0	10
0	1	0	1	0
0	1	1	0	1
1	0	0	1	0
1	0	1	0	1
1	1	0	1	0
1	1	1	0	1

由表 2-3-7 可知，该电路是一个奇偶校验电路，当输入 C、B、A 数值为偶数时，输出 F_1 为 1，当输入 C、B、A 数值为奇数时，输出 F_2 为 1。

【例 2-3-2】用一个 3 线－8 线译码器实现函数 $Y = \overline{AB}C + A\overline{B}C + \overline{A}B\overline{C}$。

解：由译码器的功能表可知，当 E_1 接 +5V，$\overline{E_{2A}}$ 和 $\overline{E_{2B}}$ 接地时，得到对应各输入端的输出 Y：

$$\overline{Y_0} = \overline{\overline{A_2}\,\overline{A_1}\,\overline{A_0}}\,;\quad \overline{Y_1} = \overline{\overline{A_2}\,\overline{A_1}A_0}\,;\quad \overline{Y_2} = \overline{\overline{A_2}A_1\overline{A_0}}\,;\quad \overline{Y_3} = \overline{\overline{A_2}A_1A_0}\,;$$

$$\overline{Y_4} = \overline{A_2\overline{A_1}\,\overline{A_0}}\,;\quad \overline{Y_5} = \overline{A_2\overline{A_1}A_0}\,;\quad \overline{Y_6} = \overline{A_2A_1\overline{A_0}}\,;\quad \overline{Y_7} = \overline{A_2A_1A_0}$$

若将输入变量 A、B、C 分别代替 A_2、A_1、A_0，则可到函数：

$$Y = \overline{AB}C + A\overline{B}C + \overline{A}B\overline{C} = \overline{\overline{ABC} \cdot \overline{A\overline{B}C} \cdot \overline{\overline{A}B\overline{C}}} = \overline{\overline{Y_0} \cdot \overline{Y_4} \cdot \overline{Y_2}}$$

可见，用 3 线－8 线译码器再加上一个与非门可实现函数 Y，其逻辑图如图 2-3-12 所示。

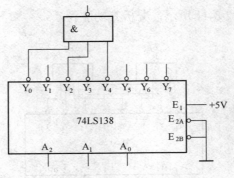

图 2-3-12　例 2-3-2 的逻辑图

链接二　数据选择器与加法器

一、数据选择器

在多路数据传输过程中，经常需要将其中一路信号挑选出来进行传输，这就需要用到数据选择器。

1. 数据选择器的功能

数据选择器是按要求从多路输入选择一路输出的电路，其功能类似于单刀多掷开关，如图 2-3-13 所示，故又称为多路开关。它有 n 个选择输入端（也称为地址输入端），2^n 个数据输入端，1 个数据输出端。数据输入端与选择输入端输入的地址码有一一对应的关系，通常用地址输入信号来完成挑选数据的任务。当地址码确定时，输出端就输出与该地址码有对应关系的输入端的数据。

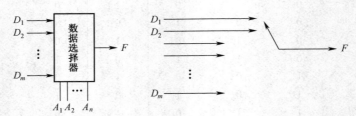

（a）数据选择器逻辑符号　　（b）单刀开关比拟数据选择器

图 2-3-13　数据选择器框图及开关比拟图

根据输入端的个数不同，数据选择器可分为四选一、八选一等。四选一数据选择器有 2 个地址输入端，共有 $2^2=4$ 种不同的组合，每一种组合可选择对应的一路输入数据输出；而 8 选 1 的数据选择器，有 3 个地址输入端来完成数据选择的功能。

2. 数据选择器的逻辑图与符号图

图 2-3-14 是四选一数据选择器的逻辑图和符号图。其中，A_1、A_0 为选择输入端，即地址变量；$D_0 \sim D_3$ 是数据输入端；$\overline{E}$ 为选通端或使能端，低电平有效。当 $\overline{E}=1$ 时，选择器不工作，禁止数据输入。$\overline{E}=0$ 时，选择器正常工作允许数据选通。由图 2-3-14 可写出四选一数据选择器输出逻辑表达式为：

$$Y = (\overline{A_1}\,\overline{A_0}D_0 + \overline{A_1}A_0D_1 + A_1\overline{A_0}D_2 + A_1A_0D_3)\overline{E}$$

由逻辑表达式可列出功能表如表 2-3-8 所示。

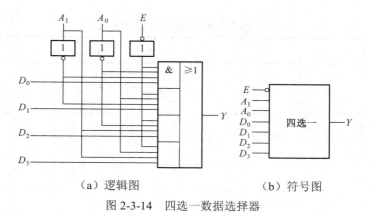

（a）逻辑图　　　　　（b）符号图

图 2-3-14　四选一数据选择器

3. 数据选择器功能表

四选一数据选择器功能表如表 2-3-8 所示。

表 2-3-8　四选一数据选择器功能表

输入			输出
$\overline{E}$	A_1	A_2	Y
1	×	×	0
0	0	0	D_0
0	0	1	D_1
0	1	0	D_2
0	1	1	D_3

4. 集成数据选择器

集成数据选择器种类较多，下面以常用的中规模集成数据选择器 74LS151 为例来说明数据选择器的功能。

74LS151 是一个集成 8 选 1 数据选择器。其引脚排列及逻辑符号如图 2-3-15 所示，芯片有 3 个地址 A_2、A_1、A_0 输入端，8 个数据输入端 D_7、…、D_0，并有 2 个互补输出端，功能表如表 2-3-9 所示。

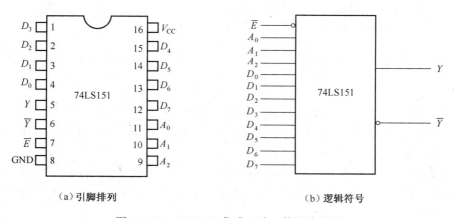

（a）引脚排列　　　　　（b）逻辑符号

图 2-3-15　74LS151 集成 8 选 1 数据选择器

表 2-3-9　74LS151 功能表

$\overline{E}$	A_2	A_1	A_0	Y	$\overline{Y}$
1	×	×	×	0	1
0	0	0	0	D_0	$\overline{D_0}$
0	0	0	1	D_1	$\overline{D_1}$
0	0	1	0	D_2	$\overline{D_2}$
0	0	1	1	D_3	$\overline{D_3}$
0	1	0	0	D_4	$\overline{D_4}$
0	1	0	1	D_5	$\overline{D_5}$
0	1	1	0	D_6	$\overline{D_6}$
0	1	1	1	D_7	$\overline{D_7}$

二、含有数据选择器的组合电路的分析与设计

数据选择器除了用来选择输出信号、实现时分多路通信外，还可以作为函数发生器，用来实现组合逻辑函数。

由数据选择器的功能分析可知，在使能端 $\overline{E}$ 有效的情况下，数据选择器正常工作，以四选一为例，将输出 $Y = \overline{A_1\,A_0}D_0 + \overline{A_1}A_0D_1 + A_1\overline{A_0}D_2 + A_1A_0D_3$。在对包含数据选择器的组合电路分析时，只需将对应的输入变量或数值代入 A_i、D_i 即可。

【例 2-3-3】分析图 2-3-16 所示电路的功能。

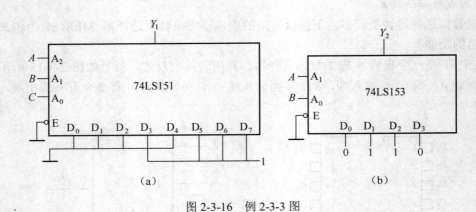

图 2-3-16　例 2-3-3 图

解：（1）将图（a）中 A、B、C、D_i 分别代入输出表达式，可得

$$Y_1 = \overline{A}\,\overline{B}\,\overline{C}\cdot 0 + \overline{A}\,\overline{B}C\cdot 0 + \overline{A}B\overline{C}\cdot 0 + \overline{A}BC\cdot 1 + A\overline{B}\,\overline{C}\cdot 0 + A\overline{B}C\cdot 1 + AB\overline{C}\cdot 1 + ABC\cdot 1$$

$$= \overline{A}BC + A\overline{B}C + AB\overline{C} + ABC$$

列真值表如表 2-3-10 所示，从中可以看出 Y_1 为三变量多数表决器。

（2）同理可得图（b）中电路的输出表达式为 $Y_2 = \overline{A}B + A\overline{B} = A \oplus B$，显然图（b）所示电路为二变量异或门电路。

表 2-3-10　图（a）的真值表

A	B	C	Y_1	A	B	C	Y_1
0	0	0	0	1	0	0	0
0	0	1	0	1	0	1	1
0	1	0	0	1	1	0	1
0	1	1	1	1	1	1	1

用数据选择器来实现组合逻辑函数的方法可以用代数法，也可以用卡诺图法。具体的设计方法是：将逻辑函数的输入变量接到地址输入端 A_i，然后确定加至每个数据输入端 D_i 的值（可以是常量、变量或函数）。下面通过例 2-3-4 说明具体的设计方法。

【例 2-3-4】用数据选择器实现三人多数表决器。

解： 将三人多数表决器真值表及八选一数据选择器功能均列于表 2-3-11 中。通过对比表中表决器输出 F 与 D_i 比较可以看出，只要 $D_0 = D_1 = D_2 = D_4 = 0$、$D_3 = D_5 = D_6 = D_7 = 1$，即可实现三变量多数表决器。八选一数据选择器的连接图如图 2-3-17（a）所示。如果选用四选一数据选择器实现，则由于选择输入端数目的变化，只能选择其中的两个变量接入选择输入端，另一变量则反映在数据输入端 D_i 中。选择哪两个变量为地址变量是任意的，但选择不同，则数据输入端连接方式也不同。如选 A_2、A_1 为地址变量，则 A_0 应反映在 D_i 端。由公式确定 D_i 如下：

$$F = \overline{A_2} A_1 A + A_2 \overline{A_1} A_0 + A_2 A_1 \overline{A_0} + A_2 A_1 A_0$$
$$= \overline{A_2} A_1 A + A_2 \overline{A_1} A_0 + A_2 A_1 (\overline{A_0} + A_0)$$

表 2-3-11　例 2-3-4 真值表

A_2	A_1	A_0	F	D_i
0	0	0	0	D_0
0	0	1	0	D_1
0	1	0	0	D_2
0	1	1	1	D_3
1	0	0	0	D_4
1	0	1	1	D_5
1	1	0	1	D_6
1	1	1	1	D_7

与四选一输出表达式对比：

$$F' = \overline{A_2 A_1} D_0 + \overline{A_2} A_1 D_1 + A_2 \overline{A_1} D_2 + A_2 A_1 D_3$$

为使 $F' = F$，则令 $D_0 = 0$，$D_1 = D_2 = A_0$，$D_3 = 1$
四选一数据选择器的连接图如图 2-3-17（b）所示。

三、加法器

1. 半加器

半加器是只考虑两个加数本身，而不考虑来自低位进位的逻辑电路。一位二进制半加器，输入变量有两个，分别为加数 A 和被加数 B；输出也有两个，分别为和数 S 和进位 C。其真值表如表 2-3-12 所示。

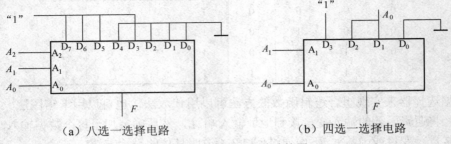

（a）八选一选择电路　　　　　　　　　（b）四选一选择电路

图 2-3-17　例 2-3-4 电路连接图

表 2-3-12　半加器的真值表

A	B	S	C
0	0	0	0
0	1	1	0
1	0	1	0
1	1	0	1

由真值表写出逻辑表达式：

$$S = \overline{A}B + A\overline{B}$$
$$C = AB$$

画出逻辑图如图 2-3-18 所示。

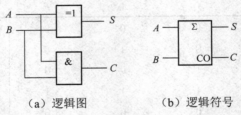

（a）逻辑图　　　　　　（b）逻辑符号

图 2-3-18　半加器

2. 全加器

全加器是完成两个二进制数 A_i 和 B_i 与相邻低位的进位 C_{i-1} 相加的逻辑电路。其中 A_i 和 B_i 分别是被加数和加数，C_{i-1} 为相邻低位的进位，S_i 为本位的和，C_i 为本位的进位。图 2-3-19 是全加器的逻辑图和逻辑符号。在图 2-3-19（b）所示的逻辑符号中，CI 是进位输入端，CO 是进位输出端。

3. 多位加法器

多位数相加时，要考虑进位，可以采用全加器并行相加、串行进位的方式来完成，如图 2-3-20 所示是一个四位串行进位加法器。

在此基础上，采用超前进位技术及片间超前进位技术可进一步提高多片级联的运算速度。目前已有 74LS283、74LS183 等四位加法器集成电路供应市场需求。将多片四位集成电路加法器进行级联扩展可构成八位、十六位等加法器。

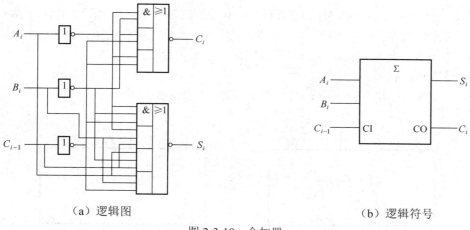

（a）逻辑图　　　　　　　　　　　　　（b）逻辑符号

图 2-3-19　全加器

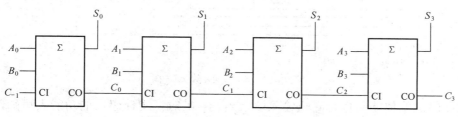

图 2-3-20　四位串行进位加法器

四、集成组合电路的扩展

常用的一些中规模集成电路的输入输出数量不多，在实现多变量的组合逻辑函数时有比较大的困难，解决的方法之一就是充分利用集成电路的使能端，扩展该集成电路使其变成有更多输入变量或者具备更多功能的电路。下面分别以编码器、译码器、数据选择器为例来说明常用的数字集成电路的扩展方法。

1. 编码器的扩展

用两片 74LS148 可以扩展成为一个 16 线－4 线优先编码器，如图 2-3-21 所示。

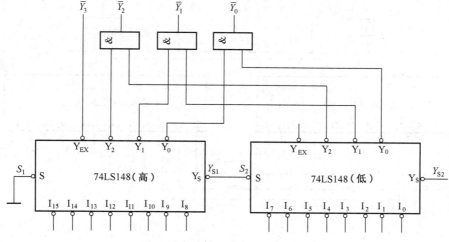

图 2-3-21　16 线－4 线优先编码器

对图 2-3-21 进行分析可以看出，高位片 $S_1=0$ 允许对输入 $I_8 \sim I_{15}$ 编码；$Y_{S1}=1$，$S_2=1$，则高位片编码，低位片禁止编码。但若 $I_8 \sim I_{15}$ 都是高电平，即均无编码请求，则 $Y_{S1}=0$ 允许低位片对输入 $I_0 \sim I_7$ 编码。显然，高位片的编码级别优先于低位片。

2. 译码器的扩展

用两片 74LS138 实现一个 4 线－16 线译码器，如图 2-3-22 所示。

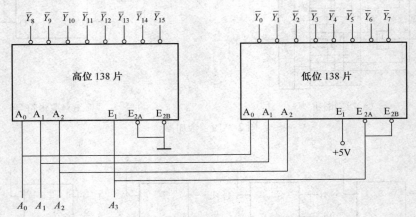

图 2-3-22　4 线－16 线译码器

利用译码器的使能端作为高位输入端，当 $A_3=0$ 时，由译码器的功能表可知，低位片 74LS138 工作，对输入 A_3、A_2、A_1、A_0 进行译码，还原出 $Y_0 \sim Y_7$，则高位禁止工作；当 $A_3=1$ 时，高位片 74LS138 工作，还原出 $Y_8 \sim Y_{15}$，而低位片禁止工作。

3. 数据选择器的扩展

用两片 74LS151 连接成一个十六选一的数据选择器。十六选一的数据选择器的地址输入端有四位，最高位 A_3 的输入可以由两片八选一数据选择器的使能端接非门来实现，低三位地址输入端由两片 74LS151 的地址输入端相连而成，连接图如图 2-3-23 所示。当 $A_3=0$ 时，由表 2-3-9 可知，低位片 74LS151 工作，根据地址控制信号 $A_3A_2A_1A_0$ 选择数据 $D_0 \sim D_7$ 输出；$A_3=1$ 时，高位片工作，选择 $D_8 \sim D_{15}$ 进行输出。

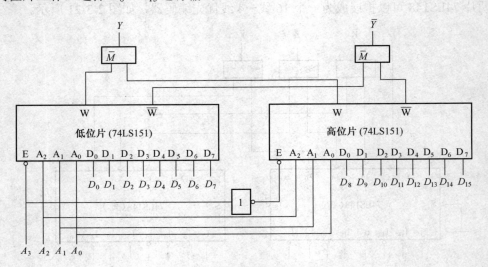

图 2-3-23　十六选一数据选择器

项目实训

任务一　编码器和译码器的功能分析

一、编码器 Multisim 仿真实验

使用 Multisim 对 8 线—3 线优先编码器 74LS148 进行功能分析。操作步骤如下：

（1）从 TTL 库中拖出 1 只 74LS148D。

（2）从基本器件库中找到"开关"库，拖出"DSWPK-10"，在"电阻"中拖出 8 只电阻（阻值为 1kΩ）；从显示器库中拖出 5 只指示灯；从电源库中拖出电源 V_{CC} 和数字地。

（3）连接电路（图 2-3-24 所示）。

（4）按照表 2-3-2 中所示输入数据分别操作开关，并将输出结果对照表 2-3-2 进行分析。

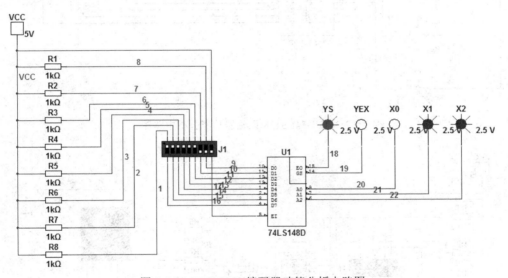

图 2-3-24　74LS148 编码器功能分析电路图

二、译码器 Multisim 仿真实训

1. 使用 Multisim 对 3 线－8 线译码器 74LS138 进行功能分析

（1）从 TTL 库中拖出 1 只 74LS138D。

（2）从基本器件库中找到"开关"库，拖出 3 只 SPST 开关，在"电阻"中拖出 4 只电阻（阻值 1kΩ）；从显示器库中拖出 8 只指示灯；从电源库中拖出电源 V_{CC} 和数字地。

（3）按图 2-3-25 所示连接电路。

（4）按照表 2-3-4 输入数据分别操作开关，将输出结果对照表 2-3-4 进行分析。

2. 仿真显示译码器

下面进行显示译码器的功能仿真。

显示译码器需要译码和驱动电路很好地配合才能完成显示译码功能，图 2-3-26 使用的 7448N 就是一个常用的能与译码显示很好地配合的七段译码/驱动器。其译码显示功能与前面介绍的表 2-3-6 所示的 74LS48 显示译码器功能相同。操作步骤如下：

（1）从 TTL 库中拖出 1 只 7448N。

（2）从基本器件库中找到"开关"库，拖出 1 只 DSWPK-7 开关，在"电阻"中拖出 13 只电阻（阻值 200Ω）；从显示器库中拖出 1 只七段数码显示器（共阳极接法）；从电源库中拖出电源 V_{CC} 和数字地。

（3）按图 2-3-26 所示连接电路。

（4）按照表 2-3-6 输入数据分别操作开关，并将输出结果对照表 2-3-6 进行观察分析。

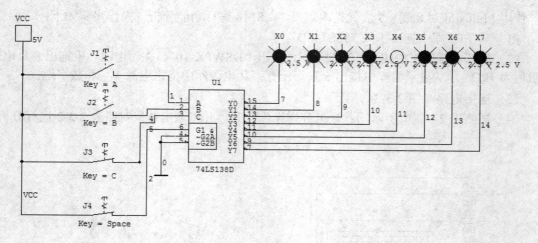

图 2-3-25　74LS138 译码器功能分析电路图

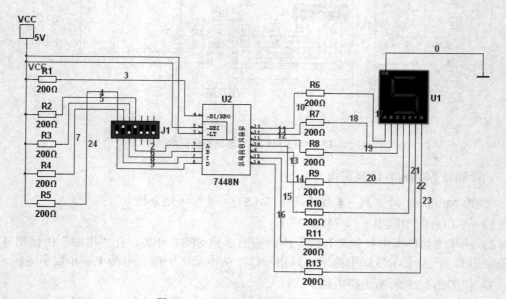

图 2-3-26　7448 显示译码器仿真分析

任务二　基于 Multisim 实现不同逻辑函数

一、译码器实现逻辑函数

用一个 3 线—8 线译码器实现函数 $Y = AB + AC$。

（1）先将函数表达式转换为最小项表达式：

$$Y = AB(C + \overline{C}) + A(B + \overline{B})C = ABC + AB\overline{C} + A\overline{B}C = \overline{\overline{ABC} + \overline{AB\overline{C}} + \overline{A\overline{B}C}}$$

$$= \overline{\overline{ABC} \cdot \overline{AB\overline{C}} \cdot \overline{A\overline{B}C}} = \overline{\overline{Y_7} \cdot \overline{Y_6} \cdot \overline{Y_5}}$$

（2）从 TTL 库中拖出 1 只 74LS138D。

（3）从基本器件库中找到"开关"库，拖出 3 只 SPST 开关。

（4）从显示器库中拖出 1 只指示灯；从电源库中拖出电源 V_{CC} 和数字地。

（5）按图 2-3-27 所示连线，输入 A、B、C 三个变量分别接入 74LS138D 的 C、B、A 三个端子。

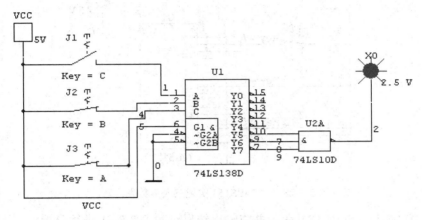

图 2-3-27 用 74LS138 译码器实现 Y=AB+AC

（6）按表 2-3-13 所示分别操作开关，并将输出结果填入表中。

表 2-3-13 真值表

输入						输出
G_1	$\overline{G_{2A}}$	$\overline{G_{2B}}$	A	B	C	Y
1	0	0	0	0	0	
1	0	0	0	0	1	
1	0	0	0	1	0	
1	0	0	0	1	1	
1	0	0	1	0	0	
1	0	0	1	0	1	
1	0	0	1	1	0	
1	0	0	1	1	1	

二、数据选择器实现逻辑函数

74LS153 是一个集成双 4 选 1 数据选择器，下面用 74LS153 数据选择器实现例 2-3-4 中的三人多数表决器。

（1）选 C 和 B 为地址变量，C 接入 B，B 接入 A，而 A 反映在 C_i 端。根据逻辑功能确定

C_i 如下：$C_0 = 0$，$C_1 = C_2 = A$，$C_3 = 1$。

（2）从 TTL 库中拖出 1 只 74LS153D（数据选择器）。

（3）从基本器件库中找到"开关"库，拖出 3 只 SPST 开关。

（4）从显示器库中拖出 1 只指示灯；从电源库中拖出电源 V_{CC} 和数字地。

（5）按图 2-3-28 所示连接电路。

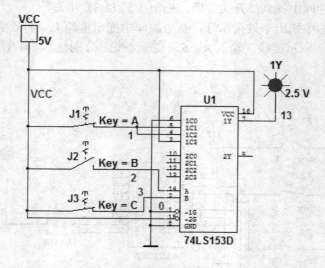

图 2-3-28　用 74LS153 实现三人多数表决器

（6）按表 2-3-11 分别操作开关，并将输出结果对照表 2-3-11 进行分析。

任务三　三人抢答器的仿真设计

一、设计要求

三个选手进行抢答，主持人按下开关 S0，开始抢答，其中任意一名选手按下开关，七段数码显示器显示对应数字，其他选手再按下开关无效。本轮抢答结束后，主持人按下开关，复位，显示数字"0"。

二、仿真实现

（1）从 TTL 库中拖出 1 片 10 线－4 线编码器 74LS147N，1 片显示译码器 7448N，一片 6 反相器 74LS04N，2 片双 4 输入与非门 74LS20N。

（2）从器件库中找到"开关"库，拖出 1 只 DSWPK-4 开关，11 只电阻（阻值 200Ω）。

（3）从显示器库中拖出七段数码管（共阴极接法）；从电源库中拖出电源 V_{CC} 和数字地。

（4）按图 2-3-29 所示连接电路。

（5）分别操作开关，并将输出结果填入表 2-3-14 中。

任务四　编码、译码及数显电路的性能测试

一、实训目的

熟悉编码器、七段译码器、数码管等集成电路的典型应用。

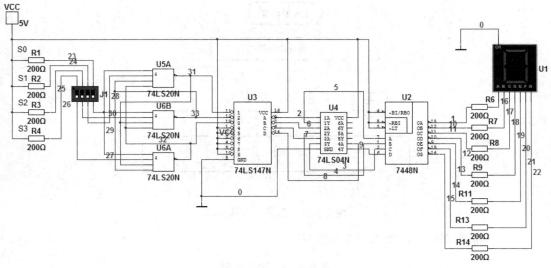

图 2-3-29　三人抢答器电路

表 2-3-14　输出结果

	输入			输出
S0	A（S1）	B（S2）	C（S3）	Y
0				
1				
1				
1				

二、仪器及器件

数字电路实训箱；BCD 码（10 线－4 线）优先编码器 74LS147；七段译码器；四二输入与非门 74LS00。

三、实训说明

图 2-3-30 是 BCD 码编码器和七段译码显示电路的框图。其实现的功能为：十进制输入→二进制输出→译十进制显示。

四、实训内容及步骤

（1）根据图 2-3-30 所示电路原理，按照图 2-3-31 连接电路。

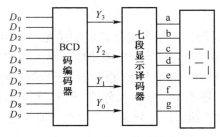

图 2-3-30　数字显示原理

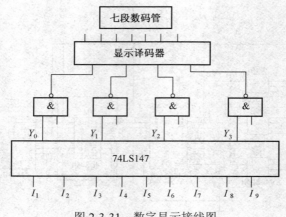

图 2-3-31　数字显示接线图

（2）记录实训结果，填入表 2-3-15 中。

表 2-3-15　输出结果

74LS147 输入									74LS00 输出			数码管显示
I_1	I_2	I_3	I_4	I_5	I_6	I_7	I_8	I_9				
×	×	×	×	×	×	×	×	0				
×	×	×	×	×	×	×	0	1				
×	×	×	×	×	×	0	1	1				
×	×	×	×	×	0	1	1	1				
×	×	×	×	0	1	1	1	1				
×	×	×	0	1	1	1	1	1				
×	×	0	1	1	1	1	1	1				
×	0	1	1	1	1	1	1	1				
0	1	1	1	1	1	1	1	1				
1	1	1	1	1	1	1	1	1				

五、实训报告要求

（1）整理实训结果，填入相应表格中。

（2）小结实训心得体会，说明 74LS147 的工作原理。

关键知识点小结

　　本项目分析了编码器、译码器、数据选择器、加法器等常用的中规模组合逻辑集成电路，为增加使用灵活性且便于功能扩展，这类中规模集成电路大多数都设置了附加的控制端（或称使能端、选通输入端、片选端等）。这些控制端既可用于控制电路的状态（工作或禁止），又可作为输出信号的选通输入端，还能用作输入信号的一个输入端以扩展电路功能。合理运用这些控制端能最大限度地发挥电路的潜力。此外灵活运用这些器件还可设计完成任何其他逻辑功能组合电路。

设计组合逻辑电路时应尽量选用集成电路。通过本项目的学习，要掌握集成电路参数的设置方法,掌握好本项目介绍的各种中规模集成电路的功能,并会使用集成电路组成实用系统。

 **知识与技能训练**

2-3-1　填空。

（1）输出 n 位代码的二进制编码器，一般有_____个输入信号端。

（2）全加器是指能实现两个加数和_____三数相加的算术运算逻辑电路。

（3）集成 8 线－3 线优先编码器 74LS148（输入、输出均为低电平有效），当对输入信号 I_5 编码时其输出为_____。

（4）n 位二进制加法计数器有_____个状态，最大计数值为_____。

2-3-2　判断下列说法是否正确，对的在括号内打"√"，否则打"×"。

（　）（1）用 8 线－3 线优先编码器 74LS148 和门电路可以组成二－十进制编码器。

（　）（2）3 个移位寄存器组成的扭环形计数器，最多能形成 8 个状态的有效循环。

（　）（3）要实现输入为多位、输出为多位的功能，应选用中规模集成编码器组件。

（　）（4）当七段显示译码器的七个输出端状态为 abcdefg=0011111 时（高点平有效），译码器输入状态（8421BCD 码）应为 0110。

2-3-3　用 3-8 译码器 74LS138 组成的组合逻辑电路如题 2-3-3 图所示，写出 F_1 和 F_2 的函数表达式。

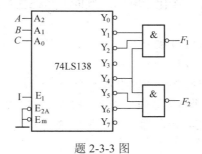

题 2-3-3 图

2-3-4　用 3-8 译码器 74LS138 组成的组合逻辑电路如题 2-3-4 图所示，写出 F_1 和 F_2 的函数表达式，并说明这两个逻辑函数的功能区别。

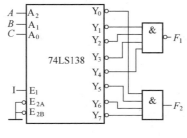

题 2-3-4 图

2-3-5　用八选一 74LS151 构成的三输入变量组合电路如题 2-3-5 图所示，写出 F 的函数表达式。

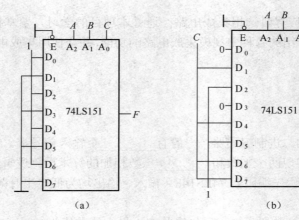

题 2-3-5 图

2-3-6 用译码器实现下列逻辑函数，画出连线图。

（1）$Y_1 = \Sigma m(3,4,5,6)$

（2）$Y_2 = \Sigma m(1,3,,5,9,11)$

（3）$Y_3 = \Sigma m(2,6,9,12,13,14)$

2-3-7 试用 74LS151 数据选择器实现逻辑函数。

（1）$Y_1 = \Sigma m(1,3,5,7)$

（2）$Y_2 = AB + \overline{A}C + \overline{B}C + \overline{ABC}$

2-3-8 试用 74LS138 设计一个组合电路，判断一个三位二进制数：

（1）是否大于 4。

（2）3 个输入变量中是否有奇数个 1。

（3）3 个输入变量中是否多数为 1。

2-3-9 试用一片双四选一数据选择器设计一个全减器。

2-3-10 将四片 74LS138 用 2-4 译码器控制，扩展成 5-32 译码器。

2-3-11 将四片四选一用 2-4 译码器控制，扩展成十六选一的数据选择器。

项目四　分频器电路

教学目标

知识目标
掌握时序逻辑电路的分析方法

了解常见触发器的组成及电路符号

掌握几种常见触发器的工作原理

掌握常见触发器状态表、特性方程和波形图

掌握移位寄存器的工作原理

技能目标
掌握触发器的应用

掌握分频器的应用

掌握寄存器的应用

知识链接
链接一　时序逻辑电路概述

链接二　触发器

链接三　边沿触发器

链接四　寄存器

项目实训
任务一　集成数据寄存器的仿真分析

任务二　分频器的仿真分析

任务三　触发器的性能测试

项目导入

设计一个分频器，实现对输入信号的分频。

在计算机和电气自动控制系统中，由触发器构成的寄存器和分频器电路广泛用于分频、数据传输方式的转换等。除了需要实现数据的输入、存储、输出，具有存储代码的功能外，还要求使数据双向（左移或右移）移位，实现数据串行输入—串行输出、串行输入—并行输出、并行输入—串行输出、并行输入—并行输出等多种转换功能。

图 2-4-1 所示为一个分频器电路。电路由移位寄存器实施分频，分频比可由译码器的输入数据来决定，为输入数据转换为的十进制数加一。改变输入即可改变分频比。

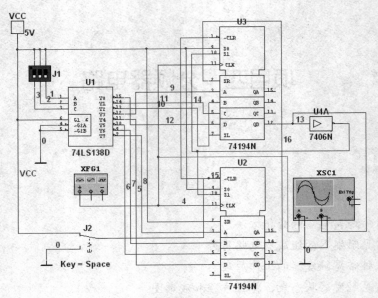

图 2-4-1 分频器电路

知识链接

链接一 时序逻辑电路概述

数字逻辑电路分为两类：一类是组合逻辑电路，另一类是时序逻辑电路。在组合逻辑电路中，任一时刻的输出仅与该时刻输入变量的取值有关，而与输入变量的历史情况无关；在时序逻辑电路中，任一时刻的输出不仅与该时刻输入变量的取值有关，而且与该时刻电路所处的状态有关。

图 2-4-2 是时序逻辑电路的方框图。由图中可以看出，时序逻辑电路包含组合逻辑电路和存储电路两部分，存储电路具有记忆功能，通常由触发器担任；存储电路的状态反馈到组合逻辑电路的输入端，与外部输入信号共同决定组合逻辑电路的输出。

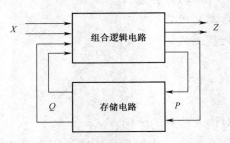

图 2-4-2 时序逻辑电路的结构框图

触发器是时序逻辑电路最基本的存储器件，具有两个稳定的工作状态，即 0 状态和 1 状态。在无外界信号触发作用时，触发器可以长期保持在某个稳定状态，在一定的外界触发信号作用下，触发器从一个稳态翻转到另一个稳态。利用触发器的这一工作特点，可以记忆或存储信息。一个触发器可以记忆或存储一位二进制信息。

触发器种类很多，根据逻辑功能的不同，可分为 RS 触发器、JK 触发器、D 触发器、T

触发器、T′触发器等。根据触发方式的不同，可分为电平触发和边沿触发两种类型。

链接二　触发器

一、基本 RS 触发器

基本 RS 触发器又称直接复位、置位触发器，它是结构最简单的一种触发器，各种实用的触发器都是在基本 RS 触发器的基础上构成的。基本 RS 触发器的电路组成有多种形式，图 2-4-3 为两个与非门交叉耦合构成的基本 RS 触发器。

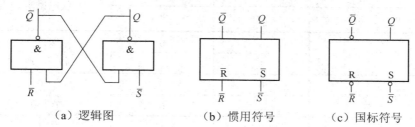

（a）逻辑图　　　　　（b）惯用符号　　　　（c）国标符号

图 2-4-3　与非门构成的基本 RS 触发器

图 2-4-3 中，$\bar{S}$、$\bar{R}$ 是触发器的两个输入端，字母上的非号表示该输入端为低电平有效。Q 和 $\bar{Q}$ 是两个互补输出端，Q 端的状态即为触发器的状态。Q^n 表示触发器的原态（现态），即触发信号输入前的状态；Q^{n+1} 为触发器的次态，即触发信号输入后的状态。触发器的功能可以用真值表（或称状态表）、特征方程、状态转换图、波形图（或称时序图）来描述。

1. 工作原理

从图 2-4-3（a）中可以看出，基本 RS 触发器的工作情况为：

（1）当输入 $\bar{R}=0$、$\bar{S}=1$ 时，无论原状态为 $Q^n=0$，或者 $Q^n=1$，次态 $Q^{n+1}=0$，称为触发器置 0。

（2）当输入 $\bar{R}=1$、$\bar{S}=0$ 时，无论原状态为 $Q^n=0$，或者 $Q^n=1$，次态 $Q^{n+1}=1$，称为触发器置 1。

（3）当输入 $\bar{R}=1$、$\bar{S}=1$ 时，若 $Q^n=0$，次态 $Q^{n+1}=0$；而 $Q^n=1$，次态 $Q^{n+1}=1$，触发器实现状态保持。

（4）当输入 $\bar{R}=0$、$\bar{S}=0$ 时，无论原状态如何，$Q^{n+1}=\overline{Q^{n+1}}=1$，在输入信号消失后，触发器输出状态将不确定。

2. 波形图（时序图）

如图 2-4-4 所示，给定不同时刻的触发信号波形，可以得到触发器的状态变换波形。画图时，对应某个时刻，该时刻以前为 Q^n，该时刻以后为 Q^{n+1}。

图 2-4-4　波形图

由上述分析可得出基本 RS 触发器的功能为：当 $\bar{S}=0$，立即置 $Q=1$；$\bar{R}=0$，立即置 $Q=0$；$\overline{SR}=11$，保持原状态。注意，当 $\bar{S}$ 和 $\bar{R}$ 的低电平信号同时消失时，触发器输出状态是不定，可能为高电平也可能为低电平。

3. 真值表

前述工作情况可以用表 2-4-1 所示的真值表表示。

表 2-4-1 基本 RS 触发器真值表

输入		输出	状态说明
$\bar{R}$	$\bar{S}$	Q^n	Q^{n+1}	
1	1	0	0	保持
		1	1	$Q^{n+1}=Q^n$
0	1	0	0	置 0
		1	0	$Q^{n+1}=0$
1	0	0	1	置 1
		1	1	$Q^{n+1}=1$
0	0	0	×	禁止
		1	×	

二、钟控 RS 触发器

在数字系统中，通常要求触发器按一定的时间动作，为此增加一个时钟脉冲 CP（Clock Pulse）来控制触发器的翻转时刻，而翻转为何种状态仍然由输入信号决定，从而出现了各种钟控触发器。

在基本 RS 触发器的基础上，再增加两个与非门即可构成如图 2-4-5 所示的钟控 RS 触发器。

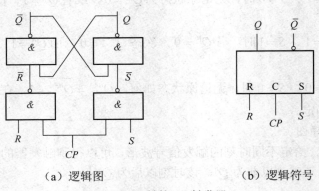

（a）逻辑图　　　　　　（b）逻辑符号

图 2-4-5 钟控 RS 触发器

功能分析：

当 $CP=0$ 时，不论输入信号 R、S 为何值，$\bar{R}$、$\bar{S}$ 的值都为 1，根据基本 RS 触发器的功能，此时触发器处于保持状态。

当 $CP=1$ 时，输入信号 R、S 和 $\bar{R}$、$\bar{S}$ 的关系为取反关系，结合表 2-4-1，可以写出钟控 RS 触发器的真值表如表 2-4-2 所示。

表 2-4-2 钟控 RS 触发器真值表

R	S	Q^n	Q^{n+1}	说明
0	0	0	0	保持
		1	1	
0	1	0	1	置1
		1	1	
1	0	0	0	置0
		1	0	
1	1	0	×	禁止
		1	×	

根据真值表 2-4-2 可画出图 2-4-6 所示的钟控 RS 触发器的卡诺图。

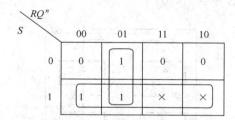

图 2-4-6 钟控 RS 触发器的卡诺图

由卡诺图化简可得出

$$Q^{n+1} = S + \overline{R}Q^n \tag{2-4-1}$$

由无关项可以看出，S 和 R 不能同时为 1，即存在约束条件 $SR=0$，因而钟控 RS 触发器的特征方程可以完整地表示为

$$\begin{cases} Q^{n+1} = S + \overline{R}Q^n \\ SR = 1 \end{cases} \tag{2-4-2}$$

三、D 触发器

将图 2-4-5（a）所示的钟控 RS 触发器的 S 端改成 D 端，R 端与 $\overline{D}$ 相连，就构成了如图 2-4-7 所示的 D 触发器，这样就不会出现 R 和 S 端同时为 1 的禁止状态。

由图 2-4-7 可知：当 $CP=1$ 时，将 $S=D$、$R=\overline{D}$ 代入式（2-4-1）可得到 D 触发器的特征方程为

$$Q^{n+1} = D + \overline{\overline{D}}Q^n = D + DQ^n = D$$

即
$$Q^{n+1} = D \tag{2-4-3}$$

由式（2-4-3）可得到 D 触发器的真值表如表 2-4-3 所示，

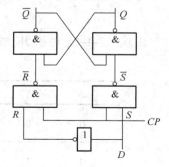

图 2-4-7 D 触发器

其状态图如图 2-4-8 所示。

表 2-4-3 D 触发器真值表

D	Q^{n+1}
0	0
1	1

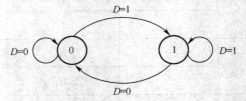

图 2-4-8　D 触发器状态图

四、JK 触发器

将图 2-4-5（a）所示的 RS 触发器连接成如图 2-4-9 所示电路，就构成了 JK 触发器，利用 Q、$\overline{Q}$ 的互补性保证了 R 和 S 不会同时为 1。

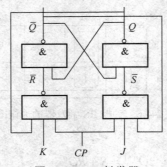

图 2-4-9　JK 触发器

与钟控 RS 触发器相比，S 即为图 2-4-9 中的 $J\overline{Q^n}$，R 即为图 2-4-9 中的 KQ^n，将 $S = J\overline{Q^n}$、$R = KQ^n$ 代入式（2-4-1），可得

$$Q^{n+1} = J\overline{Q^n} + \overline{KQ^n} \cdot Q^n = J\overline{Q^n} + (\overline{K} + \overline{Q^n})Q^n = J\overline{Q^n} + \overline{K}Q^n$$

即 JK 触发器的特征方程为

$$Q^{n+1} = J\overline{Q^n} + \overline{K}Q^n \tag{2-4-4}$$

由式（2-4-4）可得 JK 触发器的真值表如表 2-4-4 所示。

表 2-4-4　JK 触发器真值表

J	K	Q^n	Q^{n+1}	说明
0	0	0	0	保持
		1	1	
0	1	0	0	置 0
		1	0	

续表

J	K	Q^n	Q^{n+1}	说明
1	0	0	1	置1
		1	1	
1	1	0	1	翻转
		1	0	

由真值表可得出 JK 触发器的功能为：$JK=00$ 保持，即 $Q^{n+1}=Q^n$；$JK=01$ 置 0，即 $Q^{n+1}=0$；$JK=10$ 置 1，即 $Q^{n+1}=1$；$JK=11$ 翻转，即 $Q^{n+1}=\overline{Q^n}$。

由 JK 触发器的功能可以画出图 2-4-10 所示的状态转换图。

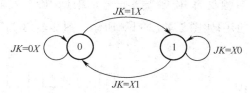

图 2-4-10　JK 触发器状态图

五、基本触发器的空翻和振荡现象

前面所介绍的触发器都是在 $CP=1$ 期间触发信号有效，这种触发器称为电平触发或电位触发。如果 $CP=1$ 时间维持较长，触发器就会出现空翻或振荡现象，这使触发器的应用受到了限制。

1. 空翻现象

空翻现象是指在 $CP=1$ 期间触发器的输出状态翻转两次或两次以上，如图 2-4-11 所示，第一个 $CP=1$ 期间 Q 状态的变化。因此为了保证触发器可靠地工作，防止出现空翻现象，必须限制输入的触发信号在 $CP=1$ 期间不发生变化。

2. 振荡现象

对于 JK 触发器，当 $J=K=1$ 时，在 $CP=1$ 期间，触发器状态将在 0 和 1 之间不断翻转，这就是振荡现象。如图 2-4-11 所示的第二个 $CP=1$ 期间的波形。

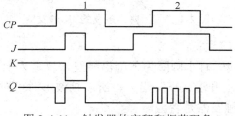

图 2-4-11　触发器的空翻和振荡现象

为了不产生振荡，就必须使 CP 脉冲的宽度变窄，但并不是 CP 脉冲宽度越窄越好，因为任何一个逻辑门都存在一定的平均延迟时间 t_{pd}。要保证触发器状态可靠地翻转，CP 脉冲宽度至少要大于 $2t_{pd}$，为避免再次翻转，CP 脉冲宽度应小于 $3t_{pd}$，即 CP 脉冲宽度 t_{pdW} 应满足以下要求：

$$2t_{pd}<t_{pdW}<3t_{pd}$$

由于对 CP 脉冲宽度的要求过于苛刻，由此产生了边沿触发器。

链接三   边沿触发器

为了解决电平触发器的空翻与振荡问题，集成电路大多数采用边沿触发，即仅在 CP 脉冲的上升沿或下降沿到来时，触发器才按其功能翻转，其余时刻均处于保持状态。集成电路内部采用了维持阻塞、主从触发等结构保证边沿触发，由于它们的电路图比较复杂，对用户来说，只要掌握其外部应用特性即可。

边沿触发器有 TTL 型和 CMOS 型，还分为正边沿（上升沿）、负边沿（下降沿）和正负边沿触发器。常见的 TTL 边沿触发器有 JK 触发器和维持阻塞 D 触发器。

一、边沿触发 JK 触发器

图 2-4-12（a）为上升沿触发的 JK 触发器符号，根据 JK 触发器的特征方程 $Q^{n+1} = J\overline{Q^n} + \overline{K}Q^n$，可得 JK 触发器的波形图如图 2-4-12（b）所示。图 2-4-13 为下降沿触发的 JK 触发器符号及波形图。

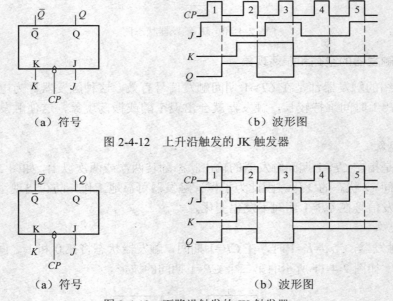

（a）符号   （b）波形图

图 2-4-12   上升沿触发的 JK 触发器

（a）符号   （b）波形图

图 2-4-13   下降沿触发的 JK 触发器

画边沿触发器的波形时应注意：

（1）符号图中 CP 接线间有小圆圈为下降沿触发，反之为上升沿触发。触发器翻转的时刻只可能发生在 CP 脉冲的上升沿或下降沿处，所以画波形时可对准 CP 的边沿处画虚线，在虚线处由 J、K 的状态决定触发器是否翻转。

（2）看虚线左侧的 J、K 值确定虚线右侧 Q 的状态。如图 2-4-13（b）中，CP5 上升沿正好与 J 的上升沿重合，此时 J 的取值应为虚线左侧的值，即为 0，所以 Q 的次态应为 0 而非 1。

（3）$\overline{Q}$ 的波形与 Q 的波形是互补的，将 Q 的波形取反即可得到 $\overline{Q}$ 的波形。

有些集成触发器的输入端往往不止一个，例如有的 JK 触发器的控制端有三个，且三个输入变量为相与的关系，如图 2-4-14 所示，输入控制信号为各输入信号相与，即

$$J=J_1J_2J_3 \qquad K=K_1K_2K_3$$

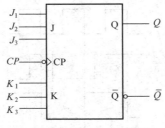

图 2-4-14　多输入端触发器

在设计 JK 触发器电路时，凡碰到多个输入控制信号相与的情况，可不必另画其他与门，直接利用触发器内部的与门即可。

二、维持阻塞 D 触发器

1. 维持阻塞 D 触发器电路组成和符号

维持阻塞 D 触发器的基本电路和逻辑符号如图 2-4-15 所示，它由 6 个与非门组成，其中 A、B 门组成基本 RS 触发器，C、D、E、F 门构成导引电路，D 为信号输入端，CP 为时钟脉冲控制端。（设 C、D、E、F 门的输出分别为 Z_1、Z_2、Z_3、Z_4。）

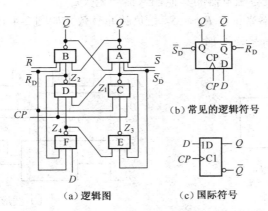

（a）逻辑图　　　　　（b）常见的逻辑符号

　　　　　　　　　（c）国际符号

图 2-4-15　维持阻塞 D 触发器电路组成和符号

2. 工作原理

（1）当 $CP=0$ 时，C、D 门被封锁，其输出 $Z_1=Z_2=1$，与 D 端的输入信号无关，因此由 A、B 门所组成的基本 RS 触发器保持原状态。

（2）当 $CP=1$，即上升沿到来时，若 $D=1$，则 D 门封锁，C 门打开。这时 $Z_1=0$ 有三路去向：一是送到 A 门使触发器置 1；二是送到 D 门将 D 门封锁，阻止 Z_2 变成低电平，即阻塞产生置 0 信号；三是送到 E 门，以保证 E 门的输出 $Z_3=1$，从而在 $CP=1$ 期间维持 $Z_1=0$，即维持置 1 信号。因此，将 C 门输出端至 E 门输入端连线称为维持置 1 线，至 D 门的连线称为阻塞置 0 线。显然 $Z_1=0$ 送至 D 门、E 门的输入端，产生维持阻塞作用之后，D 信号无论怎样变化，对触发器的 1 状态不会有影响。

在 CP 上升沿到来时，如果 $D=1$，则触发器置 1；反之，如果 $D=0$，则触发器就置 0。由于触发器只接受 CP 上升沿到来时 D 端的信号，而且一经翻转后，在内部形成的维持阻塞作用下，不再受 D 端输入信号的影响。因此维持阻塞结构的触发器，也和主从结构的触发器一样，不存在空翻现象。D 触发器的波形图如图 2-4-16 所示。

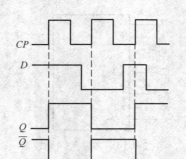

图 2-4-16 维持阻塞 D 触发器的波形

3. 异步输入端 $\overline{R}_D$、$\overline{S}_D$ 的作用

为了进一步扩展 D 触发器的逻辑功能，通常除具有控制端 D 外，还具有异步置 1 端 $\overline{S}_D$ 和异步置 0 端 $\overline{R}_D$，如图 2-4-17 所示。其用途、使用方法和符号均与 JK 触发器的 $\overline{R}_D$、$\overline{S}_D$ 相同。为了提供方便，实际上绝大多数实际的集成电路触发器都带有直接置位端 $\overline{S}_D$ 端和直接复位端 $\overline{R}_D$ 端，又称直接置 1、置 0 端。当 $\overline{S}_D$ =0 时，将立即置 Q=1；同样当 $\overline{R}_D$ =0 时，将立即置 Q=0，其工作不受时钟的控制且与触发器的其他输入信号无关。

对于 TTL 集成触发器来说，$\overline{R}_D$、$\overline{S}_D$ 是负脉冲有效。如图 2-4-17 所示为带有 $\overline{R}_D$、$\overline{S}_D$ 端的维持阻塞 D 触发器的符号及波形。

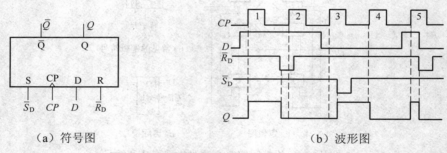

（a）符号图　　　　　　　　　　（b）波形图

图 2-4-17 带有置位、复位功能的 D 触发器

在具体电路中，若其功能与 $\overline{R}_D$、$\overline{S}_D$ 无关，符号图上可省去不画。

三、集成触发器

1. TTL 集成触发器

74LS112 为双下降沿 JK 触发器，其管脚排列图及符号如图 2-4-18 所示。$\overline{CP}$ 为时钟输入端，下降沿触发；J、K 为输入控制端；Q、$\overline{Q}$ 为互补输出端；$\overline{R}_D$ 为直接复位端，$\overline{S}_D$ 为直接置位端，低电平有效。

74LS74 为双上升沿 D 触发器，管脚排列如图 2-4-19 所示。

2. CMOS 触发器

CMOS 触发器与 TTL 触发器一样，种类繁多，在工作原理上 CMOS 触发器与 TTL 触发器基本相同。常用的集成触发器有 74HC74（D 触发器）和 CC4027（JK 触发器）。CC4027 管脚排列如图 2-4-20 所示，功能表如表 2-4-5 所示。使用时注意 CMOS 触发器的直接置位和直接复位端是高电平有效。使用时电源电压为 3～18V。

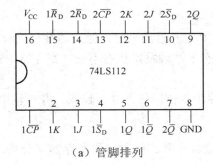

（a）管脚排列

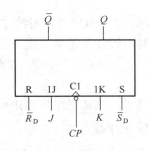

（b）逻辑符号

图 2-4-18　74LS112 管脚

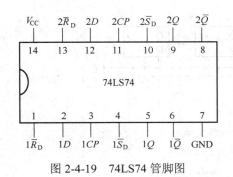

图 2-4-19　74LS74 管脚图

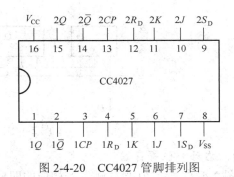

图 2-4-20　CC4027 管脚排列图

表 2-4-5　CC4027 功能表

输入			输出			
R_D	S_D	CP	J	K	Q	$\bar{Q}$
1	0	×	×	×	0	1
0	1	×	×	×	1	0
1	1	×	×	×	1	1
0	0	↑	0	0	Q^n	$\bar{Q^n}$
0	0	↑	0	1	0	1
0	0	↑	1	0	1	0
0	0	↑	1	1	$\bar{Q^n}$	Q^n

链接四　寄存器

寄存器用以存储代码，一个触发器可以存储一位二进制代码，由 n 个触发器可以组成存储 n 位二进制代码的寄存器。寄存器可以分为基本寄存器和移位寄存器。基本寄存器可以实现数据的输入、存储、输出。移位寄存器除了具有存储代码的功能外，还可以使数据移位，有左移、右移和双向移位。

一、基本寄存器

又称为数码寄存器。图 2-4-19 所示为由 D 触发器构成的 4 位数码寄存器。图中 CP 为时钟脉冲，$\overline{CR}$ 为异步清零端，$D_0 \sim D_3$ 为数据输入端。

$\overline{CR}$=0 时，4 个触发器同时清零，$Q_0=Q_1=Q_2=Q_3=0$。

$\overline{CR}$=1 时，触发器正常工作。当时钟脉冲 CP 上升沿到来时，触发器并行接收输入数据，$Q_0=D_0$，$Q_1=D_1$，$Q_2=D_2$，$Q_3=D_3$；CP 的其他状态下，触发器状态不变，寄存器中寄存的数据保持不变。

该电路特点：由边沿触发器组成；设置了异步复位信号；并行输入、并行输出。

二、移位寄存器

移位寄存器分为单向移位寄存器和双向移位寄存器。单向移位寄存器又分为左移寄存器和右移寄存器。

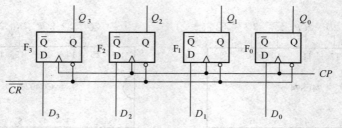

图 2-4-21　4 位数码寄存器

1. 右移移位寄存器

图 2-4-22 所示为由 D 触发器构成的四位右移移位寄存器。

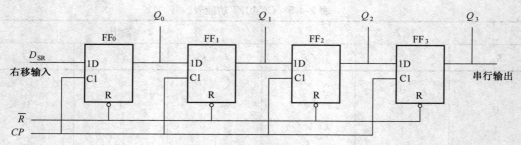

图 2-4-22　4 位右移移位寄存器

该电路特点：D_{SR} 为右移串行输入信号，在 CP 作用下，信号依次右移，数据 D_3 端串行输出，也可从各触发器的输出端并行输出。

各寄存器状态为：$Q_0^{n+1}=D_{SR}$，$Q_1^{n+1}=Q_0^n$，$Q_2^{n+1}=Q_1^n$，$Q_3^{n+1}=Q_2^n$。

2. 左移移位寄存器

图 2-4-23 所示为由 D 触发器构成的 4 位左移移位寄存器。

各寄存器状态为：$Q_0^{n+1}=Q_1^n$，$Q_1^{n+1}=Q_2^n$，$Q_2^{n+1}=D_{SL}$。

该电路特点：D_{SL} 为左移串行输入信号，在 CP 作用下，信号依次左移，数据可串行输出，也可并行输出。

3. 双向移位寄存器

双向移位寄存器除了具有存储代码的功能外，还可以使数据双向（左移或右移）移位，实现数据串行输入—串行输出、串行输入—并行输出、并行输入—串行输出、并行输入—并行输出等多种转换功能。

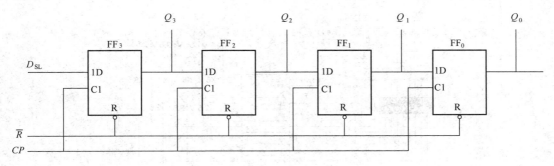

图 2-4-23　4 位左移移位寄存器

74LS194 是一个 4 位集成移位寄存器，其逻辑符号如图 2-4-24 所示。74LS194 内部由 4 个触发器和控制电路组成。它在普通移位寄存器的基础上，增加了并行输入、保持、左移或右移以及异步复位等功能。

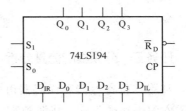

图 2-4-24　4 位集成移位寄存器逻辑符号

在图 2-4-24 中，$Q_3Q_2Q_1Q_0$ 是数据并行输出端，$D_3D_2D_1D_0$ 是数据并行输入端，D_{IR} 是右移串行输入端，D_{IL} 是左移串行输入端，S_1 和 S_0 是控制端，$\overline{R}_D$ 是异步清零端，CP 是时钟脉冲输入端。表 2-4-6 是 74LS194 的功能表。

表 2-4-6　74LS194 功能表

$\overline{R}_D$	CP	S_1	S_0	Q_0^{n+1}	Q_1^{n+1}	Q_2^{n+1}	Q_3^{n+1}	功能
0	×	×	×	0	0	0	0	清零
1	↑	0	0	Q_0	Q_1	Q_2	Q_3	保持
1	↑	0	1	D_{IR}	Q_0	Q_1	Q_2	右移
1	↑	1	0	Q_1	Q_2	Q_3	D_{IL}	左移
1	↑	1	1	D_0	D_1	D_2	D_3	并行输入

移位寄存器在数字电路中主要用于计数、分频、数据传输方式的转换等。

项目实训

任务一　集成数据寄存器的仿真分析

使用 Multisim 进行数据寄存器 74LS273N 的功能仿真。

（1）从 TTL 库中拖出 1 只 74LS273N。

（2）从基本器件库中找到"开关"库，拖出 1 只 DSWPK-8，2 只 SPDT；从显示器库中拖出 8 只指示灯；从电源库中拖出电源 V_{CC} 和数字地。

（3）连接为图 2-4-25 所示电路。

（4）分别操作开关，观察指示灯的变化。

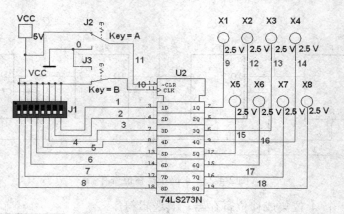

图 2-4-25　集成数据寄存器仿真电路

任务二　分频器的仿真分析

　　利用移位寄存器和译码器可以实现可编程分频。分频比可由译码器的输入数据来决定，为输入数据转换为的十进制数加一。改变输入，即可改变分频比。

　　（1）从 TTL 库中拖出 1 片 3 线－8 线译码器 74LS138D，2 片四位移位寄存器 74194N，一片 6 反相器 7406N。

　　（2）从基本器件库中找到"开关"库，拖出 1 只 DSWPK-3 开关，1 只 SPDT 开关；从电源库中拖出电源 V_{CC} 和数字地。

　　（3）拖出一只信号发生器和一只示波器；并进行信号发生器的设置。

　　（4）连接为图 2-4-26 所示电路，J1 控制分频比，J2 控制清零信号；分别操作 J1 和 J2，画出在给定的分频比之下，输入脉冲和输出脉冲波形。

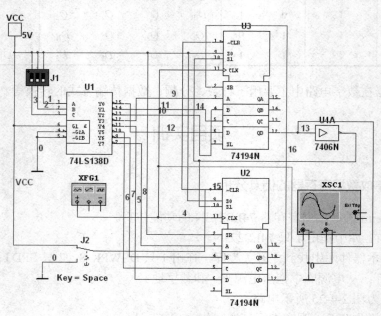

图 2-4-26　分频器仿真电路

　　（5）观察译码器输入为"100"（5 分频）时示波器显示的波形。

任务三　触发器的性能测试

一、实训目的

（1）熟练掌握触发器的两个基本性质：2 个稳态和触发翻转。

（2）了解触发器的两种触发方式及其触发特点。

（3）测试 JK 触发器、D 触发器的逻辑功能。

二、实训设备器材

数字电路实训台；74LS74 一片；74LS112 一片。

三、实训说明

触发器是组成时序电路的最基本单元，也是数字逻辑电路中另一种重要的单元电路，它在数字系统和计算机中有着广泛的应用。触发器有集成触发器和门电路（主要是与非门）组成的触发器。按其功能可分为 RS 触发器、JK 触发器、D 触发器、T 和 T′功能等触发器。触发方式有电平触发和边沿触发两种。

四、实训内容及步骤

74LS74 的逻辑符号如图 2-4-27 所示。

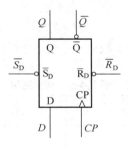

图 2-4-27　74LS74 逻辑符号

1. 维持阻塞型 D 触发器功能测试

（1）直接复位端 $\overline{R}_D$ 和置位端 $\overline{S}_D$ 的功能测试。体会它们决定触发器初态的作用。

（2）逻辑功能测试。要求在不同的输入状态和初始状态下测试输出状态的变化。

（3）体会边沿触发的特点。分别在 $CP=0$ 和 $CP=1$ 期间，改变 D 端状态，观察触发器状态是否变化。特性方程：$Q^{n+1} = D$。

实训步骤：

（1）分别在 $\overline{S}_D$、$\overline{R}_D$ 端加低电平，观察并记录 Q 端的状态。

（2）令 $\overline{S}_D$、$\overline{R}_D$ 端为高电平，D 端分别接高、低电平，用单脉冲作 CP，观察并记录当 CP 为 0、↑、1、↓ 时 Q 端状态的变化。

（3）当 $\overline{S}_D$、$\overline{R}_D$ 为高电平，$CP=0$（或 $CP=1$），改变 D 端状态，观察 Q 端的状态是否变化。

（4）整理上述实训数据，将结果填入表 2-4-7 中。

表 2-4-7　测试结果

$\overline{S_D}$	$\overline{R_D}$	CP	D	Q^n	Q^{n+1}	$\overline{Q^{n+1}}$	逻辑功能
0	1	×	×	×			
1	0	×	×	×			
1	1	↑ (0→1)	0	0			
				1			
1	1	↑ (0→1)	1	0			

2. JK 触发器功能测试

双下降沿触发 JK 触发器 74LS112 的逻辑符号如图 2-4-28 所示。其测试步骤同 74LS74 一样，将测试结果填入表 2-4-8 中。

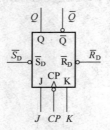

图 2-4-28　74LS112 逻辑符号

表 2-4-8　测试结果

$\overline{S_D}$	$\overline{R_D}$	CP	J	K	Q^n	Q^{n+1}	$\overline{Q^{n+1}}$	逻辑功能
0	1	×	×	×	×			
1	0	×	×	×	×			
1	1	↓ (1→0)	0	0	0			
					1			
1	1	↓ (1→0)	0	1	0			
					1			
1	1	↓ (1→0)	1	0	0			
					1			
1	1	↓ (1→0)	1	1	0			

五、实训报告

（1）写出各触发器特性方程。

（2）总结各类触发器的特点。

本项目分析了 RS 等几种集成触发器的结构及工作原理，研究了由触发器构成的寄存器和分频器电路。

触发器是数字系统中极为重要的基本逻辑单元。它有两个稳定状态，在外加触发信号的作用下，可以从一种稳态转换到另一种稳态。触发信号消失后，仍维持其现态不变，因此，触发器具有记忆作用。触发器可分为高电平（$CP=1$）触发、低电平（$CP=0$）触发、上升沿触发、下降沿触发等四种触发方式。

集成触发器按功能可分为 RS、JK、D、T、T′ 等几种。其逻辑功能可用真值表、特征方程、状态图、逻辑符号图和波形图（时序图）来描述。常用的集成触发器 TTL 型的有：双 JK负边沿触发器 74LS112、双 D 正边沿触发器 74LS74；CMOS 型的有：CC4027 和 CC4013。

在使用触发器时，必须注意电路的功能及其触发方式。电平触发器在 $CP=1$ 期间触发翻转，有空翻和振荡现象。为克服空翻和振荡现象，一般使用 CP 脉冲边沿触发的触发器。功能不同的触发器之间可以相互转换。

寄存器是用以暂存二进制代码的电路，按功能可分为数据寄存器和移位寄存器。其中移位寄存器又可分为左移、右移和双向移位寄存器。

2-4-1　填空。

（1）时序逻辑电路的特点是：某一时刻的输出不仅决定于_____，还与电路的_____有关，所以时序电路是由_____组成的。

（2）要使触发器实现异步复位功能（$Q^{n+1}=0$），应使异步控制信号（低电平有效）$\overline{R}_D=$_____，$\overline{S}_D=$_____。

（3）JK 触发器中，当 $J=K=$_____时，触发器 $Q^{n+1}=\overline{Q^n}$。

（4）一个 8 选 1 数据选择器，其地址输入端（选择控制输入端）的个数应是_____个。

（5）对于 JK 触发器，当 $J=K=1$ 时，在 $CP=1$ 期间，触发器状态将在 0 和 1 之间不断翻转，这就是_____现象。

（6）空翻现象是指_____。为了保证触发器可靠地工作，防止出现空翻现象，必须限制输入的触发信号在_____期间不发生变化。

（7）常见的 TTL 边沿触发器有_____触发器和_____触发器。

2-4-2　判断下列说法是否正确，对的在括号内打"√"，否则打"×"。

（　）（1）要实现输入为多位、输出为多位的功能，应选用中规模集成编码器组件。

（　）（2）对于 JK 触发器，若 $J=K$，则可完成 D 触发器的逻辑功能。

（　）（3）同步置零计数器只要 R_D 出现低电平，触发器立即被置 0。

（　）（4）对于具有异步端低电平有效的触发器，当 $\overline{S}_D=1$、$\overline{R}_D=0$ 时，不论时钟 CP 和输入 D 是什么状态，触发器都会被置成 0 态。

（　）（5）边沿触发器能解决电平触发器的空翻与振荡问题。

（　　）（6）寄存器可以实现数据的输入、存储、输出外，还可以使数据移位。

（　　）（7）3 个移位寄存器组成的扭环形计数器，最多能形成 8 个状态的有效循环。

2-4-3　分析题 2-4-3 图所示 RS 触发器的功能，并根据输入波形画出 Q 和 $\bar{Q}$ 的波形。

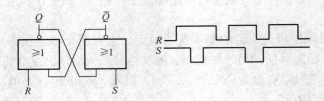

题 2-4-3 图

2-4-4　钟控 RS 触发器接成题 2-4-4（a）（b）（c）图所示形式，设 Q 初始状态为 0。试根据图（d）所示的 CP 波形，画出 Q_a、Q_b、Q_c 的波形。

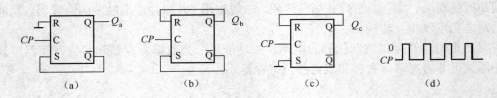

题 2-4-4 图

2-4-5　JK 触发器的电路和时钟 CP 及输入 A 的波形如题 2-4-5 图所示，要求：

（1）写出电路的次态方程。

（2）根据给定 CP 和 A 的波形画出 Q 端的波形（设 Q 起始态为 0）。

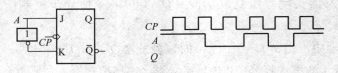

题 2-4-5 图

2-4-6　根据触发器的直接置位与直接复位功能，分别画出题 2-4-6（a）（b）图所示触发器输出 Q 的波形（起始态为 0）。

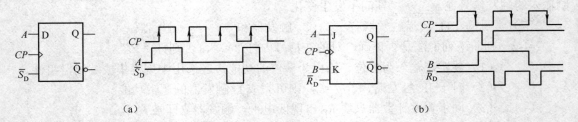

题 2-4-6 图

2-4-7　下降沿触发的 JK 触发器输入波形如题 2-4-7 图所示，设触发器初态为 0，画出相应的输出波形。

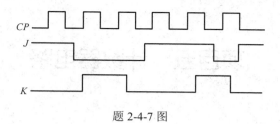

题 2-4-7 图

2-4-8　边沿触发器连接电路如题 2-4-8 图所示，设初始状态均为 0，试根据 CP 和 D 的波形画出 Q_1、Q_2 的波形。

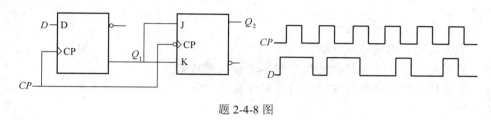

题 2-4-8 图

2-4-9　请用 74LS194 构成 5 分频电路。

项目五　计数器电路

教学目标

知识目标

熟悉时序电路的分析方法

掌握几种常用的集成计数器

掌握实现任意进制计数的反馈归零法和预置数法

掌握使用集成计数器实现任意进制计数的方法

技能目标

掌握集成计数器的应用

掌握实现任意进制计数的方法

知识链接

链接一　时序逻辑电路

链接二　计数器

项目实训

任务一　集成计数器的仿真分析

任务二　任意进制计数器的仿真分析

任务三　集成计数器的功能分析及应用

项目导入

设计一个八进制计数。

计数器是应用最广泛的时序电路。它既是一个用以实现计数功能的时序部件，也有其他一些特定的逻辑功能。计数器不仅可累计记录脉冲的个数，还被广泛应用于数字系统的定时、分频和数字运算的数字电路中。

图 2-5-1 所示是一个八进制计数器的电路。电路由十进制计数器 74LS192 进行计数，由七段数码管显示计数情况，计数从"0"开始，计满 8 个脉冲（显示为"7"）后回到"0"。

知识链接

链接一　时序逻辑电路

分析逻辑时序电路的目的是确定已知电路的逻辑功能和工作特点，即要找出电路的状态和输出的状态在输入变量和时钟信号作用下的变化规律。由于时序逻辑电路的逻辑功能可以用输出方程、状态方程和驱动方程来描述，因此，只要写出给定时序电路的这三个方程，就能够求出任意时刻电路的输出，进而也就能分析出其逻辑功能。

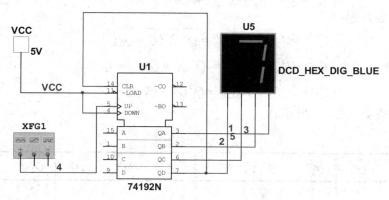

图 2-5-1　八进制计数器电路

一、时序电路的分析方法

时序电路的分析方法就是从逻辑图求出给定时序电路的功能，一般用状态表（又称状态转换表）或状态图（又称状态转换图）来表示。同步时序电路的一般分析方法按下面的步骤进行（因为是同步时序电路，各个触发器的状态变化受同一个 CP 控制，分析过程中不必单独考虑每个触发器的时钟条件）；异步时序电路与同步时序电路的不同之处在于各个触发器所连接的时钟脉冲不是同一个，因而每个触发器要根据各自的触发脉冲来确定其是否动作。所以，异步时序电路的分析与同步时序电路分析方法基本相同，但还需另外写出时钟方程，从而找出每次电路状态转换时各触发器是否触发。

二、时序逻辑电路的分析步骤

（1）根据给定逻辑图，写出组成时序电路的各个触发器的驱动方程（即每个触发器输入信号的表达式）和输出方程。

（2）将各个触发器的驱动方程代入触发器的特性方程得到所分析电路各触发器的状态方程组。

（3）假设现态，依次代入各触发器的状态方程组进行计算，求出次态。

（4）列状态表，画出状态图。

（5）说明功能。

【例 2-5-1】电路如图 2-5-2 所示。分析电路，列出状态表，画出状态图，说明电路能否自启动。

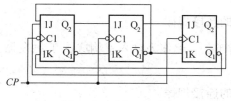

图 2-5-2　例 2-5-1 图

解：（1）写驱动方程：

$$J_2 = \overline{Q_1^n Q_0^n}、\quad K_2 = Q_0^n$$

$$J_1 = Q_2^n、\quad K_1 = \overline{Q_2^n},\quad J_0 = Q_1^n、\quad K_0 = \overline{Q_1^n}$$

（2）写状态方程：

$$Q_2^{n+1} = J_2\overline{Q_2^n} + \overline{K_2}Q_2^n = \overline{Q_1^n Q_0^n}\,\overline{Q_2^n} + \overline{Q_0^n}Q_2^n$$

$$Q_1^{n+1} = J_1\overline{Q_1^n} + \overline{K_1}Q_1^n = Q_2^n\overline{Q_1^n} + Q_2^n Q_1^n = Q_2^n$$

$$Q_0^{n+1} = J_0\overline{Q_0^n} + \overline{K_0}Q_0^n = Q_1^n\overline{Q_0^n} + Q_1^n Q_0^n = Q_1^n$$

（3）状态表如表 2-5-1 所示。

表 2-5-1   状态表

Q_2^n	Q_1^n	Q_0^n	Q_2^{n+1}	Q_1^{n+1}	Q_0^{n+1}	Q_2^n	Q_1^n	Q_0^n	Q_2^{n+1}	Q_1^{n+1}	Q_0^{n+1}
0	0	0	1	0	0	1	0	0	1	1	0
0	0	1	0	0	0	1	0	1	0	1	0
0	1	0	0	0	1	1	1	0	1	1	1
0	1	1	0	0	1	1	1	1	0	1	1

（4）画出状态转换图如图 2-5-3 所示，能自启动。

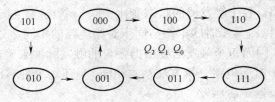

图 2-5-3   状态转换图

链接二   计数器

计数器不仅可累计计时脉冲的个数，还被广泛应用于定时、分频及各种数字电路中，它是应用最广泛的时序电路。根据计数器中各个触发器状态翻转的先后次序可分为同步计数器和异步计数器；根据计数过程中数字的增减规律可分为增量（加法）计数器、减量（减法）计数器和可逆计数器；根据计数器的循环长度可分为二进制计数器和 N 进制计数器，一般计数长度包含 2^n（n 位）个状态的称为二进制计数器，除此之外的称为 N 进制计数器。

计数器是数字系统中最典型的时序电路之一。因为它们应用广泛，所以常做成中规模集成芯片。通过采用反馈归零法、预置数法、进位输出置最小数法、级联法等方法实现任意进制的计数器。

一、同步二进制计数器的连接规律

将 JK 触发器的 J、K 端连在一起作为输入就构成了 T 触发器。同步二进制计数器的连接规律总结于表 2-5-2 中。

二、异步二进制计数器的连接规律

若用 JK 触发器组成，则 J、K 端连在一起接高电平；若用 D 触发器组成，则 D 接 $\overline{Q}$，这样，触发器就构成了 T′触发器（即来一个脉冲，触发器翻转一次），异步二进制计数器的连接规律总结于表 2-5-3 中。

表 2-5-2　同步二进制计数器的连接规律（以四位计数器为例）

	连线规律（T 触发器组成）	连线规律（一般表达式）
加法计数器	$T_0=1$、$T_1=Q_0$、$T_2=Q_1 Q_0$、$T_3=Q_2 Q_1 Q_0$	$T_i=Q_{i-1}\cdot Q_{i-2}\cdot\cdots\cdot Q_1\cdot Q_0$
减法计数器	$T_0=1$、$T_1=\overline{Q_0}$、$T_2=\overline{Q_1 Q_0}$、$T_3=\overline{Q_2 Q_1 Q_0}$	$T_i=\overline{Q_{i-1}}\cdot\overline{Q_{i-2}}\cdot\cdots\cdot\overline{Q_1}\cdot\overline{Q_0}$
可逆计数器	将以上两电路连线组合在一起，加上控制信号 M，当 $M=0$ 时，作加法运算，当 $M=1$ 时，作减法运算	$T_i=\overline{M}(Q_{i-1}\cdot Q_{i-2}\cdot\cdots\cdot Q_1\cdot Q_0)+M(\overline{Q_{i-1}}\cdot\overline{Q_{i-2}}\cdot\cdots\cdot\overline{Q_1}\cdot\overline{Q_0})$

表 2-5-3　异步二进制计数器的连接规律　（四位计数器）

加法计数器	$CP_0=CP$，$CP_1=Q_0$，$CP_2=Q_1$，$CP_3=Q_2$	$CP_i=Q_{i-1}$
减法计数器	$CP_0=CP$，$CP_1=\overline{Q_0}$，$CP_2=\overline{Q_1}$，$CP_3=\overline{Q_2}$	$CP_i=\overline{Q_{i-1}}$

三、常用中规模集成计数器简介

1. 二进制计数器 74LS161

74LS161 是同步四位二进制加法计数器，其逻辑符号如图 2-5-4 所示，功能表如表 2-5-4 所示。

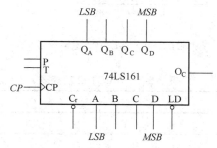

图 2-5-4　74LS161 逻辑符号

表 2-5-4　74161 功能表

输入									输出				功能
CP	C_r	LD	P	T	A	B	C	D	Q_A	Q_B	Q_C	Q_D	
×	0	×	×	×	×	×	×	×	0	0	0	0	异步清零
↑	1	0	×	×	A	B	C	D	A	B	C	D	同步置数
×	1	1	0	×	×	×	×	×	Q_A	Q_B	Q_C	Q_D	保持
×	1	1	×	0	×	×	×	×	Q_A	Q_B	Q_C	Q_D	
↑	1	1	1	1	×	×	×	×	对 CP 计数				增 1 计数

由功能表可以总结出 74LS161 在应用中有以下特点：

（1）它的内部有四个上升沿触发的触发器，由高位到低位依次为 Q_D、Q_C、Q_B、Q_A，每位的权值分别为 8、4、2、1。

（2）C_r 为异步清零控制端，低电平有效。

（3）LD 为同步置数控制端，低电平有效。

（4）O_C 为进位输出端，高电平有效。

（5）P、T 为计数控制端，高电平有效。

（6）在 $C_r = LD = 1$ 状态下，若 P 与 T 中有一个为 0 或都为 0，则计数器处于保持状态，即输出 $Q_D Q_C Q_B Q_A$ 端状态保持不变。

利用 74LS161 可构成任意（N）进制的计数器。

2．十进制计数器 74LS160

十进制计数器 74LS160 外部引线排列和功能表与 74LS161 相同。只不过是它内部结构已经使电路实现了十进制加法计数的功能。

3．集成同步十进制可逆计数器 74LS192

74LS192 是同步十进制可预置数可逆计数器，其逻辑符号如图 2-5-5 所示，逻辑功能如表 2-5-5 所示。

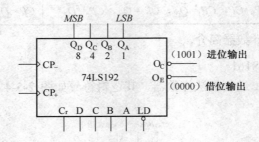

图 2-5-5　74LS192 逻辑符号

表 2-5-5　74LS192 功能表

CP_+	CP_-	LD	C_r	Q_D	Q_C	Q_B	Q_A
×	×	×	1	0	0	0	0
×	×	0	0	D	C	B	A
⌐	1	1	0	加法计数			
1	⌐	1	0	减法计数			
1	1	1	0	保持			

由表 2-5-5 可知 74LS192 具有如下功能：

（1）异步清零功能。C_r 端为异步清零端，高电平有效。当 $C_r = 1$ 时，不管其他输入端电平如何，都立即使 $Q_D Q_C Q_B Q_A = 0000$，即不需要 CP 就完成了清零功能，因而称为异步清零。

（2）异步置数功能。LD 端为预置数控制端，低电平有效。

（3）加法计数功能。当计数脉冲 CP⌐ 由 CP_+ 端送入时，74LS192 将实现由 0000～1001（0～9）的递增计数。

（4）减法计数功能。当计数脉冲 CP⌐ 由 CP_- 端送入时，74LS192 将实现由 1001～0000 的递减计数。

（5）保持功能。当无有效 CP⌐ 时，计数器处于保持状态，即输出 $Q_D Q_C Q_B Q_A$ 端的状态保持不变。

由对 74LS192 的功能分析可知，利用一片 74LS192 芯片可以实现二进制到十进制之间任意进制的计数器。

四、集成计数器的应用

目前生产的同步计数器芯片基本上分为二进制和十进制两种。而在实际的数字系统中，经常需要其他进制的计数器，如六进制、十二进制等。集成计数器价格便宜、功能多样、使用灵活，利用它可以实现任意进制计数器。实现的方法主要有反馈归零法、预置数法和级联法。级联法是将多个计数器连接，以扩大计数容量；预置数法可通过集成计数器的置数功能构成任意进制的计数器（可以从非 0 开始计数）；反馈归零法可通过集成计数器的清零功能构成任意进制的计数器，一般用于从 0 开始的计数。

1. 反馈归零法

反馈归零法是利用异步清零端 C_r 和与非门，将模 N 所对应的输出二进制代码中等于"1"的输出端，通过与非门反馈到异步清零端 C_r，使输出回零。即与非门各条连线的权值之和应等于要求的计数模值 N，可简单记为

$$反馈数 = 计数模 N \qquad (2\text{-}5\text{-}1)$$

例如，用反馈归零法构成的十进制计数器如图 2-5-6（a）所示，其状态图如图 2-5-6（b）所示。

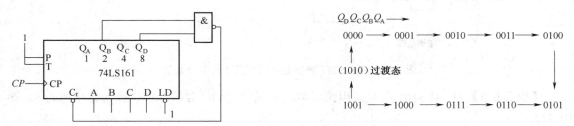

图 2-5-6　74LS161 反馈归零法构成的十进制计数器

注意：1010 为过渡态，不能计入十进制计数器计数状态中。另外，要实现加法计数功能，P、T 必须接高电平；由于没有用到同步置数功能，故 LD 端无效，应接高电平。

【**例 2-5-2**】试用 74LS161 芯片，反馈归零法实现六进制计数器。

解：计数模为 6，则反馈数= 6 = $(0110)_2$，故应将 Q_C、Q_B（权值分别为 4 和 2，其和等于 6）两个输出端信号接入与非门，与非门输出端与 74LS161 的 C_r 端相连实现反馈清零。六进制计数器逻辑电路如图 2-5-7（a）所示，状态图如图 2-5-7（b）所示，其中 0110 为过渡状态。

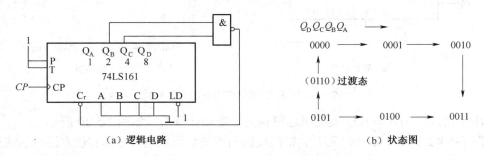

（a）逻辑电路　　　　　　　　　　（b）状态图

图 2-5-7　74LS161 构成的六进制计数器

2. 预置数法

预置数法是利用同步置数控制端 $\overline{LD}$ 和预置数端 $DCBA$ 实现计数回零的，当置数端 $\overline{LD}$ 为低电平时，计数器按设定好的状态置数。若要构成从 0 状态加计数至 N 进制（0 顺序至 N-1）

的计数器，那么，只要将 N-1 状态通过与非门或反相器接回至置数端，即可以完成从 0 计数至 N 进制的计数功能了（对于在 CP 相应触发沿到来才实现置数功能的触发器）。

与反馈归零法的区别在于：计数过程中不存在过渡状态，所以与非门各条连线的权值之和应等于要求的计数模值 N 再减去 1，可记为

$$反馈数=计数模 N-1 \tag{2-5-2}$$

用预置数法构成的十进制计数器如图 2-5-8（a）所示，其状态图如图 2-5-8（b）所示。

在图 2-5-8 中，计数状态是从 0000 开始的。若计数状态不是从 0000 开始，可按以下公式计算为

$$反馈数-预置数=计数模 N-1 \tag{2-5-3}$$

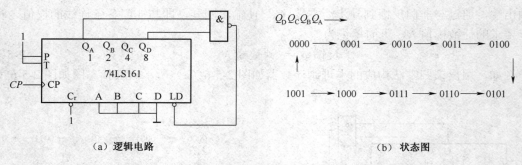

（a）逻辑电路　　　　　　　　　　　　　　（b）状态图

图 2-5-8　74LS161 预置数法构成的十进制计数器

【例 2-5-3】用 74LS161 芯片采用预置数法实现六进制计数器，设计数初始状态为 3，即 $(0011)_2$。

解：计数模为 6，且计数初始值为 3，则可得到反馈数= 8 = $(1000)_2$。

所以应将 Q_D 端经过一个反相器（非门）与 $\overline{LD}$ 端相连，预置数端 $DCBA$ 应为 0011，其逻辑电路如图 2-5-9（a）所示，图 2-5-9（b）为对应的状态图。

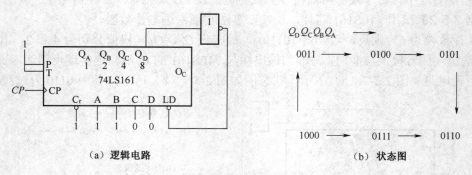

（a）逻辑电路　　　　　　　　　　　　　　（b）状态图

图 2-5-9　74LS161 预置数法构成的六进制计数器

当计数状态在 0110～1111 变化时也可称为十进制计数器，如图 2-5-10 所示。

【例 2-5-4】试用 74LS192 芯片，采用反馈归零法和预置数法分别实现六进制加法计数器（假设最小计数值为 0）。

解：（1）反馈清零法。由功能表分析可知，74LS192 具有高电平有效的异步清零功能，故采用与门实现反馈清零，且由于不存在过渡状态，所以有

$$反馈数=进位模数 N = 6 = (0110)_2$$

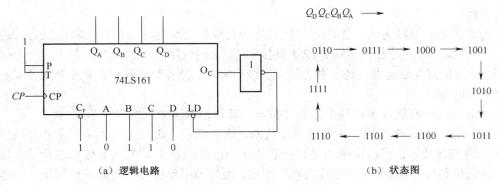

（a）逻辑电路　　　　　　　　　　　　　　（b）状态图

图 2-5-10　十进制计数器

其电路如图 2-5-11（a）所示。

（2）预置数法。由功能表知道，74LS192 具有低电平有效的异步置数功能，故采用与非门实现反馈清零，并且也存在过渡状态，所以有

$$反馈数 - 预置数 = 进位模数 \ N = 6 = (0110)_2$$

因为最小计数值为 0，所以预置数等于 0。其电路如图 2-5-11（b）所示。

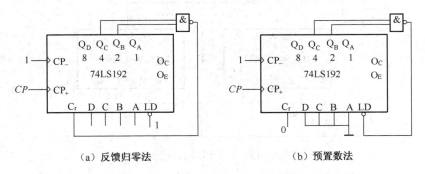

（a）反馈归零法　　　　　　　　　　　　（b）预置数法

图 2-5-11　74LS192 实现六进制计数器

利用一片 74LS290 芯片可构成从二进制到十进制之间的任意进制计数器。74LS290 构成二进制、五进制和十进制计数器的电路如图 2-5-12 所示。

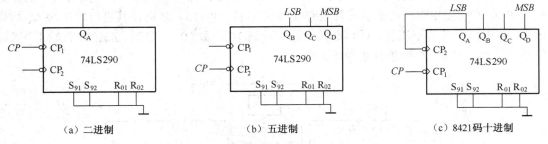

（a）二进制　　　　　　　　（b）五进制　　　　　　　（c）8421码十进制

图 2-5-12　74LS290 构成 N 进制计数器

3. 计数器的级联应用

当计数容量需要采用两块或更多的同步集成计数器芯片时，可以采用级联方法实现计数。一片 74LS161 可构成二进制到十六进制之间的任意进制计数器；利用两片 74LS161，就可以构成十七进制到二百五十六进制之间的任意进制计数器。以此类推，可根据计数需要合理地选

取芯片数量。

以两个芯片的级联为例：先决定哪块芯片为高位，哪块芯片为低位，将低位芯片进位输出端 O_C 与高位芯片的计数控制端 P 或 T 直接相连，两个芯片的 CP 端接一起由同一个计数脉冲控制，然后根据要求选取上述三种方法（反馈归零法、预置数法和进位输出置最小数法）之一，完成对应电路。

可以用 74LS290 构成多位任意进制计数器，就得根据需要选取多个芯片。

例如，用 74LS290 构成二十四进制计数器，需要两片 74LS290。先将两个芯片均连接成 8421 码十进制计数器，再决定哪块是高位芯片（十位，应计 2），哪块是低位芯片（个位，应计 4），将低位芯片的 Q_D 与高位芯片的 CP_1 相连，然后采用反馈归零法就可以实现二十四进制计数。实现电路如图 2-5-13 所示。显然，低位芯片先开始计数，当计到最大数 1001（即 9）时，再来一个 $CP\downarrow$ 脉冲，就会回到最小数 0000（即 0），此时 Q_D 端将出现一个下降沿，这个下降沿使得高位芯片的计数脉冲 CP_1 有效，高位开始工作，但只能计一个数，因为只有在低位完成一个循环的计数时 Q_D 端才会出现第二个下降沿。由此可见，只有当低位芯片计满十个数时高位芯片才能计一个数。

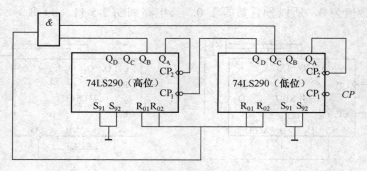

图 2-5-13 二十四进制计数器

再如，用 74LS161 构成二十四进制计数器，因计数模 $N=24>16$，故需要两片 74LS161 芯片。采用反馈归零法实现的二十四进制计数器如图 2-5-14 所示，24/16=1 余 8，把商 "1" 作为高位输出，余数 "8" 作为低位输出，对应产生的清零信号同时送到两个芯片的 C_r 端，从而实现二十四进制计数。这种方法的依据就是，由于低位芯片进位输出端 O_C 与高位芯片的计数控制端 P 或 T 直接相连，在低位芯片没有计数到 1111（即 15）之前，其进位输出端 O_C 均为低电平，使得高位芯片不工作；只有当低位芯片计满 16 个数（0～15）时，高位才开始工作（即高位必须等低位计满 16 个数时才能计 1 个数）。

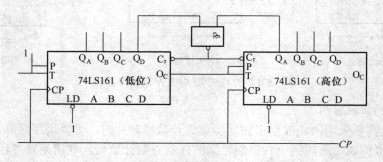

图 2-5-14 反馈归零法构成的二十四进制计数器

项目实训

任务一　集成计数器的仿真分析

使用 Multisim 进行集成同步十进制加/减计数器 74LS192N 的功能仿真。

（1）从 TTL 库中拖出 1 只 74LS192N 和 1 只 6 反相器 7404N。

（2）从基本器件库中找到"开关"库，拖出 1 只 SPST；从显示器库中拖出 1 只显示器和 1 只指示灯；从电源库中拖出电源 V_{CC} 和数字地。

（3）从仪表栏拖出信号发生器，连接为图 2-5-15 所示电路。

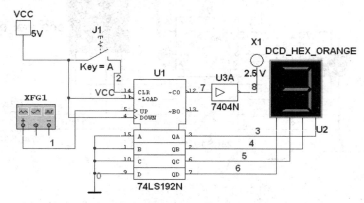

图 2-5-15　集成同步十进制加/减计数器 74LS192N 的功能仿真

（4）分别操作开关，观察显示器和指示灯的变化。

任务二　任意进制计数器的仿真分析

一、八进制计数器（反馈归零法）电路仿真

利用反馈归零法可以实现任意进制计数，下面以八进制计数为例。

（1）从 TTL 库中拖出 1 只 74192N。

（2）从显示器库中拖出 1 只显示器；从电源库中拖出电源 V_{CC} 和数字地。

（3）从仪表栏拖出信号发生器，连接为图 2-5-16 所示电路。

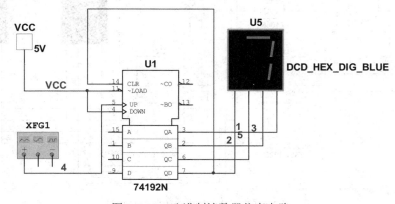

图 2-5-16　八进制计数器仿真电路

（4）观察显示器变化。

二、五进制计数器（预置数法）电路仿真

利用预置数法可以实现任意进制计数，下面以五进制计数为例。

（1）从 TTL 库中拖出 1 只 74LS192D 和 1 只二输入四与非门 74LS00D。

（2）从基本器件库中找到"开关"库，拖出 1 只 DSWPK-4；从显示器库中拖出 1 只显示器；从电源库中拖出电源 V_{CC} 和数字地。

（3）从仪表栏拖出信号发生器，连接为图 2-5-17 所示电路。

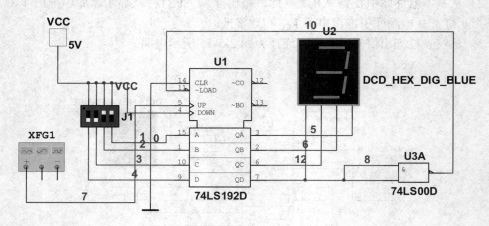

图 2-5-17　五进制计数器仿真电路

（4）分别操作开关，观察显示器的变化。

三、八十进制计数器电路仿真

（1）从 TTL 库中拖出 2 只 74LS192D 和 1 只四二输入或门 7432D，1 只 6 反相器 74LS04N。

（2）从基本器件库中找到"开关"库，拖出 1 只 DSWPK-2；从显示器库中拖出 2 只显示器；从电源库中拖出电源 V_{CC} 和数字地。

（3）从仪表栏拖出信号发生器，连接为图 2-5-18 所示电路，U4 为高位片，U3 为低位片。

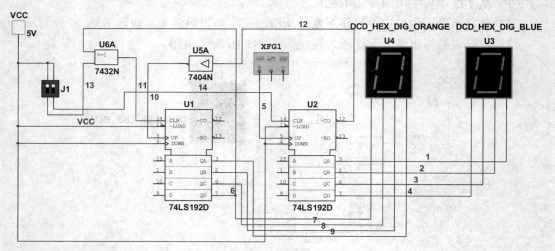

图 2-5-18　八十进制计数器仿真电路

（4）观察显示器的变化。分别操作开关，可以实现高低位复位。

任务三 集成计数器的功能分析及应用

一、实训目的

（1）掌握集成计数器的逻辑功能测试方法及其应用。
（2）运用集成计数器构成任意进制计数器。

二、实训仪器和器件

（1）1台数字电路实训箱。
（2）器件：2片74LS161；1片74LS00。

三、实训说明

计数器是一个用以实现计数功能的时序逻辑部件，它不仅可以用来对脉冲进行计数，还常用作数字系统的定时、分频和执行数字运算以及其他特定的逻辑功能。

74LS161是十六进制异步清零同步置数的计数器，利用级联可以构成任意进制的计数器。

四、实训内容及步骤

1. 用74LS161及门电路实现一个十进制计数器

（1）利用异步清零端 C_r，接线图如图 2-5-19 所示。

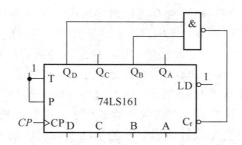

图 2-5-19 利用异步清零端实现十进制计数器

（2）利用同步置数端 LD，从 0000 开始计数，接线图如图 2-5-20 所示。

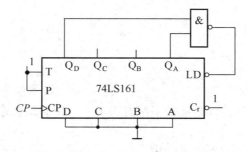

图 2-5-20 利用同步置数端实现十进制计数器

2. 利用 74LS161 级联构成六十进制计数器

接线图如图 2-5-21 所示。

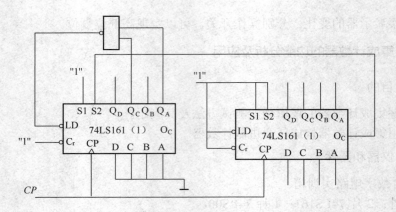

图 2-5-21　利用 74LS161 级联构成六十进制计数器

五、实训报告要求

（1）整理实训内容和各实训数据。

（2）思考同步置数端和异步清零端的区别。

 **关键知识点小结**

本项目介绍了时序逻辑电路的分析方法和常用的集成计数器芯片的逻辑功能及其应用。

时序逻辑电路是由组合逻辑电路加存储电路构成的。根据所接时钟脉冲的不同时序逻辑电路可以分为同步时序电路和异步时序电路。通过分析时序电路的驱动方程、状态方程、输出方程，得到状态图、状态表等，可方便地对时序电路进行分析。在分析异步时序电路时还需要列出电路中各触发器的脉冲方程，确定每个触发器的触发时刻。

计数器是用来实现累计输入脉冲个数功能的时序电路，其种类繁多，有多种分类方法，如可分为同步计数器和异步计数器、二进制计数器和非二进制计数器等。

根据不同需要，可在已有集成计数器芯片的基础上，通过采用反馈归零法、预置数法、进位输出置最小数法、级联法等方法实现任意进制的计数器。随着集成技术的不断发展，集成数字部件越来越丰富，如何了解集成器件的功能、正确使用集成数字部件是本项目的一个重要内容。

知识与技能训练

2-5-1　填空。

（1）n 位二进制加法计数器有_____个状态，最大计数值为_____。

（2）用四个触发器组成的计数器最多应有_____个有效状态，它称为_____进制计数器。

（3）若要构成六进制计数器，最少用_____个触发器，它有_____个无效状态。

（4）T 触发器组成的同步二进制加法计数器连线规律是_____，连线规律一般表达式为_____。

2-5-2　判断下列说法是否正确，对的在括号内打"√"，否则打"×"。

（　　）（1）某 4 位二进制计数器计数起点为 0011，加法计数，当触发器的状态 $Q_3Q_2Q_1Q_0$=1100 时计数器所计的脉冲数为 12 个。

（　　）（2）同步计数器就是时钟信号同时加到所有触发器的时钟信号输入端，应翻转的触发器同时翻转的计数器。

（　　）（3）4 位二进制计数器是一个 8 分频器。

（　　）（4）构成一个五进制计数器最少需要 5 个触发器。

2-5-3　时序电路如题 2-5-3 图所示，分析其逻辑功能，画出电路的状态转换图。

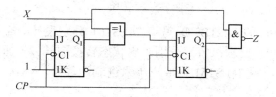

题 2-5-3 图

2-5-4　JK-FF 组成题 2-5-4 图所示的电路。分析该电路为几进制计数器？画出电路的状态转换图。

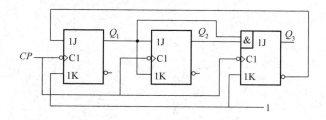

题 2-5-4 图

2-5-5　D-FF 组成的同步计数电路如题 2-5-5 图所示。分析该电路功能，画出其状态转换图，并说明电路的特点。

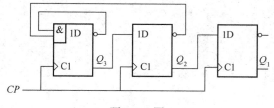

题 2-5-5 图

2-5-6　分析题 2-5-6 图所示的电路，画出电路的状态转换图，并说明电路能否自启动。

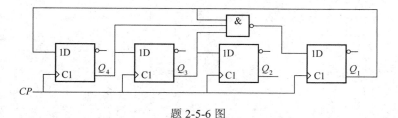

题 2-5-6 图

2-5-7 JK 触发器组成题 2-5-7 图所示的异步计数电路。分析该电路为几进制计数器？画出电路的状态转换图。

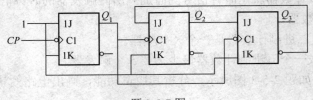

题 2-5-7 图

2-5-8 试用 74LS290 的 8421BCD 码和 74LS161 分别设计一个七进制计数器，74LS161 的预置数为 $DCBA = 0010$。要求：（1）分别画出状态转换图。（2）画出逻辑电路图。

2-5-9 采用级联法，用 74LS161 构成三十六进制计数器。

项目六　闪烁灯电路

知识目标
　　了解 555 定时器的内部结构和工作原理
　　熟悉定时器的引脚功能和特点
　　掌握施密特触发器的应用
　　掌握单稳态触发器和多谐振荡器的应用

技能目标
　　会使用 555 定时器
　　掌握施密特触发器的简单应用
　　掌握多谐振荡器的简单应用

知识链接
　　链接一　555 定时器
　　链接二　施密特触发器
　　链接三　单稳态触发器
　　链接四　多谐振荡器

项目实训
　　任务一　波形转换电路仿真分析
　　任务二　闪烁灯电路仿真分析
　　任务三　555 时基电路性能分析

　　设计一个可以调节闪烁时间的闪烁灯电路。

　　数字信号在传输过程中，若受到干扰，其波形会产生变形，可利用施密特触发器对波形进行整形，而单稳态触发器在触发信号作用下能产生一定宽度的矩形脉冲，广泛用于数字系统中的整形、延时和定时。模拟声响发生器则是多谐振荡器的一个应用实例。555 定时器就是一种数字和模拟电路结合在一起的混合电路，以 555 定时器作为集成器件，外接电阻及电容后，可以构成施密特触发器、多谐振荡器和单稳态触发器等，用于脉冲信号的产生、变换和定时等。

　　图 2-6-1 所示为一种可以调节闪烁时间的闪烁灯电路。电路由 555 定时器及若干电容、电阻组成的多谐振荡器实现信号灯的闪烁。

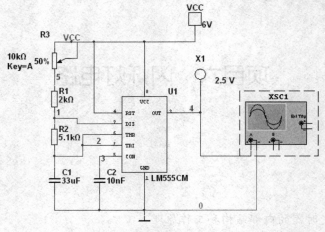

图 2-6-1　闪烁灯电路

知识链接

链接一　555 定时器

一、集成 555 定时器的内部结构和工作原理

集成 555 定时器电路的内部结构如图 2-6-2 所示。

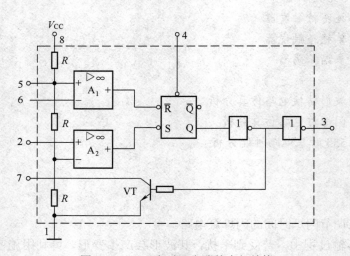

图 2-6-2　555 定时器电路的内部结构

从图 2-6-2 中可以看出，定时器由电阻分压器、两个比较器、基本 RS 触发器、门电路构成。其逻辑符号和引脚排列如图 2-6-3 所示。555 定时器引脚功能如下：

1 脚（GND）：接地端。　　　　　　2 脚（$\overline{\text{TR}}$）：低电平触发端。

3 脚（OUT）：输出端。　　　　　　4 脚（RST/$\overline{\text{R}}$）：复位端，低电平有效。

5 脚（CON）：电压控制端。　　　　6 脚（TH）：高电平触发端。

7 脚（DIS）：放电端。　　　　　　8 脚（VCC）：电源电压端。

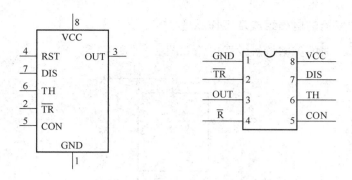

图 2-6-3 555 定时器引脚排列及逻辑符号

二、集成 555 定时器的工作原理

由图 2-6-2 所知，定时器的基本工作原理为：在控制端 5 脚不外加控制电压和其他电阻且功能控制端 $\overline{R}$ 接高电平的情况下，电压比较器 A_1 的基准电压为 $\frac{2}{3}V_{CC}$，A_2 的基准电压为 $\frac{1}{3}V_{CC}$。

（1）当 6 脚输入电平 $V_{i1} > \frac{2}{3}V_{CC}$，2 脚输入电平 $V_{i2} > \frac{1}{3}V_{CC}$，即当 6 脚和 2 脚的输入电平与各自的基准电平相比较都高时，3 脚输出 V_o 为低电平 0，同时三极管 VT 导通。

（2）当 6 脚输入电平 $V_{i1} < \frac{2}{3}V_{CC}$，2 脚输入电平 $V_{i2} < \frac{1}{3}V_{CC}$，即当 6 脚和 2 脚的输入电平与各自的基准电平相比较都低时，3 脚输出 V_o 为高电平 1，同时三极管 VT 截止。

（3）当 6 脚输入电平 $V_{i1} < \frac{2}{3}V_{CC}$，2 脚输入电平 $V_{i2} > \frac{1}{3}V_{CC}$，3 脚输出 V_o 也处于保持状态，三极管 VT 也保持原状态。

根据上述分析，可总结出 555 定时器的功能如表 2-6-1 所示。

表 2-6-1 555 定时器功能表

TH（V_{i1}）	$\overline{TR}$（V_{i2}）	$\overline{R}$	OUT	三极管 VT
×	×	0	0	导通
$> \frac{2}{3}V_{CC}$	$> \frac{1}{3}V_{CC}$	1	0	导通
$< \frac{2}{3}V_{CC}$	$< \frac{1}{3}V_{CC}$	1	1	截止
$< \frac{2}{3}V_{CC}$	$> \frac{1}{3}V_{CC}$	1	原状态	原状态

下面介绍 555 定时器的常见实用电路：施密特触发器、单稳态触发器以及多谐振荡器。

链接二　施密特触发器

施密特触发器是一种特殊的双稳态触发器。特殊之处在于其具有滞回特性，利用滞回特性可以进行脉冲的产生和整形。

一、施密特触发器的电路组成及工作原理

由 555 定时器组成的施密特触发器电路如图 2-6-4 所示。

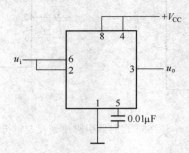

图 2-6-4　施密特触发器电路

下面以图 2-6-5 所示的输入信号 u_i 的波形为例，来讨论施密特触发器的工作过程及输出 u_o 的波形。图 2-6-4 中，5 脚通过一个 0.01μF 的电容接地，所以两个电压比较器 A_1、A_2 的基准电压分别为 $\frac{2}{3}V_{CC}$ 和 $\frac{1}{3}V_{CC}$。

由图 2-6-5 所示输入输出波形的对应关系，可画出图 2-6-6 所示的电压传输特性。图中，V_{TH} 称为上限电平（正向阈值电平），V_{TL} 称为下限电平（负向阈值电平），此时 $V_{TH}=\frac{2}{3}V_{CC}$，$V_{TL}=\frac{1}{3}V_{CC}$，把两者的差称为回差电压 ΔU_T，即

$$\Delta U_T = V_{TH} - V_{TL} \qquad (2\text{-}6\text{-}1)$$

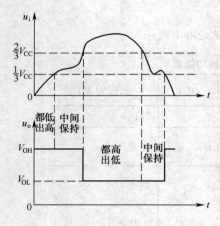

图 2-6-5　施密特触发器工作波形

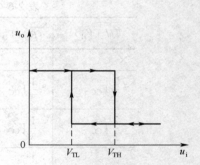

图 2-6-6　电压传输特性

图 2-6-5 中回差电压 $\Delta U_T = \frac{1}{3}V_{CC}$。如果 5 脚外接控制电压 V_M，则回差电压为

$$\Delta U_T = V_M - \frac{1}{2}V_M = \frac{1}{2}V_M$$

若 5 脚通过一个 10kΩ 的电阻接地，则回差电压为

$$\Delta U_T = \frac{1}{2}V_{CC} - \frac{1}{4}V_{CC} = \frac{1}{4}V_{CC}$$

显然，通过改变 5 脚电平，可达到调整回差电压的目的。施密特触发器存在回差电压的现象称为电路传输的滞后特性。通常回差电压越大，施密特触发器的抗干扰性越强，但灵敏度也会相应降低。

二、施密特触发器的主要应用

施密特触发器的应用非常广泛，可用于波形的变换、整形，幅度鉴别，以及构成多谐振荡器、单稳态触发器等。

1. 波形变换

施密特触发器可以将任何符合特定条件的输入信号变换为矩形波输出。图 2-6-7 就是一个将不规则的模拟信号波形转换为规则的矩形波的实例。

施密特触发器还可以将正弦波、三角波等其他波形变换成矩形波，如图 2-6-7 所示。图中的 V_{TH} 和 V_{TL} 分别是两个电压比较器的基准电压，当 $u_i < V_{TL}$（6 脚和 2 脚电压都低于其基准电压）时，3 脚输出 u_o 为高电平；当 $V_{TL} < u_i < V_{TH}$（6 脚和 2 脚电压一个低于其基准电压，另一个高于其基准电压）时，3 脚输出 u_o 保持高电平不变；当 $u_i > V_{TH}$（6 脚和 2 脚电压都高于其基准电压）时，3 脚输出 u_o 为低电平，以此类推，就可画出图 2-6-7 中 u_o 的波形。

图 2-6-7 中矩形波的脉冲宽度可以通过改变回差电压的大小加以调节。

2. 波形整形

数字信号在传输过程中，若受到干扰，其波形会产生变形，此时可利用施密特触发器的回差特性进行整形，使其变为规则的矩形波，如图 2-6-8 所示（数字信号 1）。

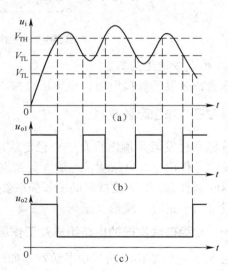

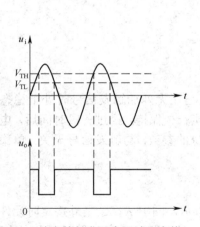

图 2-6-7 施密特触发器实现波形变换

（a）输入信号；（b）以 V_{TL1} 整形；（c）以 V_{TL2} 整形

图 2-6-8 施密特触发器实现波形整形

图 2-6-8（a）中，若取 V_{TL1} 为下限电平，则整形后的波形如图 2-6-8（b）所示，这样的结果显然不正确。原因是：由于回差电压较小，因而并未完全消除掉输入数字信号顶端的毛刺，只是通过整形使其在输出中表现为三个低电平矩形脉冲。若适当地增大回差电压，如图 2-6-8（a）中取 V_{TL2} 为下限电平，则整形后的波形如图 2-6-8（c）所示，显然干扰毛刺已被完全消除，此时只需在输出端接一个反相器，就可以把变了形的数字信号 1 的波形整形为整齐的正向矩形波了。

注意： 回差电压的大小必须根据实际情况适当调整，此处如果回差电压选择过大，将会导致有效信号被湮没，同样起不到波形整形的目的。

3. 幅度鉴别

施密特触发器的翻转取决于输入信号是否高于上限电平 V_{TH} 和是否低于下限电平 V_{TL}。如果希望将幅度大于 V_{TH} 的波鉴别出来，这时施密特触发器就成为了幅度鉴别器（简称鉴幅器）。如图 2-6-9 所示，当输入脉冲幅度大于 V_{TH} 时，555 定时器的 6 脚和 2 脚电压都高于其基准电压，此时输出端就有负脉冲出现；而当输入脉冲幅度小于 V_{TL} 时，555 定时器的 6 脚和 2 脚电压都低于其基准电压，输出端为高电平，相当于没有脉冲输出。这样，可以从输出端是否出现负脉冲来判断输入信号幅度是否超过一定值。

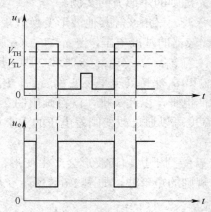

图 2-6-9　施密特触发器实现幅度鉴别

4. 构成多谐振荡器

施密特触发器外接电阻、电容后可构成多谐振荡器。

链接三　单稳态触发器

单稳态触发器是输出只有一个稳定状态的电路。它在无外加触发信号时处于稳态，在外加触发信号作用下，电路从稳态进入到暂态。暂态不能长久保持，经过一段时间后，电路又会自动返回到稳态。暂态维持时间的长短取决于电路本身的参数，与触发信号无关。单稳态触发器一般可用于定时、整形及延时。

一、单稳态触发器的电路组成及工作原理

由 555 定时器构成的单稳态触发器如图 2-6-10 所示，图中 R、C 是外接定时元件，R_p、C_p 构成了输入回路的微分环节，其作用是使输入信号 u_i 的负脉冲宽度 t_p 限制在允许的范围内，即经过微分电路后变成尖脉冲信号，如果输入 u_i 的宽度小于输出 u_o 的宽度 T_W，则 R_p、C_p 可以省略。单稳态触发器的工作过程如下。

1. 稳态（未加触发信号之前）

当单稳态触发器无触发信号时，u_i=1。接通电源 V_{CC} 的瞬间，电路有一个稳定的过程，即电源 V_{CC} 通过电阻 R 对电容 C 充电，当 u_C 上升到 $\frac{2}{3}V_{CC}$ 时，输出 u_o=0（都高出低），同时三极管 VT 导通，这时电容 C 开始通过 VT 放电，直至放电到 6 脚的电平 V_{i1}=0$<\frac{2}{3}V_{CC}$，而由于仍

没有触发信号 u_i，故 2 脚电平 u_i 仍大于 $\frac{1}{3}V_{CC}$，即电路处于中间保持状态，故输出 u_o 仍保持低电平，电路进入稳定状态。

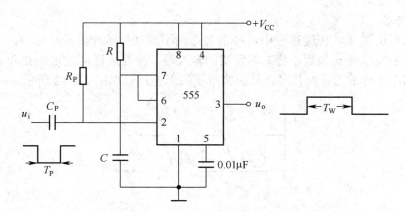

图 2-6-10　单稳态触发器电路（简化原理图）

由此说明单稳态触发器的稳定状态是低电平 0。

2. 暂态（充电过程）

当触发信号 u_i（负脉冲）到来时，R_p、C_p 微分后的负尖脉冲使得 2 脚的电平 V_{i2} 低于比较器 A_2 的基准电平，同时由于 u_C 为 0（前面已放电结束），故 6 脚的电平 V_{i1} 也低于比较器 A_1 的基准电平，所以输出 $u_o=1$（都低出高），三极管 VT 截止。此时电源 V_{CC} 开始通过电阻 R 向电容 C 充电，在 u_C 未达到 $\frac{2}{3}V_{CC}$ 前，输出 u_o 始终为 1。这个充电过程为电路的暂态过程。

3. 恢复稳态（放电过程）

随着充电的不断进行，当 u_C 略大于 $\frac{2}{3}V_{CC}$ 时，6 脚的电平 V_{i1} 高于比较器 A_1 的基准电平；而此时由于 2 脚的负尖脉冲早已过去，即 V_{i2} 也高于比较器 A_2 的基准电平，故输出 u_o 为 0（都高出低），三极管 VT 导通，电容 C 通过 VT 迅速放电，直至 $V_{i1}=0$，使得输出仍保持为 0（中间保持），即电路又回到了原先的稳定状态。

单稳态触发器工作波形如图 2-6-11 所示。

由分析可以看出，暂态持续的时间（也就是输出正脉冲 T_W 的宽度）仅取决于电阻 R 和电容 C 的大小，即

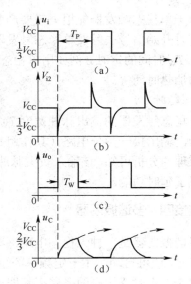

（a）输入波形；（b）V_{i2} 波形；（c）输出波形；
（d）电容 C 的充放电波形

图 2-6-11　单稳态触发器工作波形图

$$T_W = RC \ln \frac{V_{CC}-0}{V_{CC}-\frac{2}{3}V_{CC}} = RC \ln 3 = 1.1RC \qquad (2\text{-}6\text{-}2)$$

二、单稳态触发器的主要应用

由于单稳态触发器在触发信号作用下能产生一定宽度的矩形脉冲，广泛用于数字系统中的整形、延时和定时。

1. 波形整形

在数字信号的采集、传输过程中，经常会遇到不规则的脉冲信号。这时，可将不规则的脉冲信号作为触发信号 u_i 加到单稳态触发器的输入端，合理选择定时元件 R 和 C 的参数，即可在其输出端产生标准的脉冲信号，从而实现了波形整形，如图 2-6-12 所示。

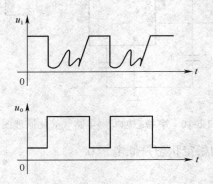

图 2-6-12　单稳态触发器实现波形整形

2. 定时

由于单稳态触发器能根据需要产生一定宽度 T_W 的正脉冲输出，因此常用作定时电路使用。即用计时开始信号去触发单稳态触发器，经 T_W 时间后，单稳态触发器便可给出到时信号，从而实现 T_W 时间的定时。例如用单稳态触发器去控制某个照明电路的通电时间或控制某个加热电路的加热时间等。

3. 延时

单稳态触发器的输出脉冲宽度 T_W 也称为延迟时间。如在单稳态触发器的输入端加一个负尖脉冲，输出接一微分电路（其作用是将输出脉冲变为尖脉冲），则根据前面对单稳态触发器工作原理的分析可知，该输入负尖脉冲经过 T_W 时间的延迟后，从单稳态触发器的输出端输出，即实现了延时功能。

链接四　多谐振荡器

多谐振荡器是一种无稳态电路，即其输出状态不断在 1 和 0 之间变换，因而它无需外加触发信号，便可自动产生一定频率的矩形波。它内含丰富的高次谐波分量，故称为多谐振荡器。

由 555 定时器构成的多谐振荡器如图 2-6-13 所示，由图可看出，它不需要外加触发信号。其工作波形如图 2-6-14 所示。

下面分析多谐振荡器的工作原理。

在电路接通的瞬间，$u_C=0$，6 脚和 2 脚的电位都低于两个电压比较器的基准电平，所以输出 $u_o=1$（都低出高），三极管 VT 截止，此时电源 V_{CC} 开始通过电阻 R_1 和 R_2 向电容 C 充电。

当 C 充电到 u_C 略大于 $\frac{2}{3}V_{CC}$ 时，6 脚和 2 脚的电位都高于两个电压比较器的基准电平，

此时输出 u_o=0（都高出低），三极管 VT 导通，电容 C 将通过 R_2 和 VT 进行放电。在 u_C 低于 $\frac{1}{3}V_{CC}$ 之前，输出 u_o 始终为 0（中间保持），若这段放电时间（即 u_C 从 $\frac{2}{3}V_{CC}$ 下降到 $\frac{1}{3}V_{CC}$ 所需时间）用 T_2 表示，则

$$T_2 = 0.7\,R_2C \qquad\qquad (2\text{-}6\text{-}3)$$

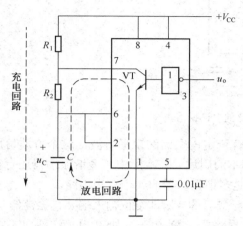

图 2-6-13　利用 555 定时器构成的多谐振荡器

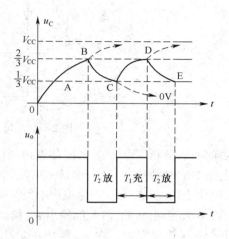

图 2-6-14　多谐振荡器工作波形图

当 C 放电到 u_C 略小于 $\frac{1}{3}V_{CC}$ 时，6 脚和 2 脚的电位都低于两个电压比较器的基准电平，输出 u_o=1，三极管 VT 截止，此时电源 V_{CC} 又通过电阻 R_1 和 R_2 向电容 C 充电。当充电到 u_C 略大于 $\frac{2}{3}V_{CC}$ 时，6 脚和 2 脚的电位都高于两个电压比较器的基准电平，使得输出 u_o=0，三极管 VT 导通，又开始重复上述放电过程，如此反复在输出端输出矩形波。若充电时间（即 u_C 从 $\frac{1}{3}V_{CC}$ 上升到 $\frac{2}{3}V_{CC}$ 所需时间）用 T_1 表示，同理可近似求得

$$T_1 = 0.7(R_1+R_2)C \qquad\qquad (2\text{-}6\text{-}4)$$

综上所述，可求得多谐振荡器的振荡周期为

$$T = T_1 + T_2 = 0.7(R_1+2R_2)C \qquad\qquad (2\text{-}6\text{-}5)$$

除了用周期、频率、幅度来描述矩形波以外，还经常用到占空比这一参数。所谓占空比是指一个周期内高电平所占的比值。由前面分析可知，充电时间 T_1 对应输出为高电平的时间，所以多谐振荡器输出矩形波的占空比 D 为

$$D = \frac{T_1}{T} = \frac{R_1+R_2}{R_1+2R_2} \qquad\qquad (2\text{-}6\text{-}6)$$

可见，通过调节 R_1 和 R_2 可以改变充、放电时间，即改变输出矩形波的周期和占空比。如果取 $R_1=0\,\Omega$，就可以得到占空比为 50% 的等宽矩形波，其应用非常广泛。

但是，图 2-6-13 所示的多谐振荡器只能产生占空比大于 50% 的矩形波，而改进后的图 2-6-15 所示电路通过调节电位器 R_W 可以产生占空比处于 0～1 的任意矩形波，其占空比可计算为

$$D = \frac{R_A}{R_A + R_B} \qquad (2\text{-}6\text{-}7)$$

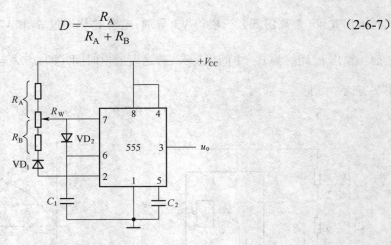

图 2-6-15　可调占空比的多谐振荡器

由前面的分析可知，多谐振荡器可以产生具有一定占空比的矩形方波，这个方波可用作时序电路中的时钟脉冲 CP，这是多谐振荡器最基本的用途。在实际中，多谐振荡器还有很多用处，例如图 2-6-15 所示的模拟声响发生器，就是多谐振荡器的一个实用电路。

图 2-6-16 中振荡器（1）的输出 u_{o1} 接到振荡器（2）的 4 脚即复位输入端 $\overline{R}$，振荡器（2）的输出驱动扬声器发声。在 u_{o1} 输出正脉冲期间，振荡器（2）由于 4 脚 $\overline{R}=1$ 而正常工作，所以 u_{o2} 有矩形方波输出，则扬声器发声；在 u_{o1} 输出负脉冲期间，振荡器（2）由于 4 脚 $\overline{R}=0$ 而停止工作，u_{o2} 输出始终为低电平，扬声器不能发声。

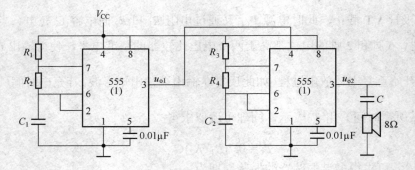

图 2-6-16　模拟声响发生器

只要合理地选择 R_1、R_2、C_1 的参数值，使振荡器（1）的振荡频率为 1Hz，同时合理选择 R_3、R_4、C_2 的参数值使振荡器（2）的振荡频率在音频范围 20Hz～20kHz 内，那么在该模拟声响发生器工作时，就可以从扬声器中听到间歇式的"嘟、嘟"声。利用此原理，可以设计出警车、消防车、救护车音响等多种音响发生器，应用十分广泛。

项目实训

任务一　波形转换电路仿真分析

（1）从杂项元件库中找到 TIMER，拖出 1 只 LM555CM；从基本器件库中拖出 1 只电容；

在仪表栏拖出 1 只函数信号发生器，1 只示波器；从电源库中拖出电源 V_{CC} 和数字地；连接为图 2-6-17 所示电路。

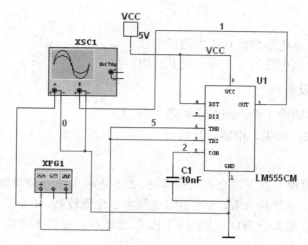

图 2-6-17　波形转换电路

（2）信号发生器产生的信号分别设置为三角波和正弦波（频率均为 50Hz）。

（3）观察示波器波形的变化。

任务二　闪烁灯电路仿真分析

（1）从杂项元件库中找到 TIMER，拖出 1 只 LM555CM。

（2）从基本器件库中拖出 3 只电阻，2 只电容。

（3）从显示器库中拖出 1 只信号灯；从电源库中拖出电源 V_{CC} 和数字地。

（4）连接为图 2-6-18 所示电路。

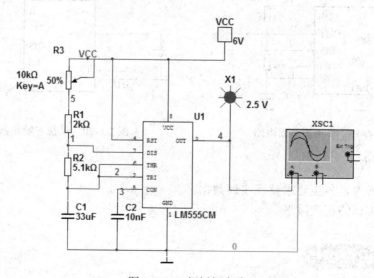

图 2-6-18　闪烁灯电路

（5）观察信号灯的闪烁情况及示波器的波形变换。

（6）改变电阻 R_3 的阻值，观察信号灯闪烁变化情况。

任务三 555 时基电路性能分析

一、实训目的

（1）熟悉 555 时基电路逻辑功能的测试方法。

（2）熟悉 555 时基电路的工作原理及其应用。

二、实训仪器及设备

（1）数字逻辑实验台 1 台；双踪示波器 1 台。

（2）NE555 一块；电阻、电容、导线若干。

三、实训说明

555 定时电路是模拟—数字混合式集成电路。555 定时电路分为双极型和 CMOS 两种，其结构和原理基本相同。从结构上看，555 定时电路由 2 个比较器、1 个基本 RS 触发器、1 个反相缓冲器、1 个三极管和 3 个 $5\text{k}\Omega$ 电阻组成的分压器组成，命名 555 定时电路。

NE555 为双时基电路。

四、内容及步骤

1. 利用 NE555 构成多谐振荡器

按图 2-6-19 所示原理图接线，用双踪示波器观察输出波形。

2. 利用 NE555 构成单稳态触发器电路

按图 2-6-20 所示原理图接线，用双踪示波器观察输出波形。

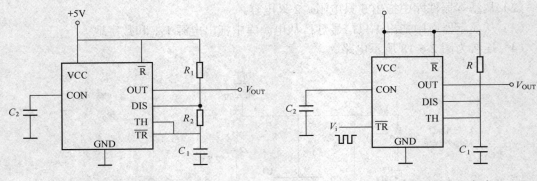

图 2-6-19　多谐振荡器电路　　　　　　图 2-6-20　单稳态触发器电路

五、实训报告

（1）按实训内容各步要求整理实训数据。

（2）画出实训的相应波形。

关键知识点小结

本项目分析了 555 定时器及其应用电路。555 定时器主要由分压器、电压比较器、基本 RS 触发器、门电路构成。555 定时器是一种多用途电路，只需外接少量阻容元件便可组成施密特触发器、单稳态触发器、多谐振荡器及其他实用电路。

　　施密特触发器有两个稳定状态，这两个稳态要靠输入电平来维持，因此具有回差特性。施密特触发器能够将不规则的输入波形变成良好的矩形波，调节回差电压的大小，可改变输出脉冲的宽度。

　　单稳态触发器只有一个稳定状态。在外加触发信号的作用下，电路进入暂态，暂态的持续时间只取决于 R、C 定时元件的参数，而与输入信号无关。改变 R、C 定时元件的参数值可调节输出脉冲的宽度。单稳态触发器和施密特触发器主要用于对波形进行整形和变换。

　　多谐振荡器没有稳定状态，其接通电源后就能输出周期性的矩形脉冲。由于其振荡完全靠电路本身电容的充放电来完成，因而振荡频率的稳定性不高。在对振荡频率稳定度要求很高的场合，可采用石英晶体振荡器，它有多种电路形式，应用非常广泛。

知识与技能训练

2-6-1　填空。

（1）用 555 定时器构成的单稳态触发器，若充放电回路中的电阻、电容分别用 R、C 表示，则该单稳态触发器形成的脉冲宽度 $t_w \approx$ _____。

（2）施密特触发器具有两个不同的_____，因此它具有_____特性。当输出发生正跳变和负跳变时所对应的_____电压是不同的。

（3）_____触发器的应用非常广泛，可用于波形的_____、_____、幅度鉴别。

（4）施密特触发器是一种特殊的_____触发器。特殊之处在于其具有_____特性，利用它可以进行脉冲的产生和整形。

2-6-2　判断下列说法是否正确，对的在括号内打"√"，否则打"×"。

（　）（1）集成单稳态触发器的触发脉冲宽度应大于其暂稳态维持时间。

（　）（2）施密特触发器具有将幅度大于 U_{T+} 的脉冲选出的功能。

（　）（3）单稳态触发器在外加触发信号作用下进入暂稳态，暂稳态维持时间取决于电路参数，与触发信号无关。

（　）（4）多谐振荡器的两个稳态之间可以自动转换，从而产生矩形脉冲。

2-6-3　已知施密特触发器的输入波形如题 2-6-3 图所示，电源 $V_{CC} = 20V$，要求：

（1）若 555 定时器的 5 脚通过一个 $0.01\mu F$ 的电容接地，试画出对应的输出波形。

（2）若 555 定时器的 5 脚外接控制电压 16V 时，试画出输出波形。

（3）若 5 脚通过一个 $10k\Omega$ 的电阻接地，试画出输出波形。

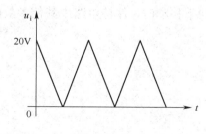

题 2-6-3 图

2-6-4　试分别求出题 2-6-3 中三种情况下的回差电压。

2-6-5　由 555 定时器构成的单稳态电路中，R_p 和 C_p 起何作用？能否省略？

2-6-6 题 2-6-6 图所示电路是一简易触摸开关电路,当手触摸金属片时,发光二极管亮,经过一定时间后,发光二极管熄灭。试说明电路的工作原理,并求发光二极管能亮多长时间。

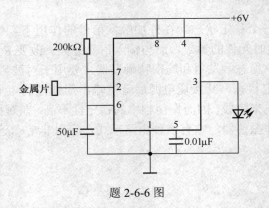

题 2-6-6 图

2-6-7 555 定时器构成的单稳态触发器如题 2-6-7 图所示,若取 $V_{CC} = 10V$,$R = 10k\Omega$,$C = 0.1\mu F$,试求输出脉冲宽度 T_W,若电源电压取 $V_{CC} = 8V$,T_W 会变为多少?

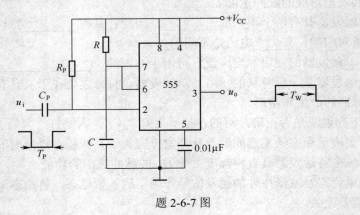

题 2-6-7 图

2-6-8 555 定时器构成的多谐振荡器如图 2-6-13 所示,若 $V_{CC} = 10V$,$R_1 = 20k\Omega$,$R_2 = 30k\Omega$,$C = 0.1\mu F$,试求振荡信号的周期及占空比 D 各为多少?

2-6-9 555 定时器构成的多谐振荡器如图 2-6-13 所示,若 $C = 0.2\mu F$,要求输出振荡信号的频率为 1kHz,占空比 D 为 60%,试求电阻 R_1 和 R_2 的数值。

2-6-10 改进的多谐振荡器如图 2-6-15 所示,与图 2-6-13 所示的多谐振荡器相比有何优点?若将电位器 R_W 的滑动端向下移动时,保持电路中其他参数值不变,输出矩形波会产生什么变化?

项目七　D/A 与 A/D 转换电路

教学目标

知识目标

　　了解 D/A 转换器和 A/D 转换器的工作原理

　　熟悉 D/A 转换器和 A/D 转换器的主要性能指标

技能目标

　　掌握常用集成转换器的使用方法

　　会使用 DAC0832 和 ADC0809

知识链接

　　链接一　D/A 转换器

　　链接二　A/D 转换器

项目实训

　　任务一　集成 DAC 转换器的仿真分析

　　任务二　集成 ADC 转换器的仿真分析

项目导入

　　在实时数据采集和实时监控系统及智能化仪表中，检测和控制的对象大部分是模拟信号，经过传感器将这些模拟信号转变成电量，再由放大器转换成统一的标准信号。经 A/D 转换器转换成数字量进行处理。而外部执行机构的控制信号一般是模拟信号，如果计算机要控制执行机构工作，还必须把数字信号经过 D/A 转换器转换成模拟信号，来通过执行机构去控制物理过程。

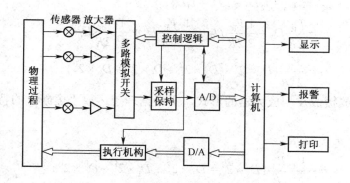

图 2-7-1　D/A 转换器和 A/D 转换器的应用

知识链接

链接一   D/A 转换器

一、D/A 转换器电路及原理

D/A 转换指数字信号转换为模拟信号。实现 D/A 转换的电路称为 D/A 转换器。目前使用的 D/A 转换器中有 T 型电阻、权电阻等几种类型。下面以 T 型电阻 D/A 转换器为例，说明其转换原理。

图 2-7-2 是 T 型网络 D/A 转换器，它由 4 位 R-2R T 型电阻网络、4 个电子模拟开关和 1 个运算放大器组成。

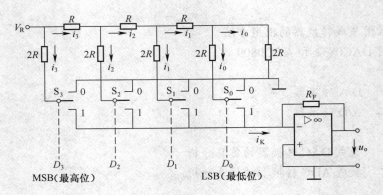

图 2-7-2   T 型网络 D/A 转换器

图中 $D_0 \sim D_3$ 表示四位二进制输入信号，D_3 为高位，D_0 为低位。$S_0 \sim S_3$ 是四个电子模拟开关的示意图，模拟开关 $S_0 \sim S_3$ 分别受 $D_0 \sim D_3$ 的信号控制：当二进制代码为 0 时，电子开关合到上方接地的一侧；当二进制代码为 1 时，电子开关合到下方运算放大器输入的一侧，该支路的电流成为运放输入电流 i_K 的一部分，通过运算放大器进而将电流信号转化为电压信号。由图可知，因为求和放大器反相输入端的电位始终接近于零，所以无论开关 $S_0 \sim S_3$ 在何位置，都相当于接地，流过每个支路的电流也始终不变。可以求出运算放大器的输入电流 i_K 为

$$
\begin{aligned}
i_K &= i_3 D_3 + i_2 D_2 + i_1 D_1 + i_0 D_0 \\
&= \frac{V_R}{2R} D_3 + \frac{1}{2} \frac{V_R}{2R} D_2 + \frac{1}{2^2} \frac{V_R}{2R} D_1 + \frac{1}{2^3} \frac{V_R}{2R} D_0 \qquad (2\text{-}7\text{-}1) \\
&= \frac{V_R}{2^4 R} (D_3 \times 2^3 + D_2 \times 2^2 + D_1 \times 2^1 + D_0 \times 2^0)
\end{aligned}
$$

图 2-7-2 中运放接成反相放大器的形式，又根据理想运放"虚断"的特性，其输出电压 u_o 为

$$
\begin{aligned}
u_o &= -i_K R_F \\
&= -\frac{V_R}{2^4} \frac{R_F}{R} (D_3 \times 2^3 + D_2 \times 2^2 + D_1 \times 2^1 + D^0 \times 2^0)
\end{aligned}
\qquad (2\text{-}7\text{-}2)
$$

可见，输出的模拟电压大小与输入的数字信号 D_3、D_2、D_1、D_0 成正比。

图 2-7-2 所示的电路可以把四位二进制数 $D_3 \sim D_0$ 转换成模拟信号 u_o。同样，这种结构的 T 型网络可以类推到 n 级，构成 n 位 D/A 转换器。

T 型电阻网络的特点是：电阻网络中只有 R、$2R$ 两种阻值的电阻，给集成电路的设计和制作带来了很大的方便，无论模拟开关状态如何变化，各支路电流都直接流入地或者运放的虚地，电流值始终不变，因此不需要电流的建立时间；同时，各支路电流直接接至运放的输入，它们之间不存在传输时间差。所有这些特点都有助于 T 型电阻网络提高转换速度，T 型电阻网络是目前 D/A 转换中使用较多的一种。

二、D/A 转换器的主要性能指标

目前 DAC 的种类是比较多的，制作工艺也不相同。按输入数据字长也分为 8 位、10 位、12 位及 16 位等；按输出形式可分为电压型和电流型等；按结构可分为有数据锁存器和无数据锁存器 2 类。不同类型的 DAC 在性能上的差异较大，适用的场合也不尽相同。因此，需清楚了解 D/A 转换器的一些技术参数。

1. D/A 转换器的转换精度

在 D/A 转换器中通常用分辨率和转换误差来描述转换精度。

（1）分辨率。

分辨率是指数字信号中最低位发生变化时对应输出电压变化量 Δu 与满刻度输出电压 $u_{\max}$ 之比。分辨率是 D/A 转换器对输入量变化敏感程度的描述，与输入数字量的位数有关。在分辨率为 n 的 D/A 转换器中，从输出模拟电压的大小应能区分出输入代码从 $00 \cdots 00$ 到 $11 \cdots 11$ 全部 2^n 个不同的状态，给出 2^n 个不同等级的输出电压。分辨率可表示为

$$分辨率 = \frac{\Delta u}{u_{\max}} = \frac{1}{2^n - 1}$$

例如：10 位 D/A 转换器的分辨率 $= \frac{1}{2^{10} - 1} = \frac{1}{1023} \approx 0.001$，从理论上讲，二进制位数越多，分辨率越高，相应的转换精度也越高。

（2）转换误差。

由于 D/A 转换器各个环节的参数在性能上和理论值之间不可避免地存在着差异，所以实际能达到的转换精度要由转换误差来决定。

转换误差是指转换器的实际误差，造成的原因包括参考电位 V_{REF} 的波动、运算放大器的零点漂移、模拟开关的导通内阻和导通压降、电阻网络中电阻阻值的偏移以及三极管特性的不一致等。

转换误差可以用输出满刻度电压 FSR（Full Scale Range）的百分数表示。

如转换误差为 0.2%FSR，就表示转换误差与满刻度电压之比为 0.2%。

转换误差也可以用最低有效位的倍数来表示。如给出为 $\frac{1}{2}$LSB，即表示输出模拟电压与理论值之间的绝对误差不大于当输入为 $00 \cdots 01$ 时的输出电压的 $\frac{1}{2}$。

2. D/A 转换器的转换速度

转换速度是指从送入数字信号起，到输出电流或电压达到最终误差 ±0.5LSB 并稳定为止所需要的时间。通常用建立时间 t_{set} 来定量描述 D/A 转换器的转换速度。不同类型的 D/A 转换器转换速度差别较大，通常为几十纳秒到几微秒，一般电流型 D/A 转换器较之电压型 D/A 转

换器速度快一些，但总的来说，D/A 转换速度远高于 A/D 转换速度。

D/A 转换器的技术指标还包括线性度，输入编码形式，输入高、低逻辑电平值，温度系数，输出电压范围，功率消耗以及工作环境条件等。

三、集成 D/A 转换器

集成 D/A 转换器芯片通常只将 T 型（倒 T 型）电阻网络、模拟开关等集成在一块芯片上，多数芯片中并不包含运算放大器。构成 D/A 转换器时要外接运算放大器，有时还要外接电阻。有的芯片中包含数据锁存器（寄存器）及一些逻辑功能电路，可以和微处理器相连接，应用较为广泛；有的则不包含这些电路。常用的 D/A 转换芯片有八位、十位、十二位、十六位等品种。

下面简要介绍 DAC0832 D/A 转换器芯片。

1. 原理框图

DAC0832 是采用 CMOS 工艺制成的双列直插式 8 位 D/A 转换器，其引脚排列图如图 2-7-3 所示，内部结构框图如图 2-7-4 所示。

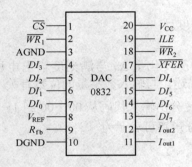

图 2-7-3 DAC0832 引脚图

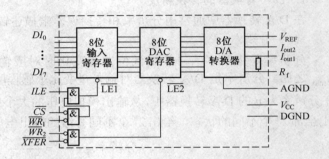

图 2-7-4 DAC0832 内部结构框图

DAC0832 内部有两个 8 位数据锁存器（或称作寄存器）、一个 T 型电阻网络和 3 个控制逻辑门。

2. 引脚使用说明

（1）$DI_7 \sim DI_0$：数字信号输入端，DI_7 为最高位，DI_0 为最低位。

（2）ILE：数据锁存允许信号（输入），高电平有效。

（3）$\overline{CS}$：片选信号（输入），低电平有效。

（4）$\overline{WR_1}$：第 1 写信号（输入），低电平有效。

上述三个输入信号可控制输入寄存器是数据直通方式还是数据锁存方式，当 $\overline{CS}=0$、$ILE=1$ 和 $\overline{WR_1}=0$ 时，为输入寄存器直通方式；当 $\overline{CS}=0$、$ILE=1$ 和 $\overline{WR_1}=1$ 时，为输入寄存器锁存方式。

（5）$\overline{WR_2}$：第 2 写信号（输入），低电平有效。

（6）$\overline{XFER}$：数据传送控制信号（输入），低电平有效。

上述两个输入信号可控制 DAC 寄存器是数据直通还是数据锁存方式，当 $\overline{WR_2}=0$ 和 $\overline{XFER}=0$ 时，为 DAC 寄存器直通方式；当 $\overline{WR_2}=1$ 和 $\overline{XFER}=1$ 时，为 DAC 寄存器锁存方式。

（7）V_{REF}：参考电压输入端，其电压可正可负，范围是 –10～+10V。

（8）I_{out1}：电流输出 1。

（9）I_{out2}：电流输出 2。

（10）R_{fb}：反馈电阻引线端。

（11）AGND：模拟信号接地端。

（12）DGND：数字信号接地端。

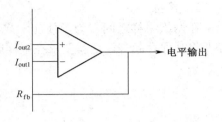

图 2-7-5　运算放大器的接法

DAC0832 是电流输出，为了取得电压输出，需在电压输出端接运算放大器，R_{fb} 即为运算放大器的反馈电阻端。运算放大器的接法如图 2-7-5 所示。

3．DAC0832 的工作方式

DAC0832 在不同信号组合的控制下可实现直通、单缓冲和双缓冲 3 种工作方式。DAC0832 是电流输出型 D/A 转换器，需要用运算放大器将输出电流转换为输出电压。电压的输出可分单极型输出和双极型输出两种。

链接二　A/D 转换器

一、A/D 转换的基本原理

A/D 转换指模拟信号转换为数字信号。实现 A/D 转换的电路称为 A/D 转换器。

在 A/D 转换器中，因为输入的模拟信号在时间上是连续的而输出的数字信号是离散的，所以转换只能在一系列选定的瞬间对输入的模拟信号取样，然后再把这些取样值转换成数字量输出。整个 A/D 转换过程通常包括采样、保持、量化和编码 4 个步骤。下面通过对这 4 个步骤的介绍说明 A/D 转换的原理。

1．采样

所谓采样是指周期地采集模拟信号的瞬间值，得到一系列的脉冲样值。图 2-7-6 表明了采样的过程。u_i 是输入模拟信号，u_s 是采样输出信号。

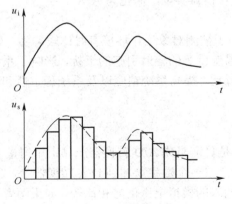

图 2-7-6　采样的过程

如果采样周期（T）很短，采样时间（Δt）极小，则所得采样值序列即可代替原模拟信号。为了使采样信号不失真，也为了保证能从采样信号将原来的被采样信号恢复，采样过程必须满足采样定理：$f_s \geq 2f_{i(max)}$，f_s 为采样频率，$f_{i(max)}$ 为输入模拟信号的最高频率分量的频率。采样频率提高以后留给每次进行转换的时间就相应地缩短了，这就要求转换电路必须具备更快的工作速度。因此，不能无限制地提高采样频率，通常取模拟信号最高频率的 2.5～3 倍。

2. 保持

在两次采样之间，为了使前一次采样所得信号保持不变，以便量化（数字化）和编码，需要将其保存起来。这就要求在采样电路后面加上保持电路，如图 2-7-7 所示。

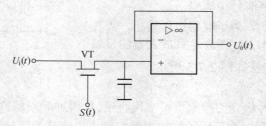

图 2-7-7　基本采样—保持电路

3. 量化和编码

经采样保持所得电压信号仍是模拟信号，不是数字量。那么量化和编码就是从模拟信号产生数字信号的过程。

量化是将采样保持电路的输出信号进行离散化的过程。数字信号不仅在时间上是离散的，而且数字大小的变化也是不连续的。任何一个数字量的大小，都是以某个最小数字量单位的整数倍来表示的，在用数字量表示模拟电压时，也是如此。最小数字量单位，即量化单位，用 Δ 表示。显然，数字信号最低有效位（LSB）的 1 所代表的数量大小就等于 Δ。既然模拟电压是连续的，那么就不一定能被量化单位整除，因而量化过程不可避免地会引入误差。这种误差称为量化误差。误差的大小取决于量化的方法。而各种量化方法中，对模拟量分割的等级越细，误差则越小。

把量化的结果用代码（可以是二进制，也可以是其他进制）表示出来，称为编码。这些编码就是 A/D 转换的输出结果。

量化和编码通常由 A/D 转换器实现，简记为 ADC。

4. 数字滤波

在 A/D 转换过程中，由于被测对象工作环境有时比较恶劣，输入信号中常含有各种噪声和干扰，如电场、磁场以及温湿度等的辐射引起的干扰，影响了系统的稳定性和精度。为了减少对采样值的干扰，提高信噪比，提高系统精度以及系统稳定性和可靠性，在模拟系统中往往采用 RC 滤波电路。

二、逐次渐进型 A/D

逐次渐进型 A/D 转换器是目前集成 A/D 转换器产品中用得最多的一种电路。

逐次渐进型 A/D 的结构：取一个数字量加到 D/A 转换器上，于是得到一个对应的输出模拟电压，将这个模拟电压和输入的模拟电压信号相比较。如果两者不相等，则调整所取的数字量，直到两个模拟电压相等为止，最后所取的这个数字量即是要求的转换结果。逐次渐进型 A/D 转换器的工作原理可以用图 2-7-8 所示的框图来说明。

这种转换器的电路包含比较器、D/A 转换器、寄存器、时钟脉冲源和控制逻辑等 5 个组成部分。转换开始前先将寄存器清零，所以加给 D/A 转换器的数字量也全是 0。转换控制信号 u_L 变为高电平时开始转换，时钟信号首先将寄存器的最高位置成 1，使寄存器的输出为 $100\cdots00$。这个数字量被 D/A 转换器转换成相应的模拟电压 u_o，并送到比较器与输入信号 u_i 进行比较。

如果 $u_o > u_i$，说明数字量过大，则这个 1 应去掉；如果 $u_o < u_i$，说明数字量还不够大，这个 1 应予保留。然后，再按同样的方法将次高位置 1，并比较 u_o 与 u_i 的大小以确定这一位的 1 是否应当保留。这样逐位比较下去，直到最低位比较完为止。这时寄存器里所存的数码即是要求的输出数字量。

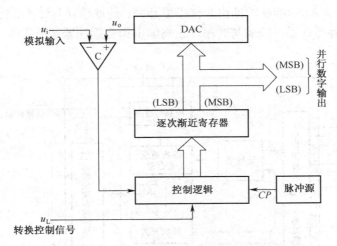

图 2-7-8 逐次渐进型 A/D 转换器的电路结构框图

三、A/D 转换器的重要技术参数

1. 转换精度

A/D 转换器也采用分辨率（又称分解度）和转换误差来描述转换精度。

（1）分辨率。

分辨率是指输出数字量变化一个最低位所对应的输入模拟量需要变化的量。分辨率以输出二进制或十进制数的位数表示，它说明 A/D 转换器对输入信号的分辨能力。例如 A/D 转换器的输出为 10 位二进制数，最大输出信号为 5V，那么这个转换器可以分辨的最小模拟电压为

$$\frac{5V}{2^{10}} = 4.88mV$$

A/D 转换器位数越多，分辨率越高。

（2）转换误差。

转换误差通常以输出误差最大值的形式给出，它表示实际的转换点偏离理想特性的误差。一般以最低有效位（LSB）的倍数给出。例如给出转换误差不大于 $\pm\frac{1}{2}$LSB。有时也用满量程输出的百分数给出转换误差。

2. 转换速度

转换速度是指 A/D 转换器从接到转换控制信号起到输出稳定的数字量为止所用的时间。主要取决于转换电路的类型，不同类型 A/D 转换器的转换速度相差甚大。通常高速的可达零点几微秒，中速为数十微秒，低速为数百到数千微秒。

四、集成 A/D 转换器

集成 A/D 转换器种类繁多，包括八位、十位、十二位、十六位等种类，本书只简单介绍比较常用的八位 A/D 转换器 ADC0809 和十二位 A/D 转换器 ADC574。

1. ADC0809 A/D 转换芯片

ADC0809 是典型的 8 位逐次逼近式 A/D 转换器。ADC0809 采用双列直插式封装，共有 28 根管脚。ADC0809 可以和微机直接连接，又由于性能一般能满足用户、价格低廉，因此应用十分广泛。

如图 2-7-9 所示，ADC0809 内部由 8 位模拟开关、地址锁存与译码、比较器、256R 电阻、树状开关、逐次逼近寄存器、控制与时序、三态输出锁存缓冲器等所组成。

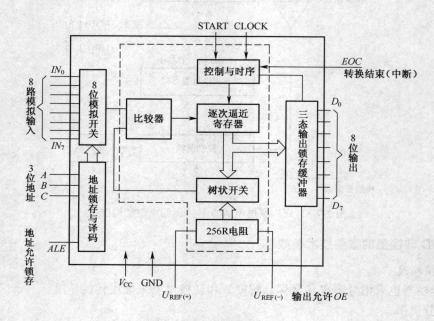

图 2-7-9　ADC0809 的逻辑框图

$IN_0 \sim IN_7$：八路模拟电压输入端，在多路开关控制下，任一瞬间只能有一路模拟量经相应通道输入到 A/D 转换器中的比较放大器。

A、B、C：模拟输入通道的地址选择线。它的状态译码与选中模拟电压输入通道的关系如表 2-7-1 所示。

表 2-7-1　状态译码与选中模拟电压输入通道的关系

C	B	A	选择的通道
0	0	0	IN_0
0	0	1	IN_1
0	1	0	IN_2
0	1	1	IN_3
1	0	0	IN_4
1	0	1	IN_5
1	1	0	IN_6
1	1	1	IN_7

ALE：地址锁存允许信号，高电平有效，只有当该信号有效时，才能将地址信号有效锁存，并经译码选中一个通道。

START：脉冲输入信号启动端，其上升沿用以清除 ADC 内部寄存器，其下降沿用以启动内部控制逻辑，开始进行模数转换。

CLOCK：转换定时时钟脉冲输入端。它的频率决定了 A/D 转换器的转换速度。只有时钟输入时，控制与时序电路才能工作。

$D_0 \sim D_7$：八位数据输出端，可直接接入微型机的数据总线。

OE：允许输出控制端，高电平有效。有效时能打开三态门，将八位转换后的数据送到数据输出线上。

EOC：A/D 转换结束信号，高电平有效。其上跳沿表示 A/D 转换器内部已转换完毕，作为通知数据接收设备取走已转换完的数据的信号。

$U_{REF(+)}$ 和 $U_{REF(-)}$：参考电压正端和负端。V_{CC} 为+5V，GND 为地。

A/D 转换器芯片内部各部分功能和工作过程简介如下：8 个模拟输入端可对八路模拟信号进行转换，但某一时刻只能选择一路进行转换，通道选择由地址锁存器将通道地址锁存经译码器来控制八路模拟开关实现。在图 2-7-9 所示的虚线框内，采用逐次逼近式 A/D 转换，转换成 8 位数字量，转换结果送到三态输出锁存器，当输出允许信号 OE 有效时，选通输出锁存缓冲器，把结果送到数据线即可读取。

有时为了提高 A/D 转换的精度，可采用高分辨率的 A/D 转换器，如 10 位、12 位或更高位数。

2. ADC574 A/D 转换芯片

AD574 就是 12 位逐次逼近式 A/D 转换器，其转换精度高、速度快，且内部设有时钟电路和参考电压源，但价格较高，适用于高精度快速采样系统中。

项目实训

任务一 集成 DAC 转换器的仿真分析

使用 Multisim 进行 DAC 的功能仿真。

（1）从杂项元件库中找到 ADC-DAC，拖出 1 只 VDAC；从基本器件库中找到"开关"库，拖出 1 只 DSWPK-8；从仪表栏拖出万用表 1 只；从电源库中拖出电源 V_{DD}（10V）和数字地；连接为图 2-7-10 所示电路。图 2-7-11 为对应于图 2-7-10 所示开关位置输入数字量为"11011011"时转换的模拟量电压值。

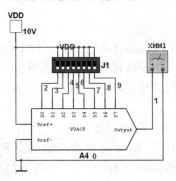

图 2-7-10 DAC 功能仿真电路

图 2-7-11 仿真结果

（2）分别操作开关，观察开关和万用表的读数变换，选择若干组并填入表中。

表 2-7-2　输出结果

数字量					
模拟量					

任务二　集成 ADC 转换器的仿真分析

使用 Multisim 进行 ADC 的功能仿真。

（1）从杂项元件库中找到 ADC-DAC，拖出 1 只 ADC；从仪表栏拖出 1 只万用表和 1 只信号发生器；从电源库中拖出电源 V_{CC} 和数字地及 1 只直流电源；从基本元件库中拖出 1 只 1kΩ 的可调电阻（电阻增量改为 1%）；从指示库中拖出 9 只信号灯；连接为图 2-7-12 所示电路。

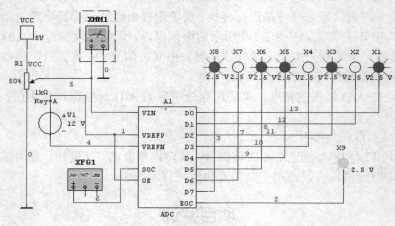

图 2-7-12　ADC 功能仿真电路

（2）改变电阻阻值，观察万用表的读数和指示灯的变化情况，选择若干组并填入表 2-7-3 中。

表 2-7-3　输出结果

数字量					
模拟量					

关键知识点小结

本项目介绍了 A/D 和 D/A 转换器。A/D 和 D/A 转换器在各种检测、控制和信号处理系统中的广泛应用，微处理器和微型计算机促进了 A/D、D/A 转换技术的迅速发展。在许多使用计算机的检测、控制和信号处理系统中，系统所能达到的精度和速度最终是由 A/D、D/A 转换器的转换精度和转换速度所决定的。

转换精度和转换速度是 A/D、D/A 转换器最重要的两个指标。

在 D/A 转换器中主要通过 T 型电阻网络型介绍了 D/A 转换器的结构原理。逐次渐进型 A/D 转换器是目前集成 A/D 转换器产品中用得最多的一种电路。本项目简要介绍了集成 DAC0832 芯片和集成 ADC0809 芯片。

知识与技能训练

2-7-1 填空。

（1）D/A 转换指_____信号转换为_____信号。

（2）在 D/A 转换器中通常用_____和转换误差来描述转换精度。

（3）转换误差是指转换器的实际误差，造成的原因包括参考电位 V_{REF} 的_____、运算放大器的_____、模拟开关的_____和导通压降、电阻网络中电阻阻值的_____以及三极管特性的不一致等。

（4）A/D 转换过程通常包括_____、_____、_____、_____ 4 个步骤。

（5）DAC0832 在不同信号组合的控制下可实现_____、单缓冲和_____ 3 种工作方式。

（6）ADC0809 内部由_____等所组成。

（7）ADC0809 和 ADC574 的区别是_____。

2-7-2 判断下列说法是否正确，对的在括号内打"√"，否则打"×"。

（　）（1）D/A 转换器中的权值电阻网络中的电阻只有 R 和 2R 两种阻值。

（　）（2）D/A 转换的分辨率只取决于 D/A 转换器的位数，位数越多，分辨率越高。

（　）（3）逐次渐近型、并联比较型和双积分型三种 A/D 转换器中，转换速度最高的是逐次渐近型 A/D 转换器。

（　）（4）通常用建立时间 t_{set} 来定量描述 D/A 转换器的转换速度。

（　）（5）D/A 转换器的转换精度取决于分辨率与转换误差。

（　）（6）为了提高 A/D 转换的精密度，可采用高分辨率的 A/D 转换器。

（　）（7）A/D 转换中的采样脉冲频率 f_s 必需满足 f_s 等于 $2f_{max}$。

2-7-3 T 型电阻 DAC，$n=10$，$U_R=-5V$，当输入下列值时，求输出电压 u_o。

（1）$B_1=0000000000$

（2）$B_2=0000000001$

（3）$B_3=1000000000$

（4）$B_4=1001010101$

（5）$B_5=1111111111$

2-7-4 T 型电阻 DAC，$n=10$，$U_R=-5V$，要求输出电压 $u_o=4V$，问输入的二进制数应是多少？

2-7-5 已知某 DAC 电路，最小分辨电压 $u_{LSB}=5mV$，满刻度输出电压 $U_m=10V$，试求该电路输入数字量的位数 n 应是多少？基准电压 U_R 应是多少？

2-7-6 如果要求 D/A 转换器精度小于 2%，至少要用多少位 D/A 转换器？

2-7-7 某 8 位 D/A 转换器输出满刻度电压为 6V，那么它的 1LSB 对应的电压值是多少？

参考文献

[1] 刘阿玲. 电子技术（第 2 版）. 北京：北京理工大学出版社，2009.
[2] 梅开乡，梅军进. 模拟电子技术. 北京：北京理工大学出版社，2009.
[3] 揭荣金，蔡滨. 应用电子技术. 北京：北京邮电大学出版社，2010.
[4] 王露. 电子技术与项目训练. 北京：中国人民大学出版社，2011.
[5] 张伟林，王翠兰. 数字电子技术. 北京：人民邮电出版社，2010.
[6] 梅开乡，梅军进. 电子电路设计与制作. 北京：北京理工大学出版社，2010.
[7] 曲昀卿，杨晓波. 模拟电子技术基础. 北京：北京邮电大学出版社，2012.
[8] 章彬宏. EDA 应用技术. 北京：北京理工大学出版社，2007.
[9] 程勇，方元春. 数字电子技术基础. 北京：北京邮电大学出版社，2012.